M. Kassowitz

Die normale Ossification und die Erkrankungen des Knochensystems bei

Rachitis und hereditärer Syphilis

II. Teil

M. Kassowitz

Die normale Ossification und die Erkrankungen des Knochensystems bei Rachitis und hereditärer Syphilis
II. Teil

ISBN/EAN: 9783743361546

Hergestellt in Europa, USA, Kanada, Australien, Japan

Cover: Foto ©berggeist007 / pixelio.de

Manufactured and distributed by brebook publishing software (www.brebook.com)

M. Kassowitz

Die normale Ossification und die Erkrankungen des Knochensystems bei

Rachitis und hereditärer Syphilis

DIE

NORMALE OSSIFICATION

UND DIE

ERKRANKUNGEN DES KNOCHENSYSTEMS

BEI RACHITIS

UND HEREDITÄRER SYPHILIS.

VON

Dr. M. KASSOWITZ.

II. THEIL:

RACHITIS.

I. ABTHEILUNG.

MIT 4 LITHOGRAPHIRTEN TAFELN.

WIEN 1882.

WILHELM BRAUMÜLLER

K. K. HOF- UND UNIVERSITÄTSBUCHHÄNDLER.

Inhaltsverzeichniss.

Zweiter Abschnitt.

RACHITIS.

Literatur.

1843. 1. Elsässer, der weiche Hinterkopf. Ein Beitrag zur Physiologie und Pathologie der ersten Kindheit. Stuttgart und Tübingen. — 2. Shaw, über den Einfluss der Rachitis auf das Wachsthum des Schädels. Journal für Kinderkrankheiten 1. Bd. — **1847.** 3. Guérin, die Rachitis. Uebersetzt von Weber. Nordhausen. — **1848.** 4. Troussean, über Wesen, Entwickelung und Behandlung der Rachitis. Journ. f. Kinderkr. 11. Bd. — **1849.** 5. H. Meyer, über den Bau rachitischer Knochen. Arch. f. Anat. und Phys. — **1852.** 6. Hauner, über Rachitis. Journ. f. Kinderkr. 18. Bd. — **1853.** 7. Virchow, das normale Knochenwachsthum und die rachitische Störung des letzteren. Virchow's Archiv. 5. Bd. — 8. Stiebel, Rachitis. Virchow's Handbuch der spec. Path. und Therapie. 1. Bd. — 9. Vogel, Beitrag zur Lehre von der Rachitis. Journ. f. Kinderkr. 20. Bd. — 10. Bednar, Rachitis. Im 4. Bande der Krankheiten der Neugeborenen und Säuglinge. S. 35. — **1856.** 11. Rokitansky. Rachitis. Im 2. Bande des Lehrbuches der path. Anatomie. 2. Auflage S. 135. — 12. Küttner, Beiträge zur Lehre von der Rachitis. Journ. f. Kinderkr. 27. Band. — **1858.** 13. H. Müller, über die Entwickelung der Knochensubstanz, nebst Bemerkungen über den Bau rachitischer Knochen. Zeitschrift für wissenschaftliche Zoologie 9. Bd. — 14. Wedl, über Rachitis. Zeitschrift der k. k. Gesellschaft der Aerzte. 11. Bd. — **1860.** 15. Friedleben. Beiträge zur Kenntniss der physikalischen und chemischen Constitution wachsender und rachitischer Knochen. Jahrbuch f. Kinderheilkunde 3. Bd. — 16. Jenner, drei Vorlesungen über die Rachitis. Journ. f. Kinderkrankh. 35. Bd. — **1863.** 17. Ritter v. Rittershain, die Pathologie und Therapie der Rachitis. Berlin. — 18. Bouchut, über die Rachitis und deren Behandlung. Journ. f. Kinderkrankh. 40. Bd. — **1866.** 19. Mayer. Bemerkungen über Rachitis und den Nahrungswerth der Kalksalze. Aachen. Referat in Canstatt's Jahresbericht. — 20. Roloff, über Osteomalacie und Rachitis. Virchow's Archiv. 37. Bd. — **1867.** 21. Lewschin. zur Histologie des rachitischen Processes. Centralblatt f. die med. Wissensch. Nr. 38. — 22. Scharlau, über die sogen. congenitale Rachitis. Monatsschrift für Geburtskunde. December. — **1868.** 23. Bohn, Beiträge zur Rachitis. Jahrb. f. Kinderheilk. I. S. 194. — 24. Foerster, Fall von acuter Rachitis. Daselbst. 25. Volkmann, Rachitis und Osteomalacie. Pitha und Billroth's spec. Chirurgie. 2. Bd. — **1869.** 26. Chennaux-Dubisson, du Rachitisme. Mémoire couronné. Journ. für Kinderkrankh. 53. Bd. — 27. Tschoschin, zur pathologischen Histologie der Rachitis. Petersb. medic. Zeitschrift. 28. Wegner, über Syphilis und Rachitis der Neugeborenen und den Zusammenhang beider Krankheiten untereinander. Berl. klin. Wochenschrift Nr. 39. 29. Schütz, die Rachitis bei Hunden. Virchow's Archiv. 46. Bd. — 30. Brünniche, Beitrag zur Beurtheilung der Rachitis in Kopenhagen. Journal für Kinderkrankh. 52. Bd. — **1871.** 31. Ritchie, clinical observations on rickets. Medic. Times and Gazette Nr. 9. — 32. Winkler, ein Fall von fötaler Rachitis mit Micromelie. Arch. f. Gynäkol. — **1872.** 33. Guerin, osteogénie chez les rachitiques. Bulletin de l'acad. de med. 2. — 34. Parry, observations on the sequency and symptoms of Rachitis. American Journal of the medical sciences. January. — 35. Parry, remarks on the pathological anatomy, causes and treatment of rickets. Daselbst. April. — 36. Hirschsprung, die acute Rachitis. Hospitals Tidende 27—28. Ref. in Canstatt's Jahresbericht. — 37. Wegner, der Einfluss des Phosphors auf den Organismus. Virchow's Archiv. 55. Bd. — **1873.** 38. Heitzmann, über künstliche Hervorrufung von Rachitis und Osteomalacie. Vortrag in der k. k. Gesellschaft der Aerzte in Wien. 24. October. 39. Steudener, ein Fall von schwerer Rachitis. Deutsche Zeitschrift für Chir. S. 90. — 40. Urtel, über Rachitis congenita. Dissert. Halle. — 41. Weiske und Wilt, Untersuchungen über die Zusammensetzung der Knochen bei kalk- und phosphorsäurearmer Nahrung. Zeitschrift f. Biologie. 9. Band. — 42. Strelzoff, über die Histogenese der Knochen. Untersuchungen aus dem path. Institute zu Zürich. 1. Heft. — **1874.** 43. Klebs, Untersuchungen und Versuche über Cretinismus. Archiv. f. exper. Pathologie. 2. Band. — 44. Bouland, recherches anatomiques sur le rachitisme de la colonne vertébrale. Comptes rendus Nr. 8. — 45. Parrot, observations de rachitis d'origine syphilitique. Gaz. méd. de Paris Nr. 14. — 46. Degner, über den angeblich typischen Verlauf der Rachitis. Jahrb. f. Kinderkrankh. 7. Bd. — 47. Englisch, ein Fall von Rachitis fötalis. Oestr. Jahrb. f. Pädiatrik. — **1875.** 48. Woronichin, über den Einfluss des Körperbaues, des Ernährungszustandes und des rachitischen Processes auf den Durchbruch der Milchzähne. Jahrb. f. Kinderheilkunde 9. Band. 49. Toussaint et Tripier, sur les effets de l'acide lactique au point de vue du rachitisme et de l'osteomalacie. Referat in Canstatt's Jahresbericht. II. S. 644. — 50. Senator, Rachitis. Ziemssen's spec. Path. und Therapie. 13. Bd. — 51. Rindfleisch, Rachitis. Lehrbuch der path. Gewebslehre. S. 503. 52. Langer, über das Gefässsystem der Röhrenknochen etc. Denkschriften der Wiener Akademie. Juli. **1876.** 53. Heiss, kann man durch Einführen von Milchsäure in den Darm eines Thieres dem Knochen anorganische Bestandtheile entziehen? Zeitschrift f. Biologie. 12. Bd. — 54. Parrot, des lésions osseuses de la Syphilis héréditaire et le Rachitis. Arch. de phys. normale et path. — **1877.** 55. Langendorff und Mommsen. Beiträge zur Kenntniss der Osteomalacie. Virchow's Archiv. 69. Bd. — 56. Fleischmann, Rachitis der Kiefer. Klinik der Pädiatrik. 2. Bd. — 57. Cohnheim. Pathologie der anorganischen Gewebsbestandtheile. Allgem. Pathologie 1. Bd. — 58. Rehn, ein Fall von infantiler Osteomalacie. Jahrb. für Kinderheilk. 12. Bd. — **1878.** 59. Gies, experimentelle Untersuchungen über den Einfluss des Arsens auf den Organismus. Arch. f. exp. Path. 7. Bd. — 60. Rehn, Rachitis. Gerhardt's Handbuch der Knochenkrankheiten. 3. Bd., 1. Hälfte. — 61. Eberth, die fötale Rachitis und ihre Beziehungen zum Cretinismus. Leipzig. — **1879.** 62. Baginski, über den Stoffwechsel in der Rachitis. Veröff. der Gesellsch. für Heilkunde in Berlin. 2. Bd. — 63. Rehn, acute Rachitis. Daselbst — 64. Siedamgrotzki und Hofmeister, die Einwirkung andauernder Milchsäureverabreichung auf die Knochen der Pflanzenfresser. Berl. Archiv für Thierh. 5. Band. Referat in Canstatt's Jahresbericht. — 65. Chiari, über zwei seltene Fälle von Rachitis. Mittheilungen des Wiener medic. Doctorencollegiums. Nr. 26. — 66. Seemann, zur Pathogenese und Aetiologie der Rachitis. Virchow's Archiv. 67. Bd. — 67. Parrot. les perforations craniennes spontanées chez les enfants du premier age. Revue mens. Nr. 10. — **1880.** 68. Mary Smith, über Rachitis foetalis. Jahrb. f. Kinderheilk. 15. Bd. — 69. Ribbert. über senile Osteomalacie und Knochenresorption im Allgemeinen. Virchow's Archiv. 80. Bd. — 70. Voit, über die Bedeutung des Kalks für den thierischen Organismus. Zeitschrift für Biologie. 16. Bd. — 71. Fagge, an adress preliminary to the discussion of rickets. Medical Times and Gazette Nr. 1586. — 72. Lees and Barlow. on the aetiology of craniotabes. Daselbst. Nr. 1587. — 73. Pathological society, Discussion über Rachitis. Daselbst Nr. 1587, 1590 u. 1592. — **1881.** 74. Goodheart, on Rickets. Lancet, Nr. 2. — 75. Zander, zur Lehre von der Aetiologie, Pathologie und Therapie der Rachitis. Virchow's Arch. 83. Bd. — 76. Macnamara. lectures on diseases of the bones. London. Rickets. S. 160. — 77. Pommer, über die lacunäre Resorption in erkrankten Knochen. Sitzungsberichte der Wiener Akademie 83. Bd., 3. Abtheilung. — Parker, remarks on the curvatures of the long bones in rickets. Medical Times and Gazette. Nr. 1605.

Einleitung.

Nachdem wir im ersten Theile dieser Abhandlung zu einer einheitlichen Auffassung der Knochenbildung und Knochenresorption, oder, richtiger ausgedrückt, der Ossification und Desossification der thierischen Gewebe gelangt sind, wird diese unsere Anschauung sofort ihre schwierigste Probe zu bestehen haben, indem wir nun untersuchen wollen, wie sich dieselbe bewähren wird bei einer eingehenden und detaillirten Prüfung der ungemein complicirten Erscheinungen des rachitischen Processes.

Das Studium der Histologie der Rachitis war bisher auf der schwankenden Basis der einander widersprechenden Ossifications-theorien im hohen Grade erschwert, und noch vor nicht allzulanger Zeit hat Wegner[31], einer der tüchtigsten Beobachter auf dem Gebiete der Ossificationslehre, die histologischen Bilder bei der Rachitis als in hohem Grade verworren gekennzeichnet. Es wird sich nun im Verlaufe unserer Darstellung ergeben, dass diese scheinbar so verworrenen Bilder an der Hand unserer erweiterten Kenntnisse des Ossificationsprocesses sich nicht nur zu einer sehr erfreulichen Klarheit entwickeln, sondern dass sich sogar aus einer möglichst objectiv gehaltenen Schilderung der histologischen Veränderungen, welche die Rachitis im Knochensystem hervorbringt, gewissermassen ganz von selbst eine natürliche und einleuchtende Theorie dieses krankhaften Processes und der durch denselben bedingten Knochenerweichung ergeben wird.

Die meisten bisherigen Rachitistheorien, bis herab auf diejenigen der allerjüngsten Zeit, haben den umgekehrten Weg eingeschlagen, indem sie auf einer vereinzelten Erscheinung, nämlich der Kalkarmuth der rachitischen Knochen, ihren theoretischen Bau aufführten, und sich damit begnügten, ausserhalb des Knochen-

systems eine Erklärung zu finden für eine mangelhafte Zufuhr oder
für eine vermehrte Abfuhr der anorganischen Bestandtheile des
rachitischen Skeletts. Alle diese pathogenetischen Theorien der
Rachitis verzichteten also von vorneherein auf ihr natürlichstes
Fundament, nämlich auf ein sorgfältiges Studium der anatomischen Veränderungen, und es begreift sich wohl, dass sie insgesammt hinfällig werden müssen, sowie sie sich als unfähig erweisen,
die makroskopisch und mikroskopisch nachweisbaren Erscheinungen
im Knorpel und im Knochen, im Periost und im Perichondrium
in einer nur halbwegs befriedigenden Weise zu erklären.

Da wir nun den Schwerpunkt unserer Darstellung gerade in
die anatomische und histologische Untersuchung verlegen — ohne
die klinische und experimentelle Seite der Frage irgendwie vernachlässigen zu wollen — so mag es, bevor wir an die Schilderung der rachitischen Veränderungen im Knochensysteme gehen,
nicht ganz überflüssig erscheinen, mit einigen Worten anzudeuten,
welches Material wir diesen Untersuchungen zu Grunde gelegt
haben.

Einen Hauptbestandtheil dieses Materiales bildeten, wie natürlich, unzweifelhaft rachitische Objecte, d. h. solche, deren Rachitis
schon während des Lebens leicht diagnosticirt werden konnte, oder
im Cadaver sich schon bei oberflächlicher Besichtigung und ma-
kroskopischer Untersuchung der betreffenden Knochen sehr auffällig
präsentirte. Hier wurden namentlich die vorderen Rippenenden
und die distalen Gelenkenden der Vorderarmknochen, ausserdem
noch die Schädelknochen und hin und wieder auch noch andere
Skelettheile untersucht. In diesen Fällen hat man es aber immer
schon mit den vorgeschrittensten, häufig sogar mit den extremsten
Graden der rachitischen Affection zu thun, und die ausschliessliche
Untersuchung solcher Objecte, welche die Endstationen des rachitischen Processes darstellen, ist natürlich nicht geeignet, ein richtiges Bild des ganzen Vorgangs zu geben, und noch viel weniger
einen Einblick in den Entwicklungsgang der Krankheit zu verschaffen. Es wäre dies genau so wenig zweckentsprechend, als
wenn man die Pneumonie ausschliesslich im Stadium der eitrigen
Infiltration studiren und die früheren Stadien ganz vernachlässigen
wollte. Die bisherigen Beschreibungen der histologischen Bilder

bei der Rachitis beziehen sich aber gerade fast durchwegs auf
diese hochentwickelten Formen, denn diese allein sind es, welche
bei der Untersuchung des lebenden Kindes ins Auge fallen, und
bei der makroskopischen Besichtigung und bei der Betastung der
kindlichen Leiche deutlich wahrgenommen werden; und es ist nun
sehr begreiflich, dass man sich in den diesen vorgerückten Stadien
eigenthümlichen, höchst verwickelten und wirren Bildern schwer
zurechtfinden konnte, ohne den Ariadnefaden der schrittweisen Ver-
folgung aller früheren Entwicklungsstufen dieser Affection.

Ich habe daher gleich von vornherein, nachdem ich mich
durch die Beobachtung am lebenden Materiale einerseits von der
enormen Häufigkeit des Processes, und dann auch von dem frühzeitigen Beginne desselben, zumeist in den ersten Lebensmonaten,
überzeugt hatte, mich bemüht, ein grösseres Material von kindlichen Leichen aus den ersten Lebensmonaten, ferner von Neugeborenen, und endlich von menschlichen Fötus selbst herab bis
zum 6. Fötalmonate einer genauen (mikroskopischen) Beobachtung
an den Prädilectionsstellen des rachitischen Processes zu unterziehen, weil ich eben voraussetzte, dass ich nur in dieser Weise
auch die Anfangsstadien und die Formen mittlerer Intensität zu
Gesichte bekommen werde. Meine Erwartungen in dieser Richtung
wurden nicht getäuscht. Es ergab sich in diesem Materiale, welches zumeist aus dem Gebärhause und der Findelanstalt stammte,
eine überaus grosse Häufigkeit des rachitischen Processes, bis zu
dem Grade, dass in den neugeborenen und wenige Monate alten
Kindern der niedersten Volksclasse, welche also entweder während
der Geburt, oder nicht lange nachher an Lebensschwäche oder an
irgend einer Krankheit des zartesten Kindesalters zu Grunde gegangen sind, der normale Befund, insbesondere an jenen Prädilectionsstellen, also speciell an den von mir am häufigsten untersuchten
vorderen Rippenenden, fast zu den Seltenheiten gehört. Es wird
in den späteren Kapiteln darüber und über die grosse Häufigkeit
des rachitischen Befundes bei den lebenden Kindern noch ausführlicher gesprochen werden müssen.

Hier muss aber zunächst die Frage erörtert werden, ob ich
berechtigt war, jene so überaus häufigen Befunde an den Knochen-
knorpelverbindungen der Rippen und Epiphysen von älteren Fötus,
Neugeborenen und Kindern der ersten Lebensmonate für rachitisch

zu halten, oder mit anderen Worten, ob ein Befund, dem man bei
der Mehrzahl der untersuchten Individuen begegnet, überhaupt als
ein pathologischer gelten kann. Dem ist nun gegenüber zu halten,
dass erstens der normale Befund doch immer in einer gewissen
Anzahl von Fällen selbst an den Prädilectionsstellen der Rachitis
zu finden war, dass ferner selbst bei jenen Individuen, welche an
den Rippenenden und den anderen schnellwachsenden Knochenenden
jene pathologischen Veränderungen aufwiesen, an den übrigen weniger
intensiv wachsenden Gelenkenden der Röhrenknochen vollkommen
normale Bilder gefunden wurden, dass dieselben normalen Befunde
an sämmtlichen Wachsthumsstellen der langen Knochen in den
späteren Kinderjahren, welche überhaupt viel seltener oder gar
nicht der Rachitis unterworfen sind, beobachtet werden können,
und dass endlich der völlig normale Befund durch die Untersuchungen an den Diaphysenden anderer Säugethiere, welche ja durchwegs
mit den menschlichen übereinstimmende Bilder gewähren, hinlänglich bekannt und leicht zu constatiren ist. Es konnte also über
die pathologische Natur jener Bilder nicht der geringste Zweifel
aufkommen, und es konnte sich nur mehr darum handeln, ob
man es in allen diesen Fällen auch wirklich mit Rachitis zu
thun habe.

Es wird sich nun aus der Beschreibung jener Objecte mit der
grössten Deutlichkeit ergeben, dass trotz der anscheinenden Verschiedenheit des Gesammtbildes dennoch zwischen jenen so überaus häufigen pathologischen Befunden an den Knochenenden der
Kinderleichen überhaupt, und den ausgeprägten und allgemein bekannten Bildern zweifellos rachitischer Knochenenden nur ein
gradueller, durch alle möglichen Uebergänge ausgeglichener Unterschied besteht; und da nun andererseits die Beobachtung an lebenden Kindern gelehrt hat, dass zum mindesten in der armen Bevölkerung die Zahl der Rachitischen mit ganz deutlichen und augen-
fälligen Erscheinungen schon in den allerersten Lebensmonaten
eine erstaunlich grosse ist, so darf es nicht mehr überraschen,
wenn man auch schon kurz vor oder nach der Geburt die Anfangsstadien der Krankheit in entsprechender Häufigkeit vorfindet. Andererseits ist ja auch von einer zweiten Knochenkrankheit des
Kindesalters, welche noch dazu gerade jene Stellen befallen müsste,
von denen man weiss, dass sie später den Lieblingssitz der rachi-

tischen Affection abgeben, in einer auch nur annähernden Häufigkeit ganz und gar nichts bekannt.

Allerdings gibt es eine Affection, welche eben jene Stellen
mit Vorliebe befällt, welche aber ganz unvergleichlich seltener ist,
nämlich die hereditär syphilitische Knochenaffection.
Es musste also, trotz jener relativen Seltenheit, dennoch gerade
bei den Frühgeburten die Möglichkeit ins Auge gefasst werden,
dass man es wenigstens in einer beschränkten Zahl der Fälle
mit syphilitischen Veränderungen zu thun haben könnte.

Dem gegenüber hat uns nun, wie seinerzeit in dem dritten
Theile dieser Abhandlung ausführlich dargethan werden wird, die
Untersuchung einer ungewöhnlich grossen Zahl von zweifellos
syphilitischen Früchten in den Stand gesetzt, ganz genau zu unterscheiden, welche Veränderungen die Syphilis an und für sich in
den Knochenenden der Fötus und Neugeborenen hervorzubringen
vermag; und wenn es nun auch richtig ist, dass neben jenen
ausschliesslich der Syphilis zuzuschreibenden charakteristischen
Zerstörungsprocessen im Knorpel und Knochen in den allermeisten
Fällen bei hereditär syphilitischen Kindern auch jene Veränderungen in einem gewissen Grade sichtbar sind, welche wir bei der
übergrossen Zahl sämmtlicher Untersuchungsobjecte als die Anfangsstadien der Rachitis ansprechen mussten, so versteht es sich von
selbst, dass wir in jedem Falle, wo wir jene ganz specifischen
Zeichen der syphilitischen Knochenerkrankung nicht vorfanden, alles
übrige mit Beruhigung der Rachitis zuschreiben konnten, wenn
auch die Möglichkeit nicht ausgeschlossen war, dass die eine oder
die andere dieser Frühgeburten trotzdem einer syphilitischen Vererbung zum Opfer gefallen war. Diese Scrupel werden uns noch
weniger behelligen, wenn wir am Schlusse dieses Abschnittes bei
der Besprechung der Aetiologie der Rachitis erfahren werden,
dass höchst wahrscheinlich alle möglichen krankhaften
Vorgänge und Zustände im Gesammtorganismus des Fötus
oder des Kindes in der Periode des lebhaftesten Wachsthums im Stande sind, den Anstoss zu den rachitischen
Veränderungen an den Appositionsstellen der Knochen
zu geben, und dass also die Syphilis kaum darin eine Ausnahme
machen wird.

Aus allen diesen Gründen werden wir kaum fehlgehen, wenn wir, mit Ausnahme der deutlich charakterisirten syphilitischen Affectionen (und etwa noch der cretinistischen, welche sich von den rachitischen auf das schärfste unterscheiden lassen) sämmtliche Abweichungen von der Norm, welche wir an den Appositionsstellen der fötalen und kindlichen Knochen vorfinden, als rachitische auffassen werden.

Die nun folgende Beschreibung der rachitischen Veränderungen im Knochensysteme wird diese Annahme in vollem Masse berechtigt erscheinen lassen.

Erstes Kapitel.

Rachitische Veränderungen im Knorpel.

Verhalten des allseitig wachsenden Knorpels. Höhe der Wucherungsschicht in den verschiedenen Wachsthumsperioden. Krankhafte Steigerung
der Zellenvermehrung. Veränderungen in der Knorpelgrundsubstanz. Vergrösserung der Säulenzone nach der Höhe und Breite. Active und passive Vorbauchung der Säulenzone und ihre Consequenzen.

Wir beschäftigen uns hier zunächst mit den endochondral
gebildeten Skelettheilen, und von diesen wieder mit den Röhrenknochen, welche sich ja vorwiegend an dem rachitischen Processe
betheiligen. Bei der Schilderung der Erscheinungen an den Gelenksenden der Röhrenknochen folgen wir am besten jenen Wachs-
thumszonen, die wir im 12. Kapitel des ersten Abschnittes (S. 18)
beschrieben haben.

Nehmen wir also demgemäss zuerst den allseitig wachsenden Knorpel, also die Rippenknorpel oder die Chondroepiphysen
der fötalen und kindlichen Röhrenknochen vor der Bildung eines
Epiphysenkernes in Augenschein. so ist hier sogleich ein höchst
bemerkenswerthes Factum zu constatiren, welches sich später für
unsere Theorie der Rachitis von grosser Wichtigkeit erweisen wird.
Es zeigt sich nämlich, dass nicht nur an den mässig afficirten Knochenenden, sondern selbst an den hochgradig rachitischen Rippen und
anderen schwer erkrankten Knorpelepiphysen der allseitig wachsende Knorpel gar keine pathologische Veränderung
nachweisen lässt, so dass schon in einer sehr geringen Entfernung von der Proliferationsgrenze. an welcher, wie wir gleich
sehen werden, sich immer sehr auffällige krankhafte Vorgänge
bemerkbar machen, der Knorpel sich absolut normal verhält. Man
merkt dies schon bei der makroskopischen Besichtigung an seiner
normalen weissen Farbe und an seiner derben Consistenz, im Gegen-

satze zu der meist bläulichen und öfters auch gallertartig erweichten Proliferations- und Säulenzone. Auch unter dem Mikroskope zeigen die Zellen ihre gewöhnliche Anordnung und Dichtigkeit, die Blutgefässe fehlen entweder ganz, oder sie sind, mit Ausnahme der unmittelbar an die Proliferationsgrenze anstossenden Schichten, in sehr geringer Anzahl und in grossen Distanzen angeordnet, und auch die sie einschliessenden Knorpelmarkkanäle bieten durchaus nicht jene auffälligen Veränderungen dar, die wir sogleich an den innerhalb des einseitig wachsenden Knorpels verlaufenden Markkanälen beschreiben werden (vergl. Taf. I, Fig. 2; Taf. II, Fig. 3 und Taf. III, Fig. 4). Endlich erweist sich auch das Perichondrium schon in einer geringen Entfernung von der Proliferationsgrenze als vollkommen normal. Es fehlt auch hier, wie wir dies für das normale Perichondrium des allseitig wachsenden Knorpels im ersten Abschnitte (S. 104) statuirt haben, die weiche Bildungsschicht des Perichondriums vollständig, die Knorpelüberkleidung ist vielmehr rein fasrig, und es gehen ihre Faserbündel continuirlich in die Faserung der knorpeligen Grundsubstanz über.

Während also der allseitig wachsende Knorpel selbst bei hohen Graden von Rachitis keine Veränderungen darbietet, sind diese in den unmittelbar angrenzenden Schichten des einseitig wachsenden Knorpels selbst bei den mässigen Graden der Krankheit und in den Anfangsstadien derselben, wie wir sie bei älteren Fötus und bei Neugeborenen vorfinden, schon ziemlich auffällig, und werden hier, wenn überhaupt eine rachitische Affection vorhanden ist, niemals vermisst. Diese Veränderungen beziehen sich erstens auf den Knorpel selbst, zweitens auf seine Blutgefässe und drittens auf das Perichondrium.

Wie wir wissen, zerfällt der einseitig wachsende Knorpel wieder in zwei Zonen, welche allerdings nicht strenge von einander abgegrenzt sind, nämlich in die Zone der Zellenvermehrung und in die Zone der Zellenvergrösserung. Gerade wegen des Mangels einer scharfen Grenze zwischen diesen beiden Zonen können wir auch ihre rachitischen Veränderungen nicht getrennt von einander behandeln, obwohl manchmal der Schwerpunkt der abnormen Vorgänge in der ersteren, manchmal wieder in der letzteren zu finden ist. Es hängt dies vorwiegend von dem Alter des betroffenen Individuums ab, o. r. um es deutlicher zu sagen, davon, ob man es mit den fötalen oder postfötalen Wachsthumsstadien zu thun hat. Die Vergleichung von normalen Befunden an rasch wachsenden Knochenenden, speciell an den Rippen, welche ich in diesem Sinne am allerhäufigsten untersucht habe, lehrt nämlich, dass die Energie des Längenwachsthums, welche sich in der Höhe der einseitig wachsenden Knorpellage ausdrückt, am bedeutendsten ist in der Zeit des 6. bis 8. Fötalmonats, dass dieselbe vor der Geburt und bald nach derselben schon merklich abnimmt, und dass sie von nun an rapid geringer wird, so dass bei einem dreijährigen Kinde die gesammte Zone des einseitigen Knorpelwachsthums nur mehr ein Viertel von derjenigen Höhe besitzt, welche man beim neugeborenen Kinde findet. Die Feststellung der normalen Höhe ist übrigens bei der schon angedeuteten Seltenheit der vollkommen normalen Befunde an den Knorpelknochenverbindungen speciell der rasch wachsenden Knochenenden mit einer gewissen Schwierigkeit verbunden. Ich habe diese Messung in einer gewissen Anzahl von Präparaten unter dem Mikroskope mittelst des Glasmikrometers vorgenommen und zwar immer in der Weise, dass ich die Grenze nach oben an jener Stelle annahm, wo zuerst eine deutlich überwiegende Proliferation in der Richtung der Längsachse sichtbar wird, und nach unten wieder dort, wo die endostalen Markräume mit ihren Kuppen von unten her gewissermassen in einer Phalanx vorrücken. (Vergl. I. Band, Taf. V.) Die Verkalkungsgrenze wäre zwar bei normalen Präparaten eine viel schärfere Marke gewesen, aber gerade bei der Rachitis ist ja gewöhnlich diese Grenze höchst unregelmässig und in schweren Fällen überhaupt gar nicht genau zu fixiren, während selbst in ziemlich schweren Fällen von Rachitis, abgesehen von den zahlreichen sog. Markpapillen, welche den endostalen Markräumen scheinbar voraneilen (siehe später), immerhin das Gros der endostalen Gefässe nur bis zu einer bestimmten, manchmal sanft gekrümmten Grenzlinie vorrückt, und sich daher darnach, selbst bei einer gewissen Unregelmässigkeit der Markraumbildung, dennoch eine ideale Grenze ziemlich gut bestimmen lässt. Diese Messungen haben nun für die vorderen Rippenenden mit normalem Befunde ergeben:

bei einem sechsmonatlichen Fötus   2·4 Millimeter

beim Neugeborenen . . . . 1·6

bei einem einjährigen Kinde   0·6 Millimeter

bei einem dreijährigen Kinde   . 0·4   „

Dabei macht sich auch in einer anderen Beziehung eine allmälige Veränderung geltend. Es überwiegt nämlich in den fötalen
Rippenknorpeln und Chondroepiphysen, je weiter man sich von dem
Zeitpunkte der Reife entfernt, umsomehr die Zone der Zellenvermehrung über die Zone der Zellenvergrösserung, so dass
ein grosser Theil, nahezu die Hälfte der gesammten Zone des einseitigen Knorpelwachsthums von den Gruppen der eben durch
Theilung entstandenen, aber noch nicht in der Längsachse ausgewachsenen Zellen erfüllt ist. Es ist ja auch wohl begreiflich, dass,
je stürmischer das Knorpelwachsthum vor sich geht, desto mehr
Schichten von noch nicht ausgewachsenen Zellen vorhanden sein
müssen, weil ja das einseitige Auswachsen jeder einzelnen Tochter-
und Enkelzelle erst nach und nach auf die Zellenvermehrung folgen und sich, von unten her beginnend, erst allmälig nach oben
hin erstrecken kann. Wenn nun um die Zeit der Geburt herum
die Energie des Knorpelwachsthums schon deutlich nachzulassen
beginnt, so ist auch schon dem entsprechend die Zellentheilung
in der eigentlichen Proliferationszone eine weniger stürmische, und
es tritt nun auch die Zone der Zellenvermehrung mit den Gruppen
übereinandergeschichteter flach linsenförmiger Knorpelzellen bedeutend zurück gegen die Zone der vergrösserten und säulenförmig
geschichteten Knorpelzellen. Späterhin, 1 bis 2 Jahre nach der
Geburt, sind jene Gruppen von quergestellten stäbchen- oder spindelförmigen Durchschnitten der flachen Knorpelzellen bereits so
sehr reducirt, dass sie nur ein unbedeutendes Anhängsel zu der
relativ noch ziemlich hohen Zone der Knorpelzellensäulen bilden.

Bei der Rachitis ist nun das einseitige Knorpelwachsthum in abnormer Weise gesteigert. Ob diese Steigerung
sich vorwiegend in der Zone der Zellenvermehrung oder in jener
der Zellenvergrösserung geltend macht, hängt nach den eben gemachten Bemerkungen über die Verschiedenheit der fötalen und
postfötalen Verhältnisse von dem Zeitpunkte ab, in welchem die
rachitische Affection zur Beobachtung kommt, denn in dem einen
Falle wird die krankhafte Steigerung des Wachsthums sich vorwiegend in der Proliferationszone, in dem anderen wieder vorwiegend
in der Säulenzone bemerkbar machen müssen. In der That findet

man in den fötalen Knochenenden und Rippenknorpelverbindungen, wenn sie rachitisch afficirt sind, unter allen Umständen eine sehr auffällig vermehrte, häufig sogar eine ins Enorme gesteigerte Thätigkeit der Zellentheilung, während die Höhe der Säulenzone gewöhnlich noch nicht sehr vermehrt erscheint (s. Tafel 1, Fig. 1), weil nämlich die Steigerung der Zellenproliferation noch relativ kurzen Datums ist, und sich die Produkte der gesteigerten Proliferation noch nicht, oder nur in ihren untersten Antheilen auch in der Längenaxe vergrössert haben. Daher ist auch das Resultat in Bezug auf die grössere Höhe der gesammten Zone des einseitigen Knorpelwachsthums in diesen ersten Stadien, also namentlich in den letzten Fötalmonaten, noch kein sehr bedeutendes. In einigen Fällen des 7. und 8. Fötalmonates, in denen das deutlich ausgeprägte Anfangsstadium des rachitischen Processes constatirt werden konnte, und, abgesehen von anderen charakteristischen Erscheinungen, auch eine sehr bedeutende Steigerung der Zellenproliferation sofort in die Augen fiel, war dennoch die Höhe der gesammten einseitig wachsenden Knorpelzone nur auf 2·8 bis 3·0 Millimeter gestiegen, also vielleicht um ein Viertel über die diesen Wachsthumsstadien entsprechende normale Höhe. Es erscheint dieses Resultat um so geringfügiger, als wir alsbald sehen werden, dass in der postfötalen Zeit, wenn die einzelnen Theilungsprodukte sich auch schon nach der Längsaxe vergrössern, ganz enorme Vergrösserungen der ganzen Zone, bis auf das vier- und fünffache der normalen Höhe erreicht werden können.

Während also die krankhafte Steigerung der Zellenproliferation an und für sich keine besonders auffallende Erhöhung der ganzen Zone mit sich bringt, wird dadurch das Aussehen der Proliferationszone (im engeren Sinne) bedeutend alterirt. Die einzelnen Gruppen enthalten eine viel grössere Zahl von Einzelzellen übereinander geschichtet (20—30 und noch mehr), und zwar so dicht gedrängt, dass die Grundsubstanz zwischen den einzelnen Zellen einer Gruppe bis auf ein Minimum verschwindet. Ausserdem wird aber auch die Grundsubstanz zwischen den einzelnen Gruppen, welche unter normalen Verhältnissen oft eine bedeutende Mächtigkeit erreicht, mitunter sehr bedeutend reducirt, es sind dann die Zellengruppen auf einem bestimmten Areale auch der Zahl nach bedeutend vermehrt, und manchmal so nahe zusammengedrängt, dass sie kaum deutlich von einander abgegrenzt bleiben, und dass in extremen Fällen die ganze Zone der Zellenproliferation aus einer Unzahl von dicht gedrängten und übereinander geschichteten Zellen mit spärlicher Grundsubstanz zusammengesetzt erscheint.

Durch ein solches Zurückbleiben der Grundsubstanz gegen die Zellen selbst, oder vielmehr gegen den weichen und wenig resistenten Inhalt der Zellenhöhlen — Zellenkörper plus Pericellularsubstanz — wird die dem normalen Knorpel zukommende Starrheit und Resistenzfähigkeit bedeutend vermindert, in gewissen Fällen sogar nahezu gänzlich aufgehoben. Es kommt nämlich noch hinzu, dass die in ihrer Masse so ausserordentlich reducirte Grundsubstanz zwischen den einzelnen Zellen und Zellengruppen nicht jene homogene Beschaffenheit aufweist, wie unter normalen Verhältnissen. Es tritt vielmehr in den höheren Graden dieser Affection in der Grundsubstanz jene bändrige Zeichnung oft in sehr auffallender Weise zu Tage, welche wir in der ersten Abtheilung (S. 86) beschrieben und (Tafel VI, Fig. 8) auch abgebildet haben. Die feinen dunkeln Linien, welche, zumeist die quere Richtung einhaltend, sich unter spitzen Winkeln durchschneiden und häufig die einzelnen quergestellten flachen Zellen mit einander verbinden, sind, wie wir an jener Stelle ausführlich dargethan haben, nichts anderes, als der optische Eindruck von flächenartig ausgebreiteten Interstitien zwischen den einzelnen Fibrillenbündeln, welche einander geflechtartig durchkreuzen und die Knorpelzellen zwischen sich fassen. Diese Interstitien enthalten aber nicht etwa eine freie Flüssigkeit, sondern, wie wir gleichfalls daselbst ausgeführt haben, jenes durchsichtige mucinöse Gewebe, welches überhaupt die lebende und wachsende Grundlage des Knorpels ausmacht, und in welchem eben die Knorpelfibrillen entstehen und in verschiedener Dichtigkeit vertheilt sind. Jenes mucinöse, durchsichtige und bis jetzt noch nicht tingirbare Grundgewebe existirt also ebensogut zwischen den Fibrillen eines jeden Bündels, wie zwischen den verschiedenen Bündeln, und die letzteren sind eben unter normalen Verhältnissen nur dadurch charakterisirt, dass die Fibrillen innerhalb eines und desselben Bündels nahezu dieselbe Richtung einhalten und dichter miteinander verfilzt sind, während die Bündel untereinander keine Fibrillen austauschen, so dass zwischen den

Bündeln, und jedes einzelne derselben umhüllend, eine fibrillenlose Schichte des Grundgewebes angenommen werden muss. Der Masse nach ist offenbar unter normalen Bedingungen dieses interfasciculäre Grundgewebe (alias Kittgewebe) gleichfalls nur ein minimales, und es ist daher im normalen Knorpel ebensowenig im Stande, einen optischen Eindruck hervorzurufen, als das mit ihm continuirlich zusammenhängende interfibrilläre Gewebe. Die Grundsubstanz erscheint also homogen und die Bündel sind nicht von einander zu unterscheiden.

Wenn nun aber, wie dies bei der Rachitis der Fall ist, plötzlich eine ganz übermässig gesteigerte Zellentheilung stattfindet, so muss auch dem entsprechend eine überstürzte Bildung von neuer Grundsubstanz zwischen den einzelnen Zellentheilungsprodukten erfolgen, und zwar muss sich jedesmal, wenn sich eine Zelle in zwei Theile getheilt hat, zwischen diesen gewissermassen ein neues Bündel von Knorpelfibrillen in dem rapid angewachsenen mucinösen Grundgewebe bilden, und sich gleichzeitig zwischen die auseinander weichenden Nachbarbündel hineinschieben. Während aber bei dem relativ langsamen normalen Theilungsvorgange sich sofort neue Fibrillen in der entsprechenden Zahl und Dichtigkeit bilden können, so dass die Homogenität der Grundsubstanz keine oder keine erhebliche Einbusse erleidet, kann bei diesen ausserordentlich stürmischen Theilungsvorgängen die Knorpelfibrillenbildung offenbar nicht in der entsprechenden Weise nachfolgen, und es werden daher nothwendiger Weise zwischen den älteren auseinander weichenden Fibrillenbündeln fibrillenlose, ausschliesslich mit durchsichtigem mucinösem Zwischengewebe ausgefüllte Lücken wenigstens zeitweilig zurückbleiben. Solche Lücken müssen nun, wenn sie senkrecht auf die Schnittebene verlaufen, den optischen Eindruck von Linien machen, welche die einzelnen Knorpelzellen miteinander verbinden. Ausserdem ist es nicht unwahrscheinlich, dass die bedeutend vermehrte Saftströmung, die wir aus anderen Gründen bei dieser pathologisch gesteigerten Wachsthumsenergie annehmen müssen, die Bildung von Fibrillen in den neu entstandenen interfasciculären Interstitien gleichfalls verzögert.

Diese Erklärung der bändrigen Zeichnung des Knorpels in der Proliferationszone, sowie überhaupt unsere ganze Vorstellung von der feineren Structur der Knorpelgrundsubstanz hat eine sehr

wirksame Unterstützung gefunden in einem interessanten Experimente, welches Spina vor Kurzem in den Sitzungsberichten der
Wiener Akademie veröffentlicht hat*). Wenn er nämlich Knorpelstücke
durch mehrere Tage in Alkohol liegen liess und feine Schnitte derselben gleichfalls in Alkohol unter dem Mikroskope ansah, so fand
er in der Knorpelgrundsubstanz ein System von Linien, welche
sowohl in ihrer Anordnung, als auch in ihrem Verhältnisse zu den
Knorpelzellenhöhlen jenen Linien entsprachen, welche hin und wieder
in sehr jugendlichen normalen, noch häufiger in pathologisch afficirten Knorpeln auftreten, und andererseits sich auch durch for-
cirte Injectionen von Farbstoffen oder durch die Corrosion der
Grundsubstanz mittelst Chromsäure oder Salpetersäure (vergl.
I. Band, S. 83) künstlich hervorrufen lassen. Das Interessan-
teste an diesem Versuche ist aber, dass man die Linien sofort
wieder zum Schwinden bringen kann, wenn man dem Präparate
einen Tropfen Glycerin hinzufügt.

Dieser Vorgang ist nach meiner Ansicht in folgender Weise
aufzufassen. Durch den Alkohol wird die Grundsubstanz eines grossen Theiles ihres Wassergehaltes beraubt, und es ist begreiflich,
dass dabei weniger die starren Fibrillen, als vielmehr das ausserordentlich zarte und saftreiche interfibrillare Grundgewebe herhalten
muss. Da nun in einem jeden Fibrillenbündel die Fibrillen enge
miteinander verfilzt sind, so wird jedes einzelne Bündel, wenn sein
interfibrilläres Gewebe des Wassers beraubt wird, auch als Ganzes
zusammenschrumpfen, und es werden nun die Faserbündel, welche
bisher dicht aneinander gelagert waren, in den interfasciculären
Spalträumen auseinander weichen müssen, was ausserdem noch
dadurch erleichtert ist, dass diese Räume ausschliesslich mit dem
wenig resistenten Kittgewebe ausgefüllt sind und keine Fibrillen
enthalten, welche dies Auseinanderweichen verhindern könnten.
Dadurch werden nun jene interfasciculären Räume, welche gewöhnlich wegen der dichten Aneinanderlagerung der Fibrillenbündel
unsichtbar bleiben, mit einem Male deutlich wahrnehmbar, und
zwar genau in jener Gestalt und Anordnung, wie sie durch jede
andere der mehrfach besprochenen Methoden oder auch manchmal
spontan durch ihre pathologische Erweiterung zur Ansicht gelangen.

---

*) Jahrg. 1879. III. Abtheilung. S. 267.

Die corrodirend wirkenden Flüssigkeiten, z. B. concentrirte Chrom-
oder Salpetersäure, haben nur insoferne einen anderen Effect, als
sie zwar in jenen interfasciculären Räumen zunächst vordringen,
aber dieselben auch durch Corrosion der zunächst gelegenen Fibrillen
de facto erweitern; deshalb können eben jene erweiterten Spalt-
linien nicht mehr zum Schwinden gebracht werden. Wenn man
dagegen einem Alkoholpräparate Wasser oder Glycerin zusetzt, so
quellen die Bündel wieder auf, schmiegen sich wieder dichter
aneinander an, und das ganze System von verzweigten Linien und
scheinbaren Fortsätzen der Knorpelzellen schwindet wieder vollständig, was natürlich bei wirklichen protoplasmatischen
Fortsätzen dieser Zellen, wie sie unter normalen und pathologischen
Verhältnissen hin und wieder beobachtet werden (vergl. I. Band,
S. 91), durch keine wie immer geartete Procedur bewirkt werden kann.

Wenn wir nun wieder zu der rachitischen Affection der Knor-
pelproliferationszone zurückkehren, so ist, Alles zusammengenommen,
das Resultat der gesteigerten Zellenproliferation und der Veränderung
der Grundsubstanz eine verminderte Resistenz des Knorpels
in dieser Zone, und diese verminderte Resistenz verräth sich einerseits in einem Schlottern der Knorpelepiphyse an der Diaphyse und
besonders häufig des Rippenknorpels an der knöchernen Rippe,
andererseits durch eine schon mit freiem Auge wahrnehmbare gallertige Consistenz des Knorpels an den Uebergangsstellen in den
Knochen. Eine weitere Consequenz dieser Knorpelerweichung lässt
sich in den höheren Graden auf mikroskopischen Durchschnitten
wahrnehmen. Man findet nämlich den hartgebliebenen weil normalen kleinzelligen Epiphysen- oder Rippenknorpel in jene weiche Knor-
pelproliferationszone eingesunken, manchmal sogar in dem Grade,
dass das Perichondrium sich beiderseits über den oberen Rand der
periostalen Knochenrinde hineinstülpt; bei den Rippen findet man
statt des Einstülpens öfter auch ein Abrutschen oder Ab-
knicken des Knorpels nach der einen, und zwar immer nach
der Innenseite, so dass der Knickungswinkel gegen die pleurale
Seite hin geöffnet ist. (S. Tafel I, Fig. 1.)

Dieser Knickungswinkel ist nun wohl zu unterscheiden von
jener in einem anderen Kapitel zu besprechenden Abknickung,

welche durch die hochgradige rachitische Verbiegung der Rippen in der postfötalen Zeit hervorgerufen wird. Denn während die oben besprochene Abknickung bei der fötalen Rachitis immer nur zwischen dem allseitig wachsenden Knorpel und der Säulenzone in der erweichten Proliferationszone stattfindet, betrifft die in der Regel intensivere und daher auch viel auffälligere Knickung in der postfötalen Rachitis schon die knöcherne Rippe in ihrer obersten spongiösen Partie, welche sich unmittelbar an die vergrösserte Säulenzone anschliesst. (Vergl. Tafel III, Fig. 4.) Die Erörterung der Gründe, warum die Abknickung an der fötalen Rippe immer nach aussen, an der postfötalen aber unter allen Umständen nach innen erfolgt, müssen wir gleichfalls einem späteren Kapitel vorbehalten, in welchem die Thoraxrachitis ausführlich besprochen werden wird.

Die Erweichung der Proliferationszone, welche zur Abknickung des ganzen Knorpels führt, fällt, wie bereits erörtert, vorwiegend in die letzten Fötalmonate, ist aber hier, neben anderen unverkennbaren Zeichen der beginnenden rachitischen Affection, eine durchaus nicht seltene Erscheinung. Um die Geburt herum hat, wie gleichfalls bereits auseinandergesetzt wurde, der Process der Zellentheilung schon bedeutend in seiner Energie nachgelassen. Der Schwerpunkt des einseitigen Wachsthums liegt nunmehr in der Vergrösserung der zahlreichen, bereits früher durch die Theilung entstandenen und noch fortwährend in langsamerem Tempo nachgelieferten Knorpelzellen, und es äussert sich dem entsprechend der krankhafte Vorgang, welcher auch hier nichts anderes ist, als der gesteigerte normale, hauptsächlich in einer ganz ausserordentlichen Zunahme der Zone der vergrösserten und in Reihen geordneten Knorpelzellen. Daher kommt es, dass selbst bei sehr hochgradiger postfötaler Rachitis über der häufig enorm vergrösserten Säulenzone die eigentliche Proliferationszone mit ihren nicht ausgewachsenen flachlinsenförmigen Zellen keineswegs in demselben Masse vergrössert ist, und man vielmehr zwischen dem völlig normalen allseitig wachsenden Knorpel und der bedeutend erhöhten Säulenzone nur wenige Gruppen von flachen Zellen findet, welche höchstens durch die bedeutend grössere Anzahl der eine Gruppe constituirenden Einzelzellen eine Abweichung von dem normalen Verhalten darbieten. (Fig. 2, 3, 4 u. 5.)

2 *

Es ist also augenscheinlich, dass der Schwerpunkt des abnorm gesteigerten Knochenwachsthums in der postfötalen Rachitis aus der kleinzelligen Proliferationszone in die grosszellige Säulenzone verlegt ist. Da aber ein übermässiges Anwachsen der e i n z e l n e n Zellen nach der Längsrichtung keineswegs beobachtet wird, vielmehr gerade im Gegentheil die Zellen selbst in den der Ossificationsgrenze zunächst gelegenen Schichten nicht einmal immer jene Höhe erreichen, wie wir sie daselbst unter normalen Verhältnissen zu finden gewohnt sind, so ist die enorme Ausdehnung der Säulenzone nach der Längsrichtung nur in der Weise denkbar, d a s s a u c h d i e b e r e i t s v e r g r ö s s e r t e n Z e l l e n d e n T h e i l u n g s p r o c e s s i m m e r n o c h f o r t s e t z e n. Dafür spricht auch die in den hochgradigen Fällen zu beobachtende ganz enorme Längsausdehnung der einzelnen Säulen oder Zellennester, d. h. jener Gruppen von Zellen, welche ringsum von mächtigen Zügen von Grundsubstanz umgeben sind, und offenbar einer einzigen Zelle des einseitig wachsenden Knorpels ihre Herkunft verdanken. Die Zahl der in einer solchen sogen. Mutterzelle enthaltenen Einzelzellen übertrifft auch um ein Vielfaches die Zahl der in einer Gruppe der Proliferationszone enthaltenen flachlinsenförmigen Knorpelzellen. Auch die wechselnde Höhe der einzelnen Zellen in den verschiedenen Antheilen der Säulenzone entspricht vollständig dieser Annahme. Es nimmt nämlich die Höhe der Zellen nicht, wie gewöhnlich, gegen die Ossificationsgrenze hin stetig in der Richtung der Längsaxe zu, sondern dieselbe wechselt öfter sogar in mehreren horizontalen Schichten, so dass auf eine Schichte aus bedeutend herangewachsenen Zellen nach unten wieder eine Schichte von zahlreichen übereinandergeschichteten plattgedrückt aussehenden Zellen folgen kann. Erst weiter unten gegen die Ossificationsgrenze zu werden die Zellen wieder höher, und es kann dies sogar mehrere Male wechseln. Nun könnte man sich allerdings auch denken, dass die Schichten mit den hohen Zellen vorzeitig ausgewachsen und die niederen Zellen im Wachsthum zurückgeblieben sind, aber man findet jene Schichten von flachen Zellen in ungeheurer Anzahl gerade in jenen Partien, welche von zahlreichen krankhaft neugebildeten Blutgefässen durchzogen sind, und man muss wohl annehmen, dass die von diesen Gefässen ausgehende besonders lebhafte Plasmaströmung nicht ein Zurückbleiben, sondern vielmehr eine krankhafte Steigerung des Wachsthums hervorrufen muss, die sich eben in jenen vielfachen Theilungsvorgängen innerhalb der Zellensäulen äussert.

Aus alledem resultirt, wie bereits angedeutet wurde, eine sehr bedeutende Vergrösserung der Säulenzone und überhaupt der gesammten Zone des einseitig wachsenden Knorpels in der Richtung der Längsaxe. Ich fand z. B. bei der mikrometrischen Messung dieser Zone an den vorderen Enden rachitischer Rippen folgende Zahlen:

2monatliches Kind	7·0	Millimeter
3 „ „	8·0	„
18 „ „	7·0	„
2 jähriges „	3·5	„
2 „ „	5·0	„
2½ „ „	2·2	„

Es zeigt sich also, dass im Ganzen und Grossen die bedeutenden Steigerungen sich in dem ersten und vielleicht auch im zweiten Lebensjahre vorfinden; wir finden bei 2 und 3monatlichen Kindern eine Höhe von 7 — 8 Millimetern, während die normale Höhe selbst bei einem Neugeborenen nur 1·6 Millimeter beträgt. Bei dem 2½ jährigen Kinde hingegen haben wir, trotzdem man es mit einer besonders hochgradigen rachitischen Affection, mit bedeutender Auftreibung des Rippenknorpels und hochgradiger Biegsamkeit der knöchernen Rippe zu thun hatte, nur eine Höhe von 2·2 Millimetern, die aber allerdings im Vergleiche zu der normalen Höhe (0·4 bei einem normalen 3jährigen Kinde) noch immer eine ganz respectable Steigerung repräsentirt. Im Allgemeinen fand ich bei hochgradigen Fällen von Rachitis eine 4—5fache Erhöhung der Zone des einseitig wachsenden Knorpels, während Senator [50] sogar von einer 5 — 10fachen Erhöhung der Wachsthumsschichte spricht.

Natürlich findet man eine solche ausgiebige Vergrösserung der Säulenzone nur in sehr ausgeprägten und auch makroskopisch schon sehr auffallende Veränderungen darbietenden Fällen. In den mässigeren Graden, welche aber durch anderweitige histologische Veränderungen im Knochen und Knorpel schon hinlänglich als rachitisch gekennzeichnet sind, ist die Säulenzone oft nur mässig erhöht, aber dennoch auch hier schon mit den deutlichsten Zeichen

der beginnenden rachitischen Veränderung behaftet, und zwar zum
Theile in den Zellen, zum Theile in der Grundsubstanz. In den
Zellen äussert sich dieselbe durch das häufige Auftreten von ungewöhnlich vergrösserten und mit einer stark accentuirten
dunkel contourirten Kapselmembran versehenen Zellenexem-
plaren, welche dadurch sowohl, als durch den Umstand, dass
innerhalb der grossen kreisrunden oder eiförmigen straff gespannten Kapselmembran der eigentlich sichtbare protoplasmatische
Zellkörper nur einen geringen Raum einnimmt, gewissermassen ein
hydropisches Aussehen bekommen (Klebs [43]). Ausserdem haben
hier die grossen Zellen in der Nähe der Verkalkungsgrenze und
innerhalb der Verkalkungszone sehr häufig jene homogen glänzende Beschaffenheit des gesammten Inhaltes der Zellenhöhle,
welche wir schon im ersten Abschnitte (S. 150) beschrieben haben, und auf welche wir auch später noch bei der Beschreibung der krankhaften endostalen Markraumbildung zurückkommen
werden.

Ausser diesen eigenthümlichen Erscheinungen an den Zellen
finden auch in der Grundsubstanz, speciell in den grossen Längsbalken des Knorpels, welche die Zellensäulen von einander ab-
scheiden, gewisse Veränderungen statt. Am auffallendsten ist eine
bedeutende Verbreiterung derselben, insbesondere an jenen
Stellen, wo sie sich mit breiteren Querbalken kreuzen. Auch hier
geschieht jedoch dieses bedeutende Anwachsen wieder auf Kosten
der Dichtigkeit des Gefüges. Wir haben schon bei dem normalen
Wachsthum gesehen, dass die Längsbalken in Folge ihres raschen
Wachsthums häufig eine fasrige Structur und deutliche feine Längsstreifen zeigen. Diese Erscheinung ist nun bei der Rachitis und
namentlich bei den hohen Graden derselben eine besonders auffällige. Die Balken zeigen insgesammt eine sehr deutliche Längsstrei-
fung, an den massigen Stellen häufig auch eine sehr schöne quere
Strichelung. Auch hier sind jene dunkeln Quer- und Längsstreifen
als interfibrilläre Räume zu denken, welche vorläufig nur das rasch
wachsende mucinöse Grund- oder Kittgewebe enthalten, und sich
wohl erst später, wenn sich der Knorpel consolidirt, mit nachträglich in diesem Grundgewebe entstandenen Knorpelfäserchen ausfüllen.

Die bedeutende Verbreiterung der zwischen den Zellensäulen
verlaufenden Züge von Grundsubstanz — welche auf Längsschnit-

ten als Längsbalken erscheinen — hat zweifellos einen grossen
Antheil an einer der auffälligsten Erscheinungen der Rachitis, nämlich an der selbst bei den mässigen Affectionen schon deutlich
wahrnehmbaren Verbreiterung der ganzen Säulenzone in der
horizontalen Dimension, und zugleich auch an der durch
diese Verbreiterung bedingten Vorbauchung der Zone der vergrösserten Knorpelzellen. Diese Vorbauchung nimmt unmittelbar an der Proliferationszone ihren Anfang und wird nach abwärts
immer stärker, bis sie ungefähr in der Gegend der Kuppen der
endostalen Markräume ihren Höhepunkt erreicht, um dann weiter
nach unten gegen die knöcherne Diaphyse oder Rippe wieder allmälig zu verschwinden. (Fig. 1—4.)

Die mässigeren Grade der Vorbauchung, wie man sie an den
Rippen und anderen schnell wachsenden Knochenenden nicht gar selten
schon bei älteren Fötus und Neugeborenen vorfindet, dürften sogar in
manchen Fällen ausschliesslich auf dieses eine Moment, nämlich auf
das übertriebene Wachsthum des Knorpels in die Breite,
zurückzuführen sein. Anders bei den besonders hohen Graden der
rachitischen Knochenaffection. In diesen Fällen, in denen neben
einer enormen Erhöhung der Säulenzone häufig auch eine Vorwölbung derselben nach beiden Seiten hin mit fast halbkreisförmigen
Umrissen auf dem Längsschnitte zur Ansicht kommt, treten offenbar noch andere Momente in Wirksamkeit. Dass man es hier nicht
blos mit einer activen Verbreiterung der Zone durch gesteigertes Wachsthum zu thun hat, geht schon daraus hervor, dass
hier die grösste Breite der Wölbung nicht in dem untersten Ende der Säulenzone zu finden ist, sondern in der
mittleren Partie (Fig. 2 u. 3), und dass die Säulen nicht einfach nach unten divergiren, wie dies im Gegensatze zu den nach
unten convergirenden normalen Zellensäulen bei den mässigen Vor-
wölbungen der Fall ist, sondern dass dieselben, zumal in den peripheren Partien, bogenförmig von oben und innen nach unten und
aussen, und dann wieder nach unten und innen verlaufen, was eben
sehr deutlich für eine passive Compression dieser Zone spricht.
In sehr exquisiten Fällen kann man sogar beobachten, wie die
unterste Partie des allseitig wachsenden Knorpels in die nachgiebig gewordene Säulenzone hineingedrückt wird, und die peripheren Antheile der letzteren gewissermassen rings um das untere

Ende des allseitig wachsenden Knorpels überquellen und diesen
nach Art eines Pilzhutes nach oben hin umgreifen. (S. Tafel I,
Fig. 2.)

Was nun die Kräfte anbelangt, durch welche eine solche Compression bewirkt werden kann, so denke ich mir den Vorgang in
folgender Weise. Es ist ganz gut begreiflich, dass durch das übermässige Wachsthum gerade eines ganz beschränkten Theiles des
Knorpels das Gleichgewicht in den Druckverhältnissen der einzelnen Theile des Röhrenknochens und speciell der Rippe, bei welcher
diese Verhältnisse am auffallendsten hervorzutreten pflegen, em-
pfindlich gestört werden muss. Denn weder der allseitig wachsende
Knorpel, noch der Knochen selbst wachsen auch nur annähernd
in demselben rasenden Tempo, wie die Zone des axialen Knorpelwachsthums, und da sowohl der Knorpel als der Knochen an den
angrenzenden Weichtheilen fixirt sind, so können sie durch den
rapid in der Richtung der Längsaxe wachsenden Knorpel der Säulenzone nicht einfach auseinander geschoben werden, sondern es
muss durch die fortwährende Einschiebung neuer Schichten der
vergrösserten Knorpelzellen ein sehr bedeutender Wachsthumsdruck
entstehen; und da gleichzeitig, wie wir wissen, durch dieses übermässige Wachsthum die Consistenz des Knorpels gerade wieder nur
in der Proliferations- und Säulenzone leidet, wo insbesondere die
grossen Zellenhöhlen mit ihrem weichen Inhalte gegen die noch
dazu in ihrer Starrheit sehr beeinträchtigte Grundsubstanz bedeutend in den Vordergrund treten, so muss sich dieser Wachsthumsdruck endlich darin äussern, dass der weichere Theil des
Knorpels eine Compression in der Richtung der Längsaxe erleidet und endlich nach aussen hin ausweicht oder in den
extremsten Fällen sogar nach oben gegen den starr gebliebenen
kleinzelligen Knorpel hin überquillt. Bei diesem pilzförmigen Ueber-
quellen der Säulenzone kommt es, in selteneren Fällen, auch in
der postfötalen Periode an den Rippen zu einem Ab-
knicken des starren Rippenknorpels gegen die überquel-
lende weiche Säulenzone, und zwar, wie wir in dem Kapitel
über die Thoraxrachitis zeigen werden, mit dem offenen Winkel
nach aussen (siehe dieselbe Figur), während in der fötalen Zeit,
so lange keine Athmung stattgefunden hat, die Abknickung immer
nach der entgegengesetzten Richtung stattfindet.

Die Vorbauchung der Säulenzone, mag sie nun einfach activ durch das vermehrte Breitenwachsthum, oder auch passiv durch die Compression in Folge des Wachsthumdruckes bedingt sein, hat immer ziemlich auffallende Consequenzen. Vor Allem ist dadurch die regelmässige Convergenz der Zellensäulen gegen das Wachsthumscentrum des Knochens, wie wir sie unter normalen Verhältnissen in der Verkalkungszone gesehen haben, durchaus gestört. Wir finden die Säulen selbst unmittelbar über der Zone der Markraumbildung noch sehr bedeutend nach abwärts divergirend, oft auch in dem Grade, dass die Säulen in den peripheren Partien gar nicht die Zone der Markraumbildung erreichen, sondern schon hoch oben im Perichondrium, gegen welches sie tendiren, nach ganz kurzem Verlauf zur Einschmelzung gelangen (Fig. 2 und 3). Auch die endochondrale Grenzlinie hat in solchen Fällen gewöhnlich, wenn sie überhaupt noch existirt und nicht schon durch frühere Einschmelzungsprocesse gänzlich verloren gegangen ist, ihre normale Richtung gegen das Wachsthumscentrum hin eingebüsst, und es kann diese Grenzlinie und die von ihr abgegrenzte periostale Knochenauflagerung ebenfalls entsprechend der Vorbauchung des von ihr bedeckten Knorpels, eine gekrümmte und stark nach aussen und abwärts divergirende Richtung annehmen, wo sie dann ebenfalls, sobald die Höhe der Vorbauchung überschritten ist, mitsammt dem Knorpel und der periostalen Auflagerung der Einschmelzung von Seite des Periosts unterliegt. (S. Fig. 3 *pch.*)

Diese frühzeitigen Einschmelzungen der Zellensäulen und der periostalen Bekleidung sind aber nur nothwendige Consequenzen jener übermässigen Knorpelwucherung. Durch die letztere werden gewissermassen die Dimensionen eines späteren Wachsthumstadiums dieses Theiles der knorpeligen Epiphyse anticipirt, ohne dass die Dimensionen der benachbarten Theile, des allseitig wachsenden Knorpels, des Periostes und der angrenzenden Gebilde in demselben Verhältnisse zugenommen haben. Aus der übermässigen Verbreiterung des axial wachsenden Knorpels sollte allerdings auch eine ebensolche Verbreiterung der neu angebildeten Knochenpartien resultiren; allein hier kommt schon wieder die modellirende Fähigkeit des Periostes und einer inneren Gefässhaut in Action, welche wir schon unter

normalen Verhältnissen als das formbildende Moment für den
harten Knochen hingestellt haben. Die den Knochen selbst, resp.
die Diaphyse desselben umgebenden Weichtheile haben eben durch
die ihnen eigenthümlichen Spannungsverhältnisse sozusagen die
Tendenz, den Knochen auf die ihm gebührende Ausdehnung zu
beschränken — was ja auch unter normalen Verhältnissen zu der
modellirenden Resorption des Knochens an den typischen Resorptionsstellen führt —, und wenn nun von dem proliferirenden Knorpel
her der Knochen in einer übermässigen Breitendimension geliefert
wird, so folgt der Ossification des Knorpels auch schon durch die
von den umgebenden Weichtheilen angenäherte Beinhaut die theilweise Einschmelzung des neugebildeten Knochens auf dem Fusse,
und zwar in so bedeutendem Masse, dass selbst in einer mässigen Entfernung von der Ossificationsgrenze häufig die Diaphyse
wieder nahezu auf die Dimension der Knorpelepiphyse oberhalb
der Proliferationsgrenze — im Bereiche des normal gebliebenen
allseitigen Knorpelwachsthums — und selbst noch unter dieselbe
reducirt erscheint (siehe Fig. 2 und 3). Erst dadurch wird jene
bekannte knopf- oder wulstähnliche Vorwölbung der Knorpelknochen-
verbindung auch nach unten hin besonders auffällig markirt.

Durch die Einschmelzung der periostalen oder perichondralen
Auflagerung auf der Höhe der Ausbauchung wird das spongiöse
endochondral gebildete Gewebe schon frühzeitig blossgelegt. Bei der Rippe ist dies nicht nur auf der pleuralen Resorp-
tionsseite, sondern in hohem Grade auch auf der Aussenseite, wo
sonst durchwegs Apposition stattfindet, der Fall. Die Einschmelzung
erfolgt unter der Vorwölbung oft ganz plötzlich und in solchem
Masse, dass auf dem Längsschnitte das Periost über den unteren
Einschmelzungsrand der periostalen Rinde wie gezerrt oder aus-
gespannt erscheint.

Auch an anderen Knochenenden finden ganz analoge Erscheinungen statt, und man trifft auch hier sehr häufig in Folge dessen
die periostale Rinde eingeschmolzen und das endochondrale Knochengewebe an solchen Stellen blossgelegt, wo unter normalen Verhältnissen noch eine ganz unversehrte periostale Auflagerung zu
sehen ist. Am oberen Radiusende findet man bei höheren
Graden der Rachitis in Folge dieser frühzeitigen Einschmelzung
jene eigenthümlichen Verhältnisse an der Tuberositas radii,

welche wir schon im ersten Bande angedeutet haben (siehe
daselbst S. 213 und 286). Während nämlich normaler Weise
die entsprechend der Apposition an dem oberen Radiusende immer
weiter nach aufwärts rückende Bicepssehne durch den wechselnden Druck auf die Bildungsschichte des Periosts in dieser eine
locale Knorpelbildung hervorruft, welche gewissermassen nur eine
Modification und Verdickung der periostalen Knochenauflagerung
vorstellt, trifft dieser Druck der sich herumschlingenden
Bicepssehne in Folge der eben besprochenen frühzeitigen Einschmelzung der periostalen Rinde nicht mehr eine mit periostalem
Knochen belegte Diaphysenoberfläche, sondern eine Resorptionsfläche mit tiefen Resorptionsgruben, welche ziemlich weit in die
endochondral gebildete und mit Knorpelresten versehene Spongiosa
vordringen. In diesen Gruben bildet sich nun gleichfalls in Folge
des wechselnden Druckes der Bicepssehne, und ganz ausschliesslich an jenen Stellen, wo die Sehne über der Resorptionsfläche
schleift, ein schöner hyaliner Knorpel (vergl. I. Band, Tafel
VII, Fig. 14), welcher die Gruben bis dicht an den scharfen, lacunären Rand ausfüllt.   Man kann sich diese Bilder nicht anders
deuten, als dass der ganze, nach Entfernung der Kalksalze und
Fibrillen in den Lacunen frei gewordene organische Inhalt der
letzteren durch die Druckwirkung der Bicepssehne in Knorpelgewebe umgewandelt worden ist.

Zweites Kapitel.

Anomalien der Gefässbildung im rachitischen Knorpel.

Vermehrung der Knorpelkanäle. Nachweis der centripetalen Richtung der sog. Markpapillen. Veränderungen des Knorpelmarks. Krankhafte Vascularisation des Knorpels. Cavernöse Bluträume. Abnorme Vergrösserung der Knorpelkanäle. Osteoide Umwandlung des Knorpelmarks. Metaplastische Ossification in der Umgebung der Gefässkanäle.

Die auffälligsten Veränderungen in dem knorpeligen Theile der Knochenenden werden durch die pathologisch gesteigerte Gefässbildung innerhalb desselben gegeben. Es sind dies zugleich jene Veränderungen, welche niemals, auch nicht in den leichtesten Graden der rachitischen Affection und in den frühesten Stadien derselben vermisst werden, und daher auch als hauptsächliches histologisches Merkmal zur Charakterisirung des beginnenden rachitischen Processes dienen können.

Wir haben bei der Schilderung der normalen Vorgänge gesehen, dass die Epiphysen- und Diaphysenknorpel der fötalen und kindlichen Knochen entweder ganz gefässlos sind oder, wenn sie eine gewisse absolute Grösse übersteigen, nur spärliche Blutgefässe enthalten. Insbesondere an den rasch wachsenden Knorpeln, z. B. den Rippenknorpeln bilden sich zur Zeit des energischen Wachsthums, also in den letzten Fötalmonaten und noch einige Zeit nach der Geburt, dicht oberhalb der Proliferationszone einige Blutgefässe aus dem Perichondrium hinein, und gelangen auch alsbald mit ihren centripetal gerichteten Enden in den Bereich des einseitigen Knorpelwachsthums, wo sie dann jene Verlängerung in axialer oder radialer Richtung erleiden, deren Consequenzen wir im 9. Kapitel der ersten Abtheilung (S. 134) eingehend geschildert haben.

Demzufolge findet man also auf Längsschnitten normaler fötaler oder kindlicher Gelenksenden in den einseitig wachsenden Knorpelpartien entweder gar keine oder ganz vereinzelte Gefässe, die letzteren zumeist quergeschnitten dicht oberhalb der Proliferationszone, oder zum Theile in dieser selbst etwas nach abwärts verlängert, und nur sehr selten präsentirt sich der ganze nach abwärts steigende Gefässkanal selbst mit den Erscheinungen der Involution in seinem dem Verkalkungsrande zustrebenden Ende (vergl. I. Band, Tafel V, Fig. 7). Der Querschnitt zeigt dann gewöhnlich einen einzelnen oder, auf grossen Knorpeln z. B. dem unteren Radiusende, höchstens 2—3 gleichfalls quergeschnittene Gefässkanäle, welche gewöhnlich schon in der Involution begriffen sind, und daher auch mittelst einer feinen Knorpelspalte mit dem Perichondrium in Verbindung stehen.

Dieses normale Verhalten der Knorpelkanäle ist aber, in Anbetracht der bereits wiederholt betonten Seltenheit des normalen Befundes bei menschlichen Fötus und Neugeborenen im Ganzen nicht sehr häufig anzutreffen, am ehesten noch an den langsamer wachsenden Knochenenden, z. B. an der oberen Radius- oder der oberen Femurepiphyse. Am vorderen Rippenende gehört aber der normale Befund entschieden zu den Ausnahmen; man findet daselbst vielmehr in sehr zahlreichen Fällen neben den übrigen Zeichen der beginnenden oder ausgeprägten rachitischen Affection auch in einem sehr deutlichen, manchmal aber überaus auffälligen Grade die Zeichen der pathologisch gesteigerten Gefässbildung, und zwar äussert sich die Abnormität vor Allem in der Zahl der Gefässe, dann in der Grösse ihres Lumens, und endlich in der abnormen Beschaffenheit des sie umgebenden Knorpelmarks.

Wir werden zunächst von der Vermehrung der Knorpelgefässe sprechen.

In dem allseitig wachsenden Knorpel fehlt auch diese Erscheinung, wie bereits angedeutet vollständig. Selbst an solchen Rippenknorpeln z. B., welche an der Verbindung mit der knöchernen Rippe knopfförmig aufgetrieben und von derselben abgeknickt sind, also in den intensivsten Graden der Erkrankung, wird man in einer mässigen Entfernung oberhalb der Proliferationsgrenze die Gefässe und ihre Kanäle entweder ganz vermissen (siehe Fig. 2).

oder dieselben nur in der gewöhnlichen normalen Beschaffenheit und Anordnung vorfinden (Fig. 1, 3 und 4). Nur in der allernächsten, unmittelbar an die Proliferationszone anstossenden Schichte des kleinzelligen Knorpels findet man häufig die Gefässe auffallend vermehrt, und zwar, wie sich aus der Vergleichung von Längs- und Querschnitten ergibt, einfach aus dem Grunde, weil gerade hier die Gefässe aus dem Perichondrium sich in den Knorpel hineinbilden, um dann sofort in die Proliferationszone hinabzusteigen.

Dementsprechend findet man auf einem Querschnitte, der in dieser Höhe angelegt ist, dass die hier schon bedeutend verbreiterte weiche gefässreiche innere Lage des Perichondriums zahlreiche zapfenförmige Fortsätze in radialer Richtung in das Innere des Knorpels hineinsendet, und zwar sind diese zapfenförmigen Knorpelmarkkanäle, wie wir bereits wissen, bedingt durch die Neubildung von Blutgefässen, welche sich von den im Perichondrium verlaufenden Gefässen abzweigen. Oft stehen diese radialen Markzapfen so dicht gedrängt, dass die ganze Peripherie des Querschnittes mit ihnen garnirt erscheint. Einige derselben sind gewöhnlich weit nach innen zu verlängert; zumeist findet man aber nicht das ganze Gefäss und den dazu gehörigen Gefässkanal auf dem Querschnitte getroffen, weil dieselben eben nicht durchaus horizontal verlaufen, sondern sich von aussen her im Perichondrium bogenförmig über die Proliferationszone hinaufkrümmen, um dann als absteigender Theil des Bogens an irgend einer Stelle in die Säulenzone unterzutauchen. Daher bekommt man auf dem Querschnitte vom Perichondrium her nur eine dreieckige Einbuchtung in den Knorpel, und etwas weiter nach innen zu wieder den Querschnitt des absteigenden Gefässes, beide gewöhnlich durch eine ziemlich breite osteoïde Leiste miteinander verbunden. Die Zahl dieser bogenförmig verlaufenden Gefässe ist manchmal so gross, dass man auf einem Querschnitte einer Rippe — selbst in nicht besonders hochgradigen Fällen — 7 bis 10 Querschnitte von Gefässkanälen findet, von denen wieder ein jeder mehrere Gefässlumina zeigen kann. In sehr hochgradigen Fällen ist diese Zahl noch bedeutend grösser, und ausserdem sind die einzelnen Querschnitte der Gefässkanäle so bedeutend vergrössert, dass der Knorpel selbst bis auf weniger als zwei Dritttheile des ganzen Areals reducirt werden kann.

Auf dem Längsschnitte bieten die krankhaft vermehrten Knorpelgefässe gleichfalls recht auffallende Bilder dar. Schon in den Fällen mässigeren Grades sieht man über der Proliferationszone und innerhalb des oberen Theiles derselben zahlreiche runde oder elliptische oder papierdrachenförmig nach abwärts verlängerte Quer- oder Schiefschnitte von Gefässkanälen. (Fig. 1 bis 4.) Manchmal findet man aber auch einen oder den anderen dieser horizontal über der Proliferationszone verlaufenden Kanäle in dem Schnitte der Länge nach getroffen, so dass dieser horizontale Verlauf sehr deutlich in die Augen fällt. (S. Fig. 3 *kg*³.) Zugleich sieht man aber auch, dass die horizontal oder bogenförmig über der Proliferationszone verlaufenden Gefässe Abzweigungen nach unten hin senden, welche sich mehr oder weniger tief in die Säulenzone nach abwärts erstrecken. Ist das querverlaufende Gefäss lange genug in dem Schnitte zu sehen, so kann man sich sogar davon überzeugen, dass von einem querverlaufenden Gefässkanale in gewissen Intervallen mehrere verticale Zweigchen nach abwärts gesendet werden. Es ist aber wohl begreiflich, dass nicht gerade sehr häufig der ganze Gefässbogen mit seinem auf- und absteigenden Theile in die Schnittfläche fällt, sondern dass in den meisten Fällen die Ebene des Gefässbogens von der Schnittebene gekreuzt wird. Daher sieht man zumeist nur die Querschnitte der horizontal verlaufenden Gefässkanäle, manchmal aber auch von dem Querschnitte nach abwärts verlaufend einen Theil des absteigenden Stückes. In dem letzten Falle präsentirt sich dann der ganze Gefässkanal so, dass ein verhältnissmässig schmaler senkrechter Stiel — der absteigende Theil — vor einer mächtigen rundlichen oder unregelmässig gestalteten knopfförmigen Anschwellung — dem Querschnitte des horizontalen Gefässkanales — gekrönt wird. (Fig. 3 *kg*¹ und *kg*².)

Diese höchst auffallenden Formationen wurden bisher ganz ausschliesslich so gedeutet, als ob sie durch das frühzeitige Vordringen einzelner endostaler Markgefässe von unten her in den Knorpel bedingt wären (Markpapillen bei Virchow[2], Rindfleisch[54] und A.). Auf den ersten Anblick wird man auch in der That in manchen Fällen verleitet, dieser Ansicht Raum zu geben, namentlich dann, wenn der absteigende Theil des Gefässkanals sich weit genug nach abwärts erstreckt, um mit den ihm von unten her

entgegenkommenden endostalen Gefässen in Verbindung zu treten
(dieselbe Figur *kg¹*). Es hat dann allerdings den Anschein, als ob
ein aufsteigendes Gefäss sich an seinem oberen Ende in einem Gefässknäuel auflösen würde. Dennoch lässt es sich auch in diesen
Fällen durch ein genaueres Eindringen in die etwas complicirten
Verhältnisse sicherstellen, dass der Gefässknäuel oder der Knauf
der Markpapille nichts anderes ist, als der Querschnitt eines horizontal verlaufenden Markkanales und seines Gefässgeflechtes, und
dass der verticale Theil von diesem nach abwärts gesendet wird.
Da aber hiemit eine der auffälligsten Erscheinungen in dem mikroskopischen Bilde der rachitischen Knochenenden eine ganz neue,
von der bisherigen vollkommen abweichende Deutung erfährt, so
dürfte es geboten erscheinen, die Richtigkeit dieser neuen Auffassung etwas eingehender zu begründen.

Vor Allem haben wir bei der Beobachtung der normalen
Wachsthumsvorgänge gesehen, dass die Vermuthung Langer's
in Bezug auf die absteigende Richtung der verticalen Gefäss-
anastomosen sich durchwegs bestätigt hat. Wir haben gezeigt, dass
jene absteigenden Kanäle von dem einseitigen Knorpelwachsthum in
die Länge gezogen werden, und dass sie schliesslich mit den ihnen
entgegenrückenden endostalen Gefässkanälen anastomosiren, wenn
sie nicht, was unter normalen Verhältnissen der gewöhnliche Fall
ist, früher in ihrem unteren Antheile vollständig obliteriren. Weder
die deutlichen Spuren der obliterirten Knorpelkanäle auf den Querschnitten durch die unteren Partien der normalen Säulenzone, noch
die daselbst zum Vorschein kommenden Durchschnitte der flächenartigen Knorpelspalten lassen irgend eine andere Erklärung zu.

Wenn man nun aber Gelegenheit hat, zahlreiche pathologische
Fälle verschiedener Intensität zu untersuchen und die allmäligen
Uebergänge von dem normalen Befunde zu dem Bilde der intensiv
rachitischen Erkrankung zu studiren, so wird man gewiss zu der
Ueberzeugung gelangen, dass man es auch in den schwersten Fällen nur mit einer Steigerung des normalen Vorganges zu
thun hat. Wenn auch die Zahl der absteigenden Gefässe noch so
bedeutend vermehrt ist, so sind doch die Verhältnisse eines jeden
einzelnen dieser zahlreichen Gefässe und Gefässkanäle immer nur
dieselben. Sehr häufig sieht man auch hier, dass das absteigende
Stück des Gefässkanals schon mitten in der Säulenzone selbst nach

ganz kurzem Verlaufe blind endigt, und sich in eine Knorpelspalte
oder noch häufiger in eine schmale oder derbe, vertical gerichtete
osteoïde Leiste fortsetzt, in welcher jede Spur eines Blutgefässes
verloren gegangen ist (Fig. 2 kg^1, Fig. 3 kg^2 und kg^3, und in Fig. 4
sämmtliche von der Proliferationsgrenze nach abwärts steigenden
Knorpelkanäle). Man findet überhaupt auf den Längsschnitten viel
häufiger den Stiel dieser angeblichen Markpapillen aus einem gefäss-
losen osteoïden Strickwerk zusammengesetzt, als mit einem wirklichen
mark- und gefässhaltigen Knorpelkanale versehen. Es schliessen sich
nämlich die krankhaft vergrösserten Knorpelkanäle, wenn sie von
dem rapiden einseitigen Wachsthume des Knorpels in die Länge
gezogen werden, nicht mehr in einer einfachen Spalte oder Knor-
pelleiste, sondern in einem durch Umwandlung des Knorpelmarkes
entstandenen gröberen osteoïden Fasergeflechte, welches aber, genau
wie jene Spalten, eine flächenartige schwimmhautähnliche Ausbreitung
zwischen den auf- und absteigenden Bogen des Gefässkanales bildet;
und es ist daher wohl begreiflich, dass auf einem Längsschnitte,
welcher einen solchen bogenförmigen Knorpelkanal unter irgend
einem Winkel durchschneidet, eine verticale osteoïde Leiste von
einem rundlichen Querschnitte des gefässreichen Markkanales gekrönt erscheinen muss.

In den Fällen mässiger Intensität hat es also durchaus keine
Schwierigkeit, sich davon zu überzeugen, dass jene Gebilde, welche
bisher als aufsteigende Markpapillen imponirt haben, durchwegs
auf absteigende Verzweigungen von Knorpelgefässen perichondralen
Ursprungs zurückzuführen sind. Etwas complicirter wird jedoch
die Sache in den Fällen intensiver rachitischer Erkrankung, insbesondere wenn es einmal zu jenen übermässigen Erhöhungen der
Säulenzone gekommen ist.

In diesen Fällen dringen nämlich die Knorpelgefässe nicht
nur von oben her aus dem kleinzelligen Knorpel in die Säulenzone ein, sondern die Gefässe bilden sich auch vielfach
direct vom Perichondrium aus, der Quere nach in die
grosszellige Zone hinein, und zwar in verschiedener Höhe
zwischen der oberen Proliferations- und der Ossificationsgrenze. Diese
von der Seite her eindringenden Knorpelgefässe und Gefässkanäle
verzweigen sich nun wieder vielfach nach allen Richtungen der

Säulenzone, sie senden nicht nur nach unten, sondern auch nach oben hin ihre Ramificationen aus, und dadurch entsteht nun allerdings ein Wirrsal von Gefässen, in welchem man sich schwer zurecht finden kann. Und wenn nun gar einige nach abwärts gerichtete Zweigchen mit ihren untersten Enden von den nach oben hin vordringenden endostalen Markräumen erreicht werden, so kann es allerdings leicht den Anschein bekommen, als ob von unten her einige endostale Gefässe weit über die Grenze der endostalen Markraumbildung hinausragen und sich innerhalb der Zellensäulen verzweigen würden (siehe Fig. 2, links unten, und insbesondere Fig. 4).

Trotzdem gelingt es auch in solchen complicirten Fällen, sich die Gewissheit zu verschaffen, dass alle jene die Säulenzone durchsetzenden vielfach verschlungenen Blutgefässe entweder von oben her oder von den Seiten aus dem Perichondrium stammen, und dass sie nur nachträglich durch ihre nach abwärts gerichteten Zweigchen hin und wieder mit den von unten her vordringenden endostalen Gefässen anastomosiren. Vor Allem muss man sich durch Vergleichung zahlreicher Präparate aus den verschiedenen Intensitätsgraden des rachitischen Processes darüber informiren, dass die endostalen Gefässe und die ihnen entsprechenden Markräume, wenn sie auch noch so sehr von dem normalen Typus abweichen, dennoch immer in einer noch ziemlich gut accentuirten Linie vorrücken. Diese Linie ist wohl häufig gekrümmt, wellenförmig, ja selbst zackig, aber sie stellt immerhin eine ziemlich distincte Grenze dar, welche das von den endostalen Markräumen durchsetzte, in den höheren Graden der Rachitis cavernöse, kleinmaschige spongiöse Gewebe von dem grosszelligen Knorpel absondert (siehe Fig. 1 und 3 in der Höhe von *mrg* und selbst Fig. 2, ungefähr zwischen *mrg* und *mrg'*). Unterhalb dieser Grenze trifft man höchstens ganz kleine Reste von nicht eingeschmolzenem Knorpelgewebe, und selbst dieses büsst zum grössten Theile frühzeitig durch die metaplastische Ossification seinen Knorpelcharakter ein. Auch dieser Umstand trägt schon bei oberflächlicher Betrachtung dazu bei, die Grenze der endostalen Markraumbildung ziemlich gut zu markiren.

Alles was nun oberhalb dieser Grenze der kleinmaschigen Markraumbildung von Gefässen anzutreffen ist, stammt entweder

von oben her aus dem kleinzelligen Knorpel oder direct aus dem
Perichondrium. Häufig lässt sich auch dieser Verlauf wirklich in einem
und demselben Längsschnitte verfolgen (z. B. Fig. 4, die Gefäss-
verzweigungen auf der Höhe der Kuppe, links *pg*). Alle übrigen
aber, bei denen dies in Folge der Schnittrichtung nicht möglich
ist, zeigen genau dieselbe Beschaffenheit, wie diejenigen, über deren
Provenienz aus dem Perichondrium gar kein Zweifel obwalten kann.
So zeigen z. B. die grösseren Stämmchen der innerhalb der Säulenzone verlaufenden Gefässe häufig eine schöne gut entwickelte
Ringfaserhaut, im Gegensatze zu den endostalen Gefässen, welche
innerhalb des spongiösen Theiles des endochondral gebildeten
Knochens niemals eine solche besitzen, weil ja die Markgefässe
schon nach wenigen Verzweigungen innerhalb des Knochens die
Muskelhaut gänzlich verlieren, und dann nur eine einfache dünne Epi-
thelhaut und in ihren jüngsten Verzweigungen überhaupt gar keine
geformte Wandung besitzen. Wenn man also auf einem Längsschnitte durch eine rachitische Chondroepiphyse innerhalb der
Säulenzone Quer- oder Schiefschnitte von Gefässkanälen und Gefässlumina findet, welche von einer Muskelhaut umgeben sind, so kann
man, wenn dieselben auch nicht deutlich mit dem Perichondrium
zusammenhängen, dennoch mit Sicherheit auf ihren Ursprung aus
dem Perichondrium oder aus dem kleinzelligen Knorpel schliessen.

Ein anderes Unterscheidungsmerkmal wird gewonnen, wenn in
dem Inhalte der perichondralen oder endostalen Markräume Ossificationserscheinungen auftreten. Wir wissen bereits, dass in den
ersteren sehr häufig ein geflechtartiges osteoïdes Gewebe zwischen
den einzelnen Gefässlumina gebildet wird, welches auch, wenn es
zur Obliteration der Gefässe gekommen ist, streckenweise den
ganzen Raum des Knorpelkanales ausfüllen kann. Niemals findet
man aber in einem solchen Knorpelkanale, dessen Ursprung sich
mit Sicherheit in die Proliferationszone oder in das Perichondrium
verfolgen lässt, auch nur die geringste Spur von lamellösem Knochengewebe. Umgekehrt bildet sich aber gerade in den hohen Graden
der Rachitis schon sehr frühzeitig in den jüngsten, also in den
am weitesten nach oben vorgedrungenen endostalen Markräumen
sehr gerne ein schön lamellöses, wenn auch vorläufig unverkalktes
Knochengewebe, welches sogar den obersten Fundus jener Markräume in dichten Lagen bekleiden kann. Dieser Umstand erleichtert

3*

in hohen Graden der Affection sehr bedeutend die Unterscheidung
zwischen perichondralen und endostalen Markräumen, und man
findet in der That niemals einen mit lamellösem Gewebe ausgefüllten Markraum, welcher sich weiter hinauf in die Säulenzone
in eine grössere Entfernung von der eigentlichen spongiösen Zone
erstrecken würde.

Schwieriger gestaltet sich die Sache, wenn man in der zwei-
felhaften Zone einen Markkanal mit osteoïdem Gewebe ausgefüllt
findet, weil das letztere, wenn auch im Ganzen nicht häufig, sich
auch in endostalen Gefässkanälen abnormer Weise bilden kann.
Auch die centrifugale Ossification, welche von den Rändern der
Gefässräume ausgeht, also die metaplastische Umwandlung
des Knorpels, und zwar sowohl die diffuse mit verwaschener
Carminfärbung, als auch die scharfrandige mit Bildung von Globuli
ossei (vergl. das 4., 5. und 11. Kapitel der ersten Abtheilung)
kommt bei den hohen Graden der Rachitis ebensowohl den perichondralen als den endostalen Markkanälen zu, und dies ist allerdings ein Umstand, welcher auf den ersten Anblick eine scharfe
Trennung zwischen den beiden Arten von Gefässräumen erschwert
(siehe in Fig. 2 die Gefässe oberhalb der Markraumgrenze, welche
von diffus geröthetem Knorpel umgeben sind). Es gibt aber Bilder,
welche gerade in den allerintensivsten Fällen der rachitischen Erkrankung zur Beobachtung kommen, und welche darnach angethan
sind, die letzten Zweifel über die ausschliesslich perichondrale Abstammung sämmtlicher den grosszelligen Knorpel oberhalb der spongiösen Zone durchsetzenden Gefässe zu beseitigen.

In einzelnen Fällen erfolgt nämlich in Folge der Erweichung
der oberen Schichten der Spongiosa eine vollständige winklige Abknickung des knopfförmig angeschwollenen grosszelligen Knorpels von der knöchernen Rippe (siehe Tafel
III, Fig. 4) und es ist in Folge dessen die Ossificationsgrenze
zwischen Knorpel und endochondral gebildeter Spongiosa auf einen
ganz schmalen Steg (*mrg*) reducirt, der natürlich leicht zu übersehen ist, und in welchem unmöglich alle Gefässstämme für die
zahlreichen Verzweigungen innerhalb der Säulenzone enthalten sein
können; abgesehen davon, dass ihre Lumina durch die spitzwink-
lige Abknickung nothwendiger Weise schon längst geschwunden
sein müssten. Dessenungeachtet ist die ganze knopfförmig aufge-

triebene Säulenzone von zahlreichen mächtigen und vielfach verzweigten Blutgefässen durchzogen, deren Ursprung zumeist ganz
leicht auf die Proliferationszone und das Perichondrium zurückzuführen ist, und die auch ihre Endzweigchen in diesem Falle gar
nicht gegen die Knorpelknochengrenze, sondern eben in Folge des
gewaltsamen Umsturzes gegen die innere (pleurale) knopfförmige
Vorwölbung richten. Damit ist also der getrennte Ursprung der
endostalen und der den grosszelligen Knorpel regellos durchziehenden
Blutgefässe auf das deutlichste klargelegt, und es kann daran
ein wohlberechtigter Rückschluss auch auf jene Fälle gezogen
werden, in denen in Folge des unbestimmten Ueberganges der
beiden Gefässgebiete in einander noch irgend welche Zweifel geltend gemacht werden könnten.

Wir haben dieser Frage einen etwas grösseren Raum gewid-
met, weil es ohne eine stricte Beantwortung derselben kaum möglich ist, sich in dem Wirrsale zurecht zu finden, welches die
Bilder der hochgradigen rachitischen Erkrankung gerade in dieser
Zone darbieten.

Wir gehen nun über zu der Beschreibung des Inhaltes der
Knorpelkanäle.

Vor Allem sind hier wieder die Blutgefässe ins Auge zu
fassen, welche ja einen niemals fehlenden, und, wie wir bereits
wissen, den genetisch wichtigsten Bestandtheil der Knorpelkanäle
bilden, da sie offenbar in ihrer verschiedenen Entwickelung, Strom-
energie u. s. w. nicht nur das bestimmende Moment für den Verlauf der Knorpelkanäle, sondern auch einigermassen für die Beschaffenheit ihres Inhaltes abgeben.

Solange die Knorpelgefässe keine andere Abnormität aufweisen, als dass sie in etwas grösserer Anzahl in der Proliferations-
und Säulenzone auftreten, zeigt auch der Inhalt der Kanäle keine
auffallende Abweichung von dem im 9. Kapitel der ersten Abtheilung gegebenen Paradigma, höchstens dass die Involution der
Kanäle schon in diesen Fällen mit der Bildung osteoïder Leisten
einhergeht.

Der nächst höhere Intensitätsgrad kennzeichnet sich jedoch
schon durch die fortwährende Bildung neuer Gefässsprossen
von Seite der bereits vorhandenen grösseren Knorpelgefässe, in

Folge deren der grosszellige Knorpel in der Nähe der grösseren Knorpelkanäle von einem Gewirre vielfach verzweigter Gefässchen nach allen Richtungen durchzogen ist. Hier hat man dann auch vielfach Gelegenheit, durch Vergleichung der dicht neben einander gelagerten jungen Gefässsprossen den Vorgang der Gefässbildung im Knorpel in seinen verschiedenen Phasen zu verfolgen. Einzelne zunächst der Grenze des Knorpelkanales gelegene Knorpelzellen erscheinen vorerst mit der feinkörnigen protoplasmatischen Masse vollständig angefüllt, in anderen ist dieser feinkörnige Inhalt bereits in mehrere Zellkörper zertheilt, dann treten die Zellkörper zweier benachbarten Knorpelhöhlen durch protoplasmatische Fortsätze miteinander in Verbindung; weiterhin sind die Fortsätze bereits dicker geworden, und zeigen auch schon stellenweise einen Zerfall in der Länge nach angeordnete Spindelformen; zwischen den letzteren kommen dann hin und wieder hämoglobinhältige Partikel zum Vorschein; und endlich findet man in dem breiten Fortsatze, der durch die Confluenz einiger Knorpelzellen und der zwischen ihnen umgewandelten Grundsubstanz entstanden ist, ein deutliches Gefässlumen mit Kernanschwellungen, womit also die Bildung des neuen Gefässzweigsystems beendet erscheint.

Diese eben neugebildeten Gefässe sind anfangs nur von einem Minimum weichen Gewebes umgeben. Wenn ein solches Gefäss der Länge nach getroffen wird, so hat es sogar den Anschein, als ob die lineare Gefässwand, welche nur hin und wieder eine Kernanschwellung zeigt, ganz unmittelbar in der unveränderten knorpeligen Grundsubstanz verliefe. Hat man aber das Gefässchen quer getroffen, so zeigt sich dennoch, dass in allen Fällen ringsum die kreisförmige Begrenzung des Lumens ein, wenn auch manchmal minimaler Saum eines weichen fibrillenlosen Gewebes sichtbar ist, welches in der Regel auch gar keine Zellen besitzt, sondern nur aus der glashellen Grundsubstanz besteht, in welcher höchstens feine glänzende Linien und Granula sichtbar sind.

Es verlaufen indessen gerade nur die ganz jungen eben gebildeten Gefässsprossen so nahe der Knorpelgrundsubstanz. Bei etwas längerem Bestande des Gefässchens, welcher sich darin documentirt, dass dasselbe bereits wieder neue Zweigchen abgesendet hat, verbreitert sich — wie man wohl annehmen muss, in Folge der

bereits etablirten Saftströmung von Seite des in den allgemeinen
Kreislauf einbezogenen Gefässchens — der weiche Saum rings
um das Gefässlumen, es entsteht offenbar wieder durch die
Umwandlung des Knorpelgewebes eine grössere Lage von Markgewebe um das Gefäss herum, und dem entsprechend findet
man auch niemals, dass zwei in grösserer Nähe nebeneinander
verlaufende Gefässchen von einander durch eine schmale Scheide-
wand aus knorpeliger Grundsubstanz getrennt wären, sondern diese
ist immer als solche geschwunden und hat sich in ein mehr oder
weniger zellenreiches oder faseriges oder auch ganz gelatinöses
Markgewebe umgewandelt. Dadurch entsteht aber endlich um ein
Convolut von nahe aneinander verlaufenden Gefässchen ein grosser
vielgestaltiger, plumper, oft ganz abenteuerlich ge-
formter, mit vielen buckligen lacunenähnlichen oder
etwas geschlängelten Fortsätzen versehener Markraum,
welcher gar keinen Rest von knorpeliger Grundsubstanz zwischen
den einzelnen Gefässchen enthält. In solchen grossen Knorpelmark-
räumen findet man dann in der Regel ein oder das andere Gefäss,
welches sich durch seinen geradlinigen oder sanft gekrümmten
Verlauf und seine Ringfaserhaut als Arterie documentirt, daneben
aber immer auch eine grosse Anzahl von anderen mitunter noch
viel weiteren Gefässen, welche nur eine ganz einfache lineare Begrenzung aufweisen, demnach als Capillaren oder Anfänge von
Venen anzusprechen sind.

Der nächste Schritt zu den höheren Graden der rachitischen
Affection ist die Bildung von colossalen Blutgefässen mit
ganz enorm ausgedehntem Lumen, und in letzter Instanz die Bildung von wandungslosen Bluträumen innerhalb des weichen
Inhaltes der Knorpelkanäle. Die letzteren erscheinen dann in dem
grössten Theile ihres Durchschnittes occupirt von dicht aneinander
gelagerten Blutkörperchen, so dass man auf den ersten Anblick
an eine in dem Knochenmarke stattgefundene Hämorrhagie denken möchte. An jenen Stellen aber, wo in genügend dünnen
Schnitten die Blutkörperchen heraus gefallen sind, sieht man ganz
deutlich, dass man es zumeist doch mit scharf begrenzten, auf
dem Durchschnitte kreisrunden oder elliptischen Lumina von Blutgefässen zu thun hat, deren Dimensionen allerdings diejenigen der
normalen Knorpelgefässe selbst um das 20—30 fache übersteigen.

Es ist nämlich gar nichts Ungewöhnliches, in schweren Fällen
von Rachitis solche runde Gefässdurchschnitte mit einem Durchmesser von einem halben Millimeter und darüber zu finden,
welche man schon mit freiem Auge oder bei Loupenvergrösserung
deutlich als solche unterscheiden kann. Oft findet man in einem
einzigen Markraume mehrere solche grosse Lumina, die nur durch
schmale Brücken von Markgewebe von einander geschieden sind,
wodurch aber wieder in solchen Präparaten, wo die noch erhaltenen Blutkörperchen jene Brücken grösstentheils verdecken, der
Anschein von riesigen hämorrhagischen Herden hervorgerufen wird.
Das Markgewebe in der Umgebung solcher Bluträume ist zumeist
sehr zellenarm, und besteht zum grössten Theile aus der gallertigen Grundsubstanz mit spärlichen spindelförmigen oder verzweigten
Reticularzellen. In den hochgradigsten Fällen findet man sogar in
ausgedehnten Stellen ausschliesslich die glashelle gallertige Grundsubstanz.

Da jene Bluträume in allen Fällen höchstens eine lineare Begrenzung mit seltenen Kernanschwellungen besitzen, so sind dieselben eigentlich nichts anderes, als scharf begrenzte Lücken in
jenem gallertigen Markgewebe. Es ist aber zweifellos, dass in vielen Fällen auch jene scharfe Grenze zwischen dem Markgewebe und
dem Inhalte der Bluträume fehlt, so dass die Blutkörperchen ganz
unmittelbar an die scheinbar structurlose Grundsubstanz des Markgewebes stossen. Hier tritt also wieder die schon in der ersten
Abtheilung dieser Arbeit ventilirte Frage heran, ob nicht die Bildung und Erweiterung solcher nicht abgegrenzter Bluträume in der
Weise erfolge, dass die an das Blutgefäss unmittelbar angrenzende
Partie der gallertigen Grundsubstanz, welche ohnedies mit dem
embryonalen Gewebe so ziemlich identisch ist, sich in derselben
Weise, wie das Gewebe des Embryo selbst, bei der Neubildung
von Blutgefässen direct in hämatoblastische Substanz
und sofort auch in wirkliche Blutkörperchen verwandle,
welche sich endlich disaggregiren und in den Kreislauf mit einbezogen werden. Nach dem Abschlusse dieser, in unserem Falle
offenbar durch den entzündlichen Reiz eingeleiteten Umwandlung
der wandständigen Partien des Markgewebes würde sich dann wieder eine schärfere Begrenzung des Blutraumes und eine wirkliche,
wenn auch ganz einfache Wandung gebildet haben.

Nur in dieser Weise wäre auch die sonst ganz unerklärliche Thatsache zu verstehen, dass bei dieser ganz enormen Erweiterung der Blutgefässe und bei der damit einhergehenden Bildung von riesigen Markkanälen dennoch in dem umgebenden Knorpel- gewebe auch nicht die Spur einer Verdrängung oder Compression nachzuweisen ist. Nach dem allgemeinen phy- sikalischen Gesetze von der Undurchdringlichkeit der Körper be- steht ja überhaupt nur die eine Alternative: Verdrängung des Knorpels durch die neugebildeten und colossal erweiterten Mark- und Bluträume, oder Umwandlung des Knorpels in Markgewebe und Blut. Da aber, wie gesagt, nicht das geringste Anzeichen einer solchen Verdrängung vorhanden ist, sondern vielmehr in der unmittelbarsten Nähe der Markräume und der Blutgefässbegrenzung ein vollständig unverändertes Knorpelgewebe zu finden ist, da wir ferner bei der Bildung der Gefässsprossen im unverkalkten und bei der Neubildung der endostalen Blutgefässe im verkalkten Knor- pel eine solche Umwandlung fast unmittelbar verfolgen konnten, und da endlich auch die pathologischen Erscheinungen im Knochen- marke, wie wir später sehen werden, mit grosser Deutlichkeit für eine Umwandlung fixer Gewebstheile in Blutkörperchen plaidiren; so scheint es mir nicht voreilig, eine solche Umwandlung auch hier als im hohen Grade wahrscheinlich hinzustellen. In hochgradigen Fäl- len gelang es mir auch mehrere Male, in der unmittelbarsten Um- gebung von grossen blutüberfüllten Knorpelmarkkanälen in an- scheinend noch geschlossenen Knorpelzellenhöhlen dichtgedrängte Blutkörperchen zu finden, sowie auch jene Uebergangsstadien des Protoplasma in Blutkörperchen, jene eigenthümlich angeordneten hämoglobinhaltigen Partikel und Scheibchen, wie wir sie als Vor- läufer der Blutkörperchenbildung in der unmittelbaren Nähe der endostalen Markräume an der Ossificationsgrenze der Diaphyse be- schrieben haben. (I. Band, S. 150.) In diesen Fällen ist also die Umwandlung der lebenden Substanz innerhalb der Zellenhöhlen in Blutelemente ganz augenscheinlich, und diese Befunde erlauben uns wieder einen Rückschluss auf den Vorgang bei der Vasculari- sation des Knorpels überhaupt.

Die Beschaffenheit des Markgewebes innerhalb der rachitischen Knorpelkanäle haben wir bereits geschildert, und müssen noch ein- mal hervorheben, dass dasselbe, je grösser und zahlreicher die

Blutgefässe in einem Knorpelkanal sind, sich um so mehr dem Charakter des reinen Schleimgewebes nähert.

Auf eine andere höchst charakteristische Erscheinung in den Knorpelkanälen rachitischer Knochenenden müssen wir jedoch noch einmal zurückkommen, nämlich auf die Bildung von osteoïdem Gewebe innerhalb derselben. Diese erfolgt hier genau auf jenem Wege, wie in der Bildungsschichte des periostalen Knochens (vgl. das 1. und 4. Kapitel der ersten Abtheilung). Nur lassen die in der glashellen Grundsubstanz zwischen den Zellen entstehenden Fasern und Faserbündel hier ganz besonders lange die grossen plumpen anastomosirenden Zellenhöhlen zwischen sich bestehen, und die ganze Bildung verharrt überhaupt, bis zu der von den endostalen Markräumen aus erfolgenden Einschmelzung, auf dem Stadium des lockeren und grobgeflechtigen osteoïden Gewebes.

Alle Anzeichen sprechen auch hier, gerade so wie bei der Bildung von osteoïdem Gewebe in der Bildungsschichte des Periosts, dafür, dass das osteoïde Gewebe sich erst dann bildet, wenn eine Involution der Blutgefässe in den Knorpelkanälen beginnt. Bei der Schilderung des normalen Vorganges haben wir gezeigt, dass die Gefässe und die sie umgebenden Markkanäle in den der Ossificationsgrenze zunächst gelegenen Theilen des einseitig wachsenden Knorpels allmälig schwinden, offenbar weil die vermehrte Säftezufuhr, welche für den energischen Proliferations- und Zellenvergrösserungsprocess erforderlich war, nunmehr in jenen Partien des Knorpels, welche ihr Wachsthum vollkommen beendet haben, überflüssig geworden ist. Diese Involution der Gefässe und Gefässkanäle erfolgt aber im normalen Zustande ganz allmälig, und es wird die Lücke des Markkanals einfach durch ein compensirendes Wachsthum des umgebenden Knorpels nach und nach ausgefüllt, so dass schliesslich nur die bereits geschilderten flächenartigen Knorpelspalten oder Knorpelsepta als Zeichen jenes Involutionsprocesses zurückbleiben. Diese Art der Involution ist aber für die Markräume des rachitischen Knorpels schon wegen ihrer bedeutenden Ausdehnung eo ipso ausgeschlossen. Wenn also in diesen grossen mit zahlreichen Gefässen ausgestatteten Markräumen die Involution beginnt, so bildet sich zwischen den einzelnen allmälig eingehenden Blutgefässen in der bekannten Weise das geflechtartige Knochengewebe, welches aber eben wieder in Folge der

krankhaft gesteigerten und nur langsam abnehmenden Saftströmung
von Seite der ausgedehnten Gefässe das Ansehen eines lockeren,
mit zahlreichen grossen Zellenhöhlen und Markräumen ausgestatteten osteoïden Gewebes beibehält. Auch die Kalkablagerung in
dieses krankhafte Gewebe bleibt immer aus denselben Gründen eine
im hohen Grade mangelhafte, wenn es überhaupt zu einer solchen
kommt. Es walten hier offenbar genau dieselben Verhältnisse ob,
wie bei der Bildung des geflechtartigen Gewebes in der Wucherungsschichte des Periosts, denn hier wie dort haben wir ein weiches dem embryonalen ähnliches Gewebe vor uns, dessen Blutgefässe plötzlich in ihrer Entwicklung stille stehen und sich allmälig
involviren, und auch die krankhafte Modification der periostalen
Knochenbildung in Folge der übermässigen Vascularisation der periostalen Wucherungsschichte ist, wie wir später sehen werden, ganz
analog dem hier geschilderten Vorgange.

Uebereinstimmend mit unserer Erklärung der Bildung des
osteoïden Gewebes in den Knorpelkanälen findet man das letztere
vorwiegend in den untersten, der Ossificationsgrenze zunächst
gelegenen Antheilen der absteigenden Kanäle, seltener in den Seitenzweigen und in den mittleren Partien der vergrösserten Säulenzone, niemals aber in den obersten zunächst der Proliferationsgrenze oder gar oberhalb derselben in dem allseitig wachsenden
Knorpel gelegenen Theilen der Markkanäle; und wenn sich der absteigende Kanal auf einem Längsschnitte als Markpapille präsentirt, so findet man das osteoïde Geflecht immer nur in dem Stiele,
niemals aber in der Krone der Markpapille, welche noch mit zahlreichen, dichtgedrängten und blutüberfüllten Gefässen versehen ist,
während in dem osteoïden Stiele die Blutgefässe entweder gänzlich fehlen, oder auf wenige ganz kleine Lumina in den grösseren
Maschen des osteoïden Geflechtes reducirt erscheinen.

Am deutlichsten wird aber die Abhängigkeit der Bildung des
osteoïden Gewebes von dem Stande der Vascularisation durch die
auffallende Thatsache illustrirt, dass gerade in den schwersten Fällen der rachitischen Affection jene so charakteristischen osteoïden
Bildungen in den Knorpelkanälen immer seltener werden, und endlich in den allerintensivsten Formen neben der enorm
gesteigerten Gefässentwicklung im grosszelligen Knorpel vollständig fehlen. In diesen besonders hochgradigen und

floriden Graden der Erkrankung ist eben die Vascularisation überall, und selbst in den älteren Schichten des grosszelligen Knorpels im Fortschreiten begriffen, und es sind daher die Bedingungen für die Bildung des osteoïden Gewebes, nämlich Stillstand in der Gefässentwicklung und beginnende Involution der Gefässe, an keiner Stelle vorhanden.

Ausser diesen Veränderungen innerhalb des Knorpelmarks, welche auf die Involution der Gefässe bezogen werden müssen, sind auch noch Veränderungen in dem den Knorpelmarkraum umgebenden Knorpelgewebe zu beobachten, analog den metaplastischen Ossificationsvorgängen in der Umgebung der endostalen Markräume, welche wir in der ersten Abtheilung (11. Kapitel) ausführlich besprochen haben. Auch hier scheint dasselbe zeitliche Verhältniss zwischen metaplastischer und neoplastischer Ossification — denn als solche kann man die Umwandlung des Knorpelmarks in osteoïdes Gewebe auffassen — obzuwalten, insoferne, als die ossificatorische Umwandlung des den Markraum umgebenden Knorpels immer der Bildung von osteoïdem Gewebe im Innern des Knorpelkanals vorhergeht. Man kann dies ganz einfach aus der Thatsache erschliessen, dass man wohl häufig Knorpelkanäle ohne osteoïden Inhalt von dem glänzend rothen Hof umgeben sieht, welcher die diffuse metaplastische Ossification des umgebenden Knorpels andeutet, niemals aber Kanäle mit osteoïdem Inhalte ohne die Zeichen der Metaplasie in ihrer nächsten Umgebung.

In den weitaus zahlreichsten Fällen hat die metaplastische Ossification den diffusen Charakter, d. h. die intensive Carminfärbung und der lebhaftere Glanz, welchen die Grundsubstanz in Folge dieser Metaplasie erhält, geht an dem Rande des Markkanals nach aussen hin allmälig abblassend in das ursprüngliche Aussehen des Knorpels über. (S. Fig. 3 in der Umgebung des unteren Antheils des Knorpelgefässkanals kg^1.) In der Regel sind diese verwaschenen rothen Ränder auch von geringer Ausdehnung, so dass sie nur vereinzelte und zumeist auch noch unveränderte Knorpelhöhlen enthalten. Die Metaplasie der Knorpelränder der Markkanäle geht eben offenbar in der Regel recht langsam vor sich und hat noch keine grossen Fortschritte gemacht, wenn die betreffende Partie des grosszelligen Knorpels durch die von unten her vordringende endostale Markraumbildung schon wieder eingeschmolzen wird.

Nur in sehr hochgradigen Fällen schreitet die Metaplasie der knorpeligen Ränder in einem rascheren Tempo weiter, und dann hat dieselbe nicht mehr den diffusen Charakter, sondern die rothen Partien zeigen nach aussen hin einen scharfen Rand, welcher durch Einbeziehen der benachbarten grossen Knorpelzellenhöhlen und durch ossificatorische Umwandlung des Inhaltes derselben — Globulibildung — jenes charakteristische Aussehen erhält, welches wir bei der Schilderung der endochondralen Ossification beschrieben haben. Diese scharfrandige Metaplasie findet man indessen unter allen Umständen nur in der Umgebung des untersten, der Ossificationsgrenze zunächst gelegenen Antheils der absteigenden Gefässkanäle, während die diffuse verwaschene Metaplasie der Knorpelränder schon in grösserer Entfernung von der Ossificationslinie innerhalb des grosszelligen Knorpels häufig zu beobachten ist.

Einige Male habe ich in Fällen mässiger Rachitis auch an Kanälen, welche oberhalb der Proliferationsgrenze in mässiger Entfernung von derselben im kleinzelligen Knorpel gelegen waren, eine schwache diffuse Röthung der Knorpelränder beobachtet. Diese im Ganzen ziemlich seltene Erscheinung ist nur so zu denken, dass in den Fällen mässiger Intensität manchmal wohl ein Stillstand in der krankhaft gesteigerten Entwicklung der Knorpelgefässe eintritt, welcher sich dann in der gewöhnlichen Weise durch die Metaplasie des Knorpelgewebes in der Umgebung der Gefässe äussert. Aber gerade diese Erscheinung ist wieder ungemein charakteristisch für die Rachitis, weil unter normalen Verhältnissen niemals schon im kleinzelligen Knorpel ein Stillstand oder ein Rückgang in der Gefässentwicklung stattfinden kann.

Die Grenze zwischen dem durch Umbildung des Knorpelmarks entstandenen osteoïden Gewebe und demjenigen Antheile der carmingefärbten Stränge und Leisten, welcher einer ossificatorischen Umwandlung des Knorpels seinen Ursprung verdankt, ist nicht immer genau festzustellen, namentlich dann, wenn jene Partien des Knorpels, welche die Umwandlung eingegangen sind, nicht mehr die runden Zellenhöhlen und die homogene carmingefärbte Grundsubstanz aufweisen, sondern ein eigenthümlich drusig höckeriges

Ansehen haben, welches nach innen zu ganz allmälig in das aus quer-, schief- und längsgetroffenen Faserbündeln zusammengesetzte osteoïde Gewebe des Knorpelmarks übergeht. Auch die zahlreichen plumpen zackigen Zellenhöhlen findet man in gleicher Weise in den ganz peripheren Theilen, welche man schon in Anbetracht ihres ganz allmäligen Ueberganges in den normalen Knorpel als aus diesem hervorgegangen betrachten muss.

Diese eigenthümliche Erscheinung ist einfach dadurch zu Stande gekommen, dass die in centrifugaler Richtung vorschreitende ossificatorische Umwandlung nicht immer einen noch gänzlich unveränderten Knorpel erfasst, sondern dass diese Randtheile des Knorpels eben unmittelbar, bevor sie der Metaplasie verfallen, schon jene vorbereitenden Veränderungen eingegangen sein können, welche bei der Neubildung und Vergrösserung der Knorpelkanäle in Folge der fortschreitenden Vascularisation der definitiven Umwandlung des Knorpels in weiches Markgewebe vorhergehen. (Vergl. das 9. Kapitel der ersten Abtheilung.) Die ossificatorische Umwandlung betrifft also, wenn die Vascularisation stille steht, den Knorpel mitsammt seinen Uebergangsformen in Knorpelmark, und daher ist auch die Grenze zwischen dem aus dem Knorpel direct und dem aus dem Knorpelmark entstandenen Theile des osteoïden Gewebes nicht zu bestimmen, weil auch noch ein Drittes, was eigentlich nicht mehr Knorpel und noch nicht Mark genannt werden kann, in osteoïdes Gewebe verwandelt wurde.

Diejenigen Forscher, welche trotz der Leichtigkeit, mit der sich auch schon in normalen Objecten der allmälige Uebergang des Knorpels in den weichen Inhalt der Knorpelkanäle verfolgen lässt, immer noch unentwegt an ihrer Vorstellung von dem Hineinwachsen des weichen Knorpelmarks in den resistenten Knorpel mit Verdrängung und Zerstörung des letzteren festhalten, mögen doch an irgend einem Durchschnitte durch eine rachitische Chondroepiphyse den allmäligen Uebergang von dem osteoïden Inhalte der Knorpelkanäle zu dem diffus metaplastisch ossificirten Knorpel, und endlich von diesem zum normalen Knorpelgewebe studiren, um sich zu überzeugen, dass diese sich unzählige Male wiederholenden Bilder unmöglich anders zu verstehen sind, als durch die Umwandlung des Knorpels, und dass dabei der Einwanderung eines neuen Gewebes von aussen her kein Platz eingeräumt werden kann.

Eine Ausfüllung der von oben oder von der Seite her vordringenden perichondralen Knorpelkanäle mit lamellösem Gewebe,
oder selbst nur eine Verengerung der Gefässräume des osteoïden
Gewebes durch neugebildete Lamellen, wurde, wie bereits angedeutet,
in keinem einzigen Falle beobachtet. Es rührt dies offenbar daher,
dass diese Kanäle mitsammt ihrem Inhalte früher schon der definitiven Einschmelzung bei der endostalen Markraumbildung verfallen, bevor in denselben jene Bedingungen vorhanden sind, welche
die concentrische Bildung von Knochenlamellen gestattet, nämlich
eine stetige und ausgiebige Involution der in ihnen enthaltenen
Blutgefässe. Vielleicht hängt diese scharfe Trennung zwischen den
Ossificationsvorgängen in den perichondralen und endostalen Markräumen auch damit zusammen, dass die ersteren in einem noch
wachsenden, die letzteren aber in einem bereits vollständig zur
Ruhe gekommenen Gewebe sich entwickeln, und die Metamorphose
ihres Inhaltes durchzumachen haben.

Das Resultat aller dieser complicirten Vorgänge ist, dass die
Säulenzone rachitischer Knorpel auf Längs- und Querschnitten von
glänzenden und durch die lebhafte Karminfärbung von dem umgebenden Knorpel lebhaft abstechenden, schmäleren oder auch sehr
plumpen, grobgestrickten osteoïden Leisten durchzogen ist, welche in
Längsschnitten zumeist vertical gerichtet sind, auf Querschnitten aber
radial vom Perichondrium aus gegen die Mitte des Knorpels hin-
ziehen, um dort einen Durchschnitt eines ausgedehnten gefässreichen Markkanals zu erreichen, dessen knorpelige Ränder in der
Regel diffus geröthet erscheinen, während der Inhalt entweder noch
durchaus aus weichem Knorpelmark oder auch schon aus einem
um die Gefässe angeordneten Netzwerk von osteoïdem Gewebe besteht. Auch gegen das Perichondrium hin zeigen die osteoïden
Leisten auf dem Querschnitte in der Regel eine bedeutende Erweiterung, welche wieder entweder blos mit einer Fortsetzung der
weichen Innenschicht des Perichondriums, oder auch schon theilweise mit einem areolären Gewebe osteoïden Charakters ausgefüllt ist.

Ueberhaupt hat das Perichondrium, oder vielmehr seine bei
der Rachitis ausserordentlich überwiegende weiche Wucherungsschicht
im Umfange des grosszelligen Knorpels, in jeder Beziehung die
allergrösste Aehnlichkeit mit dem Inhalte der Knorpelkanäle, welche

ja schon darum, weil sie ausschliesslich nur Fortsätze der perichondralen Blutgefässe enthalten, immer auch ein Continuum der Innen-
schichte des Perichondriums enthalten müssen. Die Analogie geht
aber bei der Rachitis noch weiter, weil auch die weiche Schichte
des Perichondriums nicht nur durch ihr eigenes Wachsthum vergrössert ist, sondern, wie wir später zeigen werden, auch durch
die Einschmelzung der peripheren Theile des Knorpels in Folge
der vermehrten Saftströmung der zahlreichen neugebildeten und enorm
erweiterten Gefässe bedeutend verbreitert wird; und endlich erfolgt
auch in den unteren Antheilen des Perichondriums ebenso und
unter gleichen Bedingungen die Bildung eines grossmaschigen
areolären osteoïden Gewebes, wie in den unteren Partien der ausgedehnten Knorpelkanäle.

Wir werden auf diese Vorgänge noch ausführlicher bei der
Besprechung der rachitischen Perichondritis und Periostitis zurückkommen müssen.

Drittes Kapitel.

Anomalien der Knorpelverkalkung und der Markraumbildung.

Störungen in der Homogenität der Verkalkung. Vorzeitige Knorpelverkalkung. Verhalten derselben zu den absteigenden Gefässen. Räumliche Beschränkung der Knorpelverkalkung. Ursachen derselben. — Unregelmässige Markraumbildung. Veränderter Inhalt der Markräume. Gesteigerte Gefäss- und Blutbildung.

Die Abweichung vom Normalen äussert sich bei der rachitischen Knorpelverkalkung nach zwei Richtungen, nämlich einerseits in der Beschaffenheit und dem Aussehen der verkalkten Knorpelpartien, und andererseits in der räumlichen Ausdehnung der Verkalkung.

Was nun den ersten Punkt anlangt, so findet man an rachitisch afficirten Knorpeln fast durchwegs eine bedeutende Störung in der Homogenität der Verkalkung. Bei der Besprechung der normalen Knorpelverkalkung (im 8. Kapitel der ersten Abtheilung) wurde bereits hervorgehoben, dass die verkalkten Partien auch unter normalen Verhältnissen, speciell in den jüngst verkalkten Antheilen der rascher wachsenden Diaphysenenden, nicht sofort homogen erscheinen, sondern anfangs ein krümliges, streifiges oder kugeliges Aussehen darbieten, und dass erst in den älteren Theilen in einiger Entfernung von der Verkalkungsgrenze ein homogenes glänzendes Aussehen bemerkbar wird. Wir haben diese Erscheinung darauf zurückgeführt, dass die besonders schnell wachsenden Theile der Knorpelgrundsubstanz, also insbesondere die Längsbalken zwischen den Zellensäulen, nicht sofort ihre definitive dichte Faserung erlangen, dass vielmehr zwischen den Fibrillenbündeln vorerst noch fibrillenlose interfasciculäre Räume zurückbleiben, in denen

4

erst nachträglich neue Knorpelfibrillen entstehen, welche dann ein
gleichmässiges hyalines Ausschen des Knorpels bedingen. Wir
haben dort gleichfalls auseinandergesetzt, dass sich die Kalksalze ausschliesslich zwischen den dichtgewebten Fibrillen präcipitiren können, offenbar weil die lebhaftere Saftströmung in den relativ weiten interfasciculären Spalträumen, welche
nur das leicht durchgängige mucinöse Grundgewebe enthalten, dem
Herausfallen der Kalksalze abträglich ist. Die Krümel oder „Kugeln"
auf dem Durchschnitte entsprechen also den Querschnitten der verkalkten Fibrillenbündel, während das helle unverkalkte Netzwerk
zwischen den Kalkpartikeln die blos mit Kittgewebe erfüllten
Räume anzeigt.

Was nun unter normalen Verhältnissen nur für jene allerjüngsten und räumlich beschränkten Theile der Knorpelverkalkung gilt,
erstreckt sich bei der Rachitis fast durchaus auf den
ganzen verkalkten Knorpel, denn dieselben Bedingungen,
welche dort die Schuld tragen an der Störung der Homogenität
der Verkalkung, wiederholen sich hier in dem gesammten der Verkalkung unterliegenden Knorpel. Wir haben eben erst bei der Beschreibung der Säulenzone des rachitischen Knorpels hervorgehoben,
dass insbesondere in den krankhaft verlängerten Längsbalken die
Grundsubstanz sowohl in Folge des rapiden Wachsthums, als auch der
übermässig gesteigerten Saftströmung von Seite der Gefässe eine
exquisit streifige Beschaffenheit besitzt, und die nothwendige Folge
hievon ist auch wieder jene mangelhafte Dichtigkeit der Verkalkung, da eben in Folge der erhöhten Plasmaströmung selbst eine
nachträgliche Verdichtung der Knorpelstructur zumeist ausgeschlossen ist. Daher findet man die krümlige, feinnetzige Beschaffenheit der Verkalkung sowohl auf Längs- als auf Querschnitten auch in grosser Entfernung von der Verkalkungsgrenze
und selbst in Fällen mässiger Intensität sieht man nur selten
etwas grössere Strecken mit dem normalen, homogenen Aussehen
der Knorpelverkalkung [*]).

---

[*]) Zum Studium der Knorpelverkalkung eignen sich ganz besonders
solche Objecte, welche durch langsame Entkalkung mittelst Chromsäure
schnittfähig gemacht werden, weil dabei die früheren Verhältnisse der
Verkalkung fast unverändert zur Ansicht kommen, und sich die verkalk-

Noch auffallender als diese Abweichungen von der Structur der Knorpelverkalkung sind aber die Anomalien, welche in den räumlichen Verhältnissen derselben bei der Rachitis zu Tage treten. Wir finden hier die eigenthümliche Erscheinung, dass dieselbe krankhafte Affection in ihren verschiedenen Intensitätsgraden einmal eine übermässige Ausdehnung der Verkalkung zur Folge hat, und ein anderesmal wieder, wenn man zu den höheren Graden der Affection fortschreitet, eine Verminderung, und endlich sogar auf grossen Strecken ein völliges Ausbleiben der Verkalkung herbeiführen kann.

Wenn wir nun wieder mit den mässigeren Graden beginnen, so ergibt sich zunächst eine auffallende Unregelmässigkeit der Verkalkungsgrenze, in der Weise, dass die Verkalkung sowohl in den seitlichen zunächst dem Perichondrium gelegenen Theilen, als auch an einzelnen anderen Stellen (auf dem Längsschnitte) plötzlich ziemlich steil in die Höhe steigt, manchmal sogar nahezu bis an die oberste Grenze des einseitig wachsenden Knorpels. (Vergl. Tafel I, Fig. 1.) Als auffällige Ursache dieser vorzeitigen Verkalkung — denn mit einer solchen hat man es ohne Zweifel zu thun, weil selbst nach Abschlag dieser verkalkten Vorsprünge nicht nur keine verminderte, sondern sogar noch eine erhöhte Verkalkungszone übrig bleibt — ergeben sich schon auf den ersten Anblick die im einseitig wachsenden Knorpel vertical nach abwärts steigenden Gefässkanäle, denn auf einem Längsschnitte bildet immer entweder ein mit osteoïdem Gewebe ausgefüllter absteigender Markkanal oder eine senkrechte osteoïde Leiste die Axe eines jeden mit der Spitze nach oben gerichteten,

---

ten Partien sehr schön durch ihre grünliche Farbe von dem unverkalkten Knorpel abheben. Die sonst ganz vortreffliche und sehr expeditive Entkalkungsmethode von Busch mittelst verdünnter Salpetersäure eignet sich gar nicht für diesen speciellen Zweck, weil bei derselben die ganze Verkalkung zumeist spurlos verschwindet, und man oft nicht einmal mehr den Ort der ehemaligen Verkalkungsgrenze auffinden kann. In den hochgradigsten Fällen von Rachitis ist jedoch die Verkalkung so mangelhaft, dass man von einer jeden künstlichen Entkalkung absehen, und dennoch, ohne sein Messer zu gefährden, vollständig brauchbare Schnittpräparate anfertigen kann, welche natürlich die ursprünglichen Verkalkungsverhältnisse ganz unverändert wiedergeben. (Siehe Tafel IV, Fig. 5.)

4

Verkalkungskegels (s. dieselbe Figur, in der Umgebung des centralen osteoïden Gefässkanals ky^2). Wir haben diese Erscheinung schon im ersten Abschnitte (im 9. Kapitel) bei Gelegenheit der Beschreibung der Gefässkanäle im einseitig wachsenden Knorpel angedeutet, und haben dort auch eine, wie uns scheint, ganz plausible Erklärung für dieselbe gegeben. Wir haben nämlich angenommen, dass die zweifellos stattfindende Verengerung und beginnende Obliteration der Markkanäle innerhalb des rapid nach der axialen Richtung auswachsenden Knorpels hauptsächlich durch ein compensirendes, übermässiges Wachsthum des Knorpels in der nächsten Nähe des Gefässkanals bewirkt wird, und dass in Folge dessen die Knorpelzellen in den unmittelbar benachbarten Knorpeltheilen viel früher als die anderen ihre definitive Grösse erreichen, und zu einem völligen Wachsthumsstillstand in diesem Theile des Knorpels führen. Nun haben wir aber annehmen müssen, dass höchst wahrscheinlich gerade der plötzliche Wachsthumsstillstand nach einem rapiden Anwachsen das veranlassende Moment für die Knorpelverkalkung abgibt, und es ist also wohl begreiflich, dass die Verkalkung jene Partien, welche durch ihr frühzeitiges Anwachsen zur Verengerung der Knorpelkanäle beigetragen haben, früher befällt, als die übrigen noch nicht ausgewachsenen Theile des Knorpels in derselben Höhe.

Man könnte allerdings auch daran denken, ob nicht etwa die vermehrte Saftströmung in den unmittelbar an die Gefässkanäle grenzenden Knorpelpartien ein frühzeitiges Auswachsen der Knorpelzellen und ein vorzeitiges Anlangen derselben bei ihrer definitiven Ausdehnung zur Folge habe. Dieser Annahme stellt sich aber direct die Thatsache entgegen, dass die frühzeitige Verkalkung gerade nur in der Umgebung solcher Kanäle beobachtet wird, welche die uns bereits bekannten Zeichen der beginnenden Obliteration an sich tragen, in welchen also die von den Blutgefässen ausgehende Saftströmung schon in der Abnahme begriffen sein muss; während gerade jene Kanäle, welche noch im Fortschreiten begriffen sind, welche also weder metaplastische Knorpelränder, noch auch einen osteoïd umgewandelten Inhalt besitzen, sondern noch ausschliesslich weiches Knorpelmark und zahlreiche blutüberfüllte Gefässe einschliessen, niemals eine vorzeitige Verkalkung ihrer knorpeligen Umgebung darbieten. Wir werden im Gegentheile alsbald sehen, dass solche hyperämische Kanäle, denen man wohl eine lebhafte Plasmaströmung zuschreiben muss, gerade ein Hinderniss für die Verkalkung des sie umgebenden Knorpels abgeben Wir müssen es also bei der früher gegebenen Erklärung für die frühzeitige Verkalkung in der Umgebung einzelner Knorpelkanäle bewenden lassen.

Da nun in einem rachitisch afficirten knorpeligen Ende eines rapid wachsenden langen Knochens, wie wir wissen, immer eine grosse Zahl absteigender Gefässkanäle vorhanden ist, und in den Fällen mittlerer Intensität diese Kanäle zumeist auch noch die Tendenz zur Involution besitzen, wie dies aus den zahlreichen vertical verlaufenden osteoïden Leisten ersichtlich ist, so bekommt in solchen Fällen die Verkalkungsgrenze sehr häufig ein ungemein charakteristisches festonartiges Aussehen, indem sie nämlich an der einen Seite einer jeden verticalen Leiste steil in die Höhe steigt, und auf der anderen Seite wieder ebenso steil abfällt, um wieder in einem Bogen zu der nächsten Leiste hinzuziehen.

Fast in allen Fällen, in denen solche zugespitzte Vorsprünge der Verkalkungsgrenze längs der Gefässkanalleisten in die Höhe steigen, findet sich auch das Aufsteigen der Verkalkung längs des perichondralen Randes des grosszelligen Knorpels. (Siehe gleichfalls Fig. 1.) Gewöhnlich erreicht die auch hier ziemlich steil aufsteigende Grenze den perichondralen Rand noch im unteren Antheile der Säulenzone, manchmal reicht sie aber auch beinahe an den oberen Rand des grosszelligen Knorpels, was bei der in solchen Fällen meist schon ziemlich bedeutend vermehrten Höhe dieser Zone eine ganz erhebliche Beschleunigung der Verkalkung in den Randtheilen des Knorpels bedeutet. Auf dem Querschnitte läuft dann dem entsprechend längs des Perichondriums eine schmale verkalkte Zone, welche entweder einen noch vollständig unverkalkten Knorpel einrahmt, oder nur einen zum Theile unverkalkten Knorpel, in welchem verkalkte Inseln in der Umgebung der osteoïden Leisten oder der quergeschnittenen obliterirenden Knorpelgefässe zerstreut sind. (Vergl. I. Band. Tafel VII. Fig. 12.)

Die Ursachen der frühzeitigen Verkalkung der randständigen Theile des Knorpels dürften wohl analoge sein, wie bei der Verkalkung in der Umgebung der Knorpelkanäle. Vor allem ist hervorzuheben, dass auch hier die Grundsubstanz ausschliesslich in der Umgebung von ausgewachsenen Knorpelzellen verkalkt, und es ist auch wirklich oft sehr auffallend, dass jene verkalkten Randpartien ausschliesslich nach allen Dimensionen ausgewachsene Knorpelzellen enthalten, während in demselben Niveau die benachbarten Zellen namentlich nach der Höhenausdehnung noch nicht ihre definitive Grösse erreicht haben, und dem entsprechend auch noch von unverkalkter Grundsubstanz umgeben sind. Ich vermuthe, dass diese Erscheinungen in folgender Weise zusammenhängen. Auf Grund des rachitischen Vorganges haben, wie wir wissen, die Zellen der grosszelligen Knorpelzone die Tendenz, frühzeitig auszuwachsen. In den inneren Partien des Knorpels müssen sich jedoch die Zellen, da sie alle auswachsen wollen, in ihrer übermässigen Ausdehnung nothwendiger Weise gegenseitig beschränken und hemmen. An den Randtheilen in der Nähe des Perichondriums wird aber diese Hemmung am geringsten sein, weil hier die Theile nach aussen ausweichen dürfen. Wir sehen ja auch, dass die Randtheile der „hypertrophischen" Zone — bei der Rachitis hat diese Bezeichnung Strelzoff's für den grosszelligen Knorpel noch am ehesten ihre Berechtigung — sich oft ziemlich bedeutend gegen das Perichondrium hin vorbauchen, und es ist wohl begreiflich, dass in den Fällen mässigeren Grades, wo diese Vorbauchung noch ausschliesslich eine active ist, also nur durch das übermässige Auswachsen des Knorpels nach allen Dimensionen bedingt wird, die Zellen in der nächsten Nähe des Perichondriums am wenigsten in ihrem rapiden Anwachsen gehindert werden, also auch viel früher ihr expansives Wachsthum beendigen, und damit die Bedingungen schaffen, unter denen die Kalksalze sich in die Grundsubstanz präcipitiren können.

In den hier beschriebenen Fällen, welche die beginnende oder mässig entwickelte rachitische Störung darbieten, ist die Verkalkungszone, auch abgesehen von dem Hinaufrücken längs der Gefässkanäle und des Perichondriums, in ihrer Gänze bedeutend verbreitert, so dass die in einer Reihe vorrückenden endostalen Gefässe und Markräume viel weiter hinter der Verkalkungsgrenze zurückbleiben, als dies sonst der Fall ist (Fig. 1, *rkg* bis *mrg*). Man kann jedoch nicht einen Moment darüber im Zweifel sein, dass diese Verbreiterung der Verkalkungszone nicht durch eine Verzögerung der Markraumbildung, welche ja bei der auffallend gesteigerten Vascularisation des rachitischen Knorpels und Knochens gänzlich ausgeschlossen ist, sondern ausschliesslich durch eine vorzeitige Verkalkung des Knorpels bedingt ist. Die letztere ist auch hier darauf zurückzuführen, dass die Knorpelzellen der Säulenzone nicht nur längs der Kanäle und des Perichondriums, wo dafür besonders günstige Verhältnisse obwalten, sondern überhaupt in der ganzen Zone viel früher und in viel grösserer Menge ihre definitive Grösse erreichen, und daher der Knorpel auch in viel grösserem Umfange verkalkt, als unter normalen Bedingungen. Freilich bleibt auch die Qualität der Verkalkung, d. h. die Dichtigkeit und Homogenität derselben fast in demselben Masse zurück, als die Ausdehnung der Verkalkung das normale Mass überschreitet.

Die hier geschilderte Conformation der Verkalkungszone findet sich ungemein häufig in den rachitisch afficirten Knochenenden von älteren Fötus, dann auch bei reifen Kindern und selbst in den ersten Lebensmonaten. Bei den höheren Graden der Affection, welche wir bereits im zweiten Halbjahre und auch späterhin gewöhnlich vorfinden, bekommt die Sache eine ganz andere Gestaltung. Auch hier ist die Verkalkungszone eine durchaus unregelmässige, aber die Unregelmässigkeit beruht jetzt nicht mehr auf einem Vorrücken derselben längs der Gefässkanäle, sondern diese letzteren üben jetzt gerade den gegentheiligen Einfluss auf die Verkalkung aus, indem nämlich augenscheinlich die absteigenden Gefässkanäle in einem gewissen Umkreise um sich herum den Knorpel ganz und gar unverkalkt erhalten. Der ganze Unterschied besteht eben darin, dass man es hier nicht mehr mit obliterirenden Gefässen und sich verengernden Gefässkanälen zu thun hat, sondern mit krankhaft erweiterten und allem Anscheine nach noch immer in progressiver Ausdehnung und Vermehrung begriffenen Gefässen. In den höheren Graden der Rachitis findet man aber, wie wir bereits auseinandergesetzt haben, schon seltener die Zeichen der Involution in den Gefässkanälen des grosszelligen Knorpels, sie enthalten häufig keine osteoïden Gewebstheile in ihrem Inneren, und zeigen nicht einmal die durch die Metaplasie des umgebenden Knorpels bedingte glänzende carminrothe Umrahmung, vielmehr enthalten

sie noch ein durchaus weiches und ungemein blutreiches Markgewebe, und an den Rändern bieten sie oft noch die deutlichsten
Erscheinungen der weiteren Umwandlung des Knorpels in Mark
und der fortschreitenden Blutgefässbildung dar. Dort, wo man
hyperämische Kanäle findet, reicht nun die Verkalkung niemals bis
unmittelbar an ihre Wandung hinan, sondern es bleibt in
einem gewissen Umkreise um einen jeden hyperämischen
Markkanal die Verkalkung gänzlich aus, wodurch nun auf
einem Längsschnitte die Verkalkungszone durch den Gefässkanal
eine trichterförmige Einbuchtung nach abwärts erleidet,
während auf dem Querschnitte durch die Verkalkungszone ein
jeder hyperämische Kanal von einem schmäleren oder breiteren
unverkalkten Knorpelrande umgeben erscheint. Solche in lebhafter
Weiterbildung begriffene Gefässe senden eben eine viel mächtigere
Plasmaströmung aus, und diese verhindert die Verkalkung der
Grundsubstanz, selbst zwischen den vollkommen ausgewachsenen
Knorpelzellen.

Es ist nun wohl begreiflich, dass, je mehr blutreiche und in
der Ausbreitung begriffene Gefässkanäle mit lebhafter Plasmaströmung von oben her sich in die Verkalkungszone einsenken, desto
häufiger die Verkalkung unterbrochen werden muss. Die kalklosen
Zonen rings um die Blutgefässe werden nun nicht nur zahlreicher, sondern auch breiter, endlich findet man zwischen zwei
Kanälen auf dem Längsschnitte nur einen ganz schmalen verkalkten Streifen, und auf dem Querschnitte schmale verkalkte
Ringe, welche sich zwischen den Querschnitten der ausgedehnten Gefässkanäle hindurchziehen. Zuletzt kann auch zwischen
zwei oder mehreren Kanälen die Verkalkung gänzlich ausbleiben,
so dass sie nur noch in einzelnen verschieden grossen Knorpelpartien vorhanden ist, welche durch grössere Zwischenräume ganz
unverkalkten Gewebes getrennt sind.

Bei den höheren Graden der Erkrankung kommen jedoch noch
andere Verhältnisse hinzu, welche die Ausbreitung der Verkalkung
in hohem Grade beeinträchtigen. Manchmal ist nämlich in einzelnen beschränkten Stellen des grosszelligen Knorpels die Structur
der Grundsubstanz und die Dichtigkeit ihres Gewebes in so hohem
Grade beeinträchtigt, dass diese Stellen schon bei mässiger Vergrösserung durch ihre ungewöhnliche Durchsichtigkeit und das

helle Aussehen ihrer Grundsubstanz und insbesondere an Hämatoxy-
linpräparaten dadurch auffällig werden, dass sie die blaue Farbe
entweder gar nicht oder nur in sehr geringem Masse aufnehmen.
Man kann schon daraus schliessen, dass diese Partien im hohen
Grade an jenen Elementen verarmt sein müssen, welche die Färbung annehmen, nämlich an den Knorpelfibrillen, und in der That
lehrt auch die Beobachtung mit schärferen Linsen, dass diese
Stellen des Knorpels nur ganz spärliche isolirte und daher sicht
bare Knorpelfibrillen enthalten, welche in einer ungefärbten mucinösen Grundsubstanz verlaufen (schleimige Metamorphose
oder Atrophie des Knorpels). Auch die Knorpelzellen zeigen
auffallende Veränderungen. Anfangs gebläht und mit deutlichen
gespannten oder gefältelten Kapselmembranen versehen, verlieren
sie endlich diese Membranen vollständig, schrumpfen auf ein kleines Protaplasmaklümpchen, und verschwinden auch zuletzt ganz
und gar, so dass endlich an gewissen Stellen nur die schleimig
veränderte Grundsubstanz zurückbleibt.

Solche Knorpeltheile, in denen offenbar eine überaus lebhafte,
durch feste Gewebstheile kaum gehemmte Plasmaströmung herrscht,
sind zur Verkalkung ebenso wenig geeignet, wie der fibrillenlose
Inhalt der Knorpelhöhlen, oder wie irgend ein anderes fibrillenloses Gewebe, und es bilden diese Stellen, auch wenn sie bereits
in die Verkalkungszone einbezogen sind, unter allen Umständen
unverkalkte Inseln, welche selbst nach obenhin von verkalktem
Knorpel begrenzt sein können.

Ein weiteres sehr wichtiges Hinderniss für die Verkalkung
bildet endlich in den hochgradigen Fällen der Umstand, dass in
der verbreiterten grosszelligen Knorpelzone die Knorpelzellen zwar
in riesiger Anzahl sich fortwährend nach allen Dimensionen vergrössern, und auch immerwährend noch in Vermehrung begriffen
sind, dass aber unter dieser grossen Anzahl von wachsenden Zellen eben wegen der fortdauernden Zellenvermehrung durch Theilung nur verhältnissmässig wenige
die definitive Grösse der ausgewachsenen Zellen erreichen. Die krankhaft gesteigerte Säftezufuhr regt eben offenbar die
Zellen zur Proliferation an, anstatt sie einfach auswachsen zu
lassen, und wenn es nun richtig ist, dass nur der plötzlich eintretende Wachsthumsstillstand die Verkalkung des Knorpels veran-

lasst, so wird man verstehen, dass solche Knorpeltheile, deren
Zellen noch in der Proliferation begriffen sind, am wenigsten die
Bedingungen für den Beginn der Verkalkung darbieten*). Wenn

---

*) Unsere in der ersten Abtheilung dieser Abhandlung aufgestellte
Hypothese, nach welcher die physiologische Knorpelverkalkung abhängig
wäre von dem plötzlichen Wachsthumstillstand des unmittelbar zuvor so
unverhältnissmässig rasch herangewachsenen grosszelligen Knorpels, hat
bis jetzt nur von einer Seite einen Widerspruch erfahren. Es hat nämlich Maas (Centralblatt für Chirurgie 1880 Nr. 47) die Frage aufgeworfen, warum denn dann nach Abschluss ihres Wachsthums nicht alle perennirenden hyalinen Knorpel verkalken. Die Antwort auf diese
Frage ist indessen schon, zum Theile wenigstens, in unserer früheren
Ausführung enthalten. Wir haben nämlich damals ausdrücklich hervorgehoben (I. Band, S. 224), dass wahrscheinlich in dem scharfen Co n-
trast zwischen der ungemein gesteigerten Wachsthumsenergie des einseitig proliferirenden und auswachsenden Knorpels und der darauffolgenden
absoluten Wachsthumsruhe, sowie in dem damit verbundenen plötzlichen Nachlasse in der Energie der zuführenden Plasmaströmung das
ursächliche Moment der Knorpelverkalkung zu finden sein dürfte. An einer
anderen Stelle (S. 228) wurde ferner darauf hingewiesen, dass das ganz
allmälige Aufhören des Wachsthums in den fibrillären Geweben,
und speciell auch in dem kleinzelligen Knorpel, und der damit verbundene
allmälige Uebergang von der zuletzt kaum noch erhöhten Wachs-
thumsströmung zu der einfachen Ernährungsströmung wahrscheinlich nicht genüge, um eine regelmässige Verkalkung herbeizuführen.
Aber selbst die Basis dieses Einwandes, dass die perennirenden Knorpel
bei ihrem Wachsthumsstillstande nicht verkalken, ist keineswegs fest-
stehend. Von den Rippenknorpeln kann ich wenigstens mit Bestimmtheit
angeben, dass dieselben noch in einer sehr späten Lebensperiode (z. B.
bei einem 56jährigen Manne) wenigstens an vielen Stellen ganz unverkennbare Zeichen von noch immer stattfindender oder wenigstens ganz
kürzlich erfolgter Zellentheilung darbieten. Uebrigens ist es ja bekannt,
dass der Thorax in vielen Fällen noch während des Mannesalters eine
mächtige Erweiterung erfährt, und man muss schon daraus allein auf
eine fortdauernde Wachsthumsthätigkeit der Rippenknorpel schliessen.
Andererseits weiss man, dass in den Rippenknorpeln mit der Zeit verkalkende und ossificirende Herde fast regelmässig auftreten (siehe auch
Freund, Histologie der Rippenknorpel, Berlin 1858) und ich habe mich
bei einer genaueren Untersuchung solcher Objecte überzeugt, dass sowohl
die Verkalkung, als auch die Markraumbildung und metaplastische Ossification nur in solchen Knorpelpartien auftritt, in welchen die Knorpelzellen im Vergleiche zu denjenigen der nicht verkalkenden Theile bedeu-

nun in den verschiedenen über einander geschichteten Lagen des grosszelligen Knorpels, wie dies nicht selten der Fall ist, ausgewachsene Partien mit proliferirenden Zellenlagen abwechseln, so kann es auch leicht geschehen, dass man auf einem Längsschnitte einen quergestellten, horizontalen verkalkten Streifen findet, auf welchen nach unten hin wieder unverkalkte Knorpelpartien folgen. (Siehe Tafel IV, Fig. 5 r/.)

In den hochgradig afficirten Knochenenden erreichen aber gewisse Knorpeltheile überhaupt niemals im knorpeligen Zustande den Moment des vollständigen Wachsthumsstillstandes, weil nämlich unterdessen von unten her die endostalen Markgefässe vorrücken und den Knorpel vielfach zu endostalen Markräumen einschmelzen, während der von der Einschmelzung verschont gebliebene Antheil des Knorpels, noch bevor er verkalkt ist, die ossificatorische Umwandlung mit jenen krankhaften Modificationen eingeht, welche wir alsbald zu schildern haben werden. Der Knorpel wird also eingeschmolzen oder ossificirt, noch bevor durch das Auswachsen seiner zelligen Elemente die Bedingungen zur Verkalkung seiner Grundsubstanz gegeben sind.

Alle diese verschiedenen Umstände, welche sämmtlich der Verkalkung des Knorpels hinderlich sind, können endlich dahin führen, dass man auf einem ganzen Längschnitte eines schwer afficir-

---

tend herangewachsen sind. Noch wichtiger ist die von Schottelius in einer ausführlichen Monographie über die Kehlkopfknorpel (Wiesbaden 1879) nachgewiesene Thatsache, dass die Kehlkopfknorpel regelmässig nach der Pubertätszeit verkalken und ossificiren. Nun ist es ja bekannt, dass gerade der Kehlkopf beim Eintritte der Pubertät eine rasche und energische Vergrösserung erfährt, und dann entweder im Wachsthum gänzlich stille steht oder doch wenigstens sehr langsam und kaum merklich weiter wächst. Wahrscheinlich wachsen dann überhaupt nur noch einzelne Partien, während andere ihr Wachsthum schon beendigt haben, daher auch verkalken und, nach Massgabe der nun auch stattfindenden Vascularisation des Knorpels, ossificiren. Das Verhalten der demnach nicht mit voller Berechtigung sogenannten perennirenden Knorpel spricht also keineswegs zu Ungunsten unserer Hypothese, vielmehr wird dieselbe durch die Beobachtung an den Kehlkopfknorpeln in wirksamer Weise gestützt. Auch die oben geschilderten rachitischen Abweichungen von dem physiologischen Verhalten der Verkalkung stimmen ganz vortrefflich mit unserer Auffassung überein.

ten Knochen und es in der wenig erhöhten und bedeutend verbreiterten
grosszelligen Knorpelzone nur noch sporadische, ganz isolirte
Zellengruppen mit verkalkter Grundsubstanz findet, und
in diesen Gruppen ist dann oft wieder die Verkalkung so unvollständig, dass manche Zellen nicht einmal von einem geschlossenen
Ringe verkalkter Grundsubstanz umgeben sind; ja man findet sogar
hie und da ganz vereinzelte Stückchen der Intercellularsubstanz mit Kalk infiltrirt, und diese fragmentarischen Ver-
kalkungspartien zeigen wieder die schon vielfach erwähnte schollige
oder kugelige Structur. Der ganz unverhältnissmässig überwiegende
Theil des grosszelligen Knorpels zeigt aber in solchen Fällen auch
nicht eine Spur von Verkalkung.

Noch eine andere Erscheinung muss hier Erwähnung finden,
nämlich die Ablagerung von Kalksalzen in einzelnen
noch vollständig geschlossenen Zellenhöhlen der grosszelligen Knorpelzone. Es muss aber gleich hinzugefügt werden,
dass diese Kalkablagerung nicht im Knorpelgewebe, sondern
in echter leimgebender Knochengrundsubstanz erfolgt, welche sich
innerhalb der geschlossenen Knorpelzellenhöhle neugebildet hat. Wir
haben es also nicht mit Knorpelverkalkung, sondern mit einer
Ossificationserscheinung zu thun, welcher wir in dem nächsten Kapitel in ausführlicher Weise gerecht zu werden gedenken.

Anomalien der Markraumbildung. Wir beginnen auch
hier mit den Anfangsformen der Rachitis, und schildern zunächst
jene Anomalien, welche wir bei den Affectionen geringeren Grades
vorfinden. Die krankhafte Beschaffenheit der von den endostalen
Gefässen gebildeten Markräume äussert sich wieder nach zweierlei
Richtungen: in der abnormen Gestalt derselben und in der abnormen Beschaffenheit ihres Inhalts.

Wir beschäftigen uns zunächst mit den Anomalien der Gestalt.
Wenn wir uns den normalen Vorgang an den rasch wachsenden
Knochenenden vor Augen halten, wie wir ihn im 10. Kapitel des
ersten Abschnittes geschildert haben, so fanden wir daselbst nahezu
parallel nach oben vordringende, ziemlich lange, schlauchförmige
Markräume, welche sich fast genau an die Richtung der ebenfalls
nahezu parallelen, nach oben eben merklich divergirenden Zellensäulen hielten, in der Weise, dass ein jeder Markraum entweder

einer einzigen, oder auch 2 bis 3 solchen Säulen entsprach. Die Wände der Markräume wurden also von den bei der Einschmelzung verschont gebliebenen Längsbalken des verkalkten Knorpels gebildet. Von den Querbälkchen waren demzufolge auch nur selten spärliche Ueberreste erhalten. Dabei waren normaler Weise beim Menschen und bei den Säugethieren überhaupt gleichzeitig sämmtliche Zellensäulen in derselben Weise eröffnet und zur Markraumbildung herangezogen, so dass die übrig bleibenden Knorpelbalken nur ganz ausnahmsweise vereinzelte uneröffnete Knorpelhöhlen enthielten. Ein jeder einzelne dieser schlauchförmigen Markräume bildete nach oben einen Blindsack, und nur in grösserer Entfernung vom Fundus communicirten die benachbarten Markräume untereinander, bis dann, entsprechend der dichotomischen Verzweigung der endostalen Gefässe, immer mehr von den nach abwärts erweiterten Markräumen zu grösseren Räumen zusammenflossen. Die oberen Kuppen endeten fast alle in gleicher Höhe und waren auf einem Längsschnitte durch eine gerade oder schwach gekrümmte Linie zu begrenzen. (Vergl. I. Band, Tafel V.)

Es fällt nun schon bei den mässigen Graden der Erkrankung auf, dass einzelne von diesen primären Markräumen den anderen um eine gewisse, wenn auch kurze Strecke voraneilen, so dass die Regelmässigkeit jener idealen Grenze gestört wird. Unsere Leser wissen schon, dass wir damit nicht jene weit nach oben vorspringenden papillenartigen Gebilde meinen, welche in centripetaler Richtung gegen die Ossificationsgrenze verlaufen. Die Strecke, um welche die unregelmässig vordringenden endostalen Markräume einander voraneilen, ist eine ganz unvergleichlich geringere, aber sie ist doch gross genug, um die frühere Regelmässigkeit des Bildes zu alteriren.

Eine weitere Veränderung besteht darin, dass die Markräume nicht mehr in der Richtung der Zellensäulen vorrücken, sondern ganz regellos, so dass schon ein Markraum, welcher nicht breiter als eine Zellensäule ist, durch seinen unregelmässigen schiefen Verlauf, durch plötzliches seitliches oder selbst rückläufiges Abbiegen mehrere Zellensäulen auf einmal arrodirt und eröffnet. Dabei geschieht es auch häufig, dass benachbarte Markräume zusammenstossen und schon hoch oben im Fundus seitliche Communicationen entstehen, was normaler Weise in dieser Höhe

niemals beobachtet wird. Durch dieses unregelmässige Vordringen
der zapfen- oder zungenförmigen Markräume ist es auch bedingt,
dass zwischen denselben ganz unregelmässig gestaltete Knorpelpartien zurückbleiben, welche einerseits zahlreiche Reste von Querbälkchen aufweisen, weil die Knorpelzellenhöhlen häufig nur arrodirt
und nicht in toto in den neuen Markraum mit einbezogen werden,
und andererseits wieder zahlreiche, in grösseren Gruppen angeordnete, noch gänzlich geschlossene Knorpelzellenhöhlen einschliessen.
In Folge der häufigen Anastomosen der Gefässräume in der Nähe
des Fundus zeigen sich auf dem Längsschnitte häufig kleinere
Knorpelpartien, welche ringsum von Markgewebe umgeben sind,
was auch unter normalen Verhältnissen niemals vorkommen kann.

Auch auf Querschnitten weichen die Bilder ziemlich auffällig vom normalen Typus ab. Wenn man einen Schnitt ganz
oben durch die höchsten Kuppen der Markräume führt, so kommen
vereinzelte runde lochähnliche Markräume zur Ansicht, zwischen
denen grosse Knorpelpartien mit zahlreichen uneröffneten Zellenhöhlen übrig bleiben. Sowie man aber nur etwas weiter gegen die
Diaphyse herabgeht, findet man schon ganz ungewöhnlich grosse,
vielfach anastomosirende Markräume vor, durch welche — im Vergleiche mit einem Durchschnitte der gleichen Höhe eines normalen
Knochens — das Knorpelgewebe in seiner Ausdehnung sehr bedeutend reducirt worden ist.

Es sind demnach schon die Fälle mässiger Intensität durch
eine bedeutend gesteigerte und unregelmässige Markraumbildung charakterisirt. In den nächst höheren Graden finden
wir statt der zahlreichen zungen- oder schlauchförmigen Markräume
schon in erster Reihe sehr grosse, buchtige oder flachrunde,
nach oben ungemein scharf begrenzte, wie erodirende Markräume, welche den Knorpel ganz ohne Rücksicht auf den Verlauf
seiner Zellenreihen eingeschmolzen haben. Aber auch hier bleiben
noch immer in gewissen, wenn auch bedeutend vergrösserten Abständen ganz unregelmässig gestaltete Knorpelbalken zurück, und
dadurch werden wir solche Bilder von den Einschmelzungsvorgängen
bei der hereditären Syphilis unterscheiden, bei welchen in grossen
Herden, welche sich nahezu über die ganze Breite des Knochens
erstrecken können, alles harte Gewebe geschwunden und durch Mark-
oder Granulationsgewebe ersetzt ist. Etwas Aehnliches ist bei der

Rachitis niemals zu beobachten. Selbst die grösseren Markräume überschreiten selten die Breitenausdehnung von 6—10 Zellenreihen, und daneben gibt es immer auch wieder zahlreiche engere, mehr schlauchförmig aufsteigende Kanäle. In den schwersten Fällen wechseln Markräume von allen möglichen Dimensionen und Verlaufsrichtungen so mit einander ab, dass es unmöglich ist, irgend eine allgemein giltige Regel aufzustellen.

Was nun die Anomalien des Inhaltes der primären Markräume anbelangt, so haben wir dieselben bereits im ersten Abschnitte bei der Beschreibung der normalen Vorgänge der Mark- und Blutbildung vielfach angedeutet, weil uns insbesondere die Alterationen mässigen Grades Gelegenheit gegeben haben, den Vorgang der allmäligen Umbildung des Inhaltes der Knorpelzellenhöhlen in Markzellen und Blutkörperchen zu verfolgen. Da im normalen Zustande diese Vorgänge auf eine ganz schmale Zone beschränkt sind, so ist es hier kaum möglich, die Zwischenstufen dieses Umbildungsprocesses zu beobachten. Man findet eben den Fundus des Markraumes schon mit grossen dicht gedrängten Markzellen erfüllt, und unmittelbar darüber noch vollkommen geschlossene einzellige Knorpelhöhlen mit kaum verändertem Inhalt.

Bei der Rachitis ist nun der Vorgang der Markraumbildung, d. h. der Umwandlung des Knorpels in die Elemente des Markgewebes, auf eine viel breitere Zone ausgedehnt. Vor Allem findet man häufig schon eine Zellenwucherung in einzelnen zunächst den Kuppen der Markräume gelegenen Knorpelhöhlen, welche, so weit man sehen kann, noch vollkommen geschlossen sind. Diese Zellenvermehrung innerhalb der grossen Knorpelhöhlen erstreckt sich in verschiedenen benachbarten Zellenreihen verschieden weit nach oben, so dass auch dadurch die sonst gut geordnete Phalanx der vorrückenden endostalen Markräume zerstört wird. Hier hat man auch eine günstige Gelegenheit, den Vorgang zu verfolgen, wie dann endlich die Communication der mit neugebildeten Zellen erfüllten Höhlen untereinander und mit dem Markraume bewerkstelligt wird, in welchen sie endlich einbezogen werden. (Vergl. das 10. Kapitel des ersten und das vorhergehende Kapitel dieses Abschnittes.)

Ausserdem findet man gerade in den rachitisch afficirten Chondroepiphysen häufig jene vorbereitende Veränderung im Innern von geschlossenen Knorpelhöhlen, welche dem gan-

zen Inhalte ein homogen glänzendes Aussehen verleiht und ein ver-
ändertes Verhalten zu den Farbstoffen bedingt. Diese Veränderung
befällt sowohl einzelne Zellenhöhlen, als auch ganze Gruppen derselben, und in dem letzten Falle erstreckt sie sich endlich auch
auf die die einzelnen Zellenhöhlen ursprünglich abscheidenden Knorpelsepta, so dass die späteren Markräume in ihrer künftigen Ausdehnung durch diese Umwandlung schon vollkommen vorgezeichnet
sind. Es ist begreiflich, dass auch dadurch die früher regelmässige
Reihe der primären Markräume in hohem Grade verwirrt erscheinen muss.

Den Vorgang, durch welchen diese homogen glänzende Masse
nach und nach in granulirte Markzellen und in hämoglobinhältige
Blutkörperchen umgewandelt wird, haben wir gleichfalls schon an
derselben Stelle der ersten Abtheilung geschildert. Hier wollen wir
nur noch einmal hervorheben, dass gerade bei der Rachitis die Bildung von rothen Blutkörperchen an Ort und Stelle durch die Umwandlung des lebenden Inhaltes der grossen Knorpelzellenhöhlen
in hämoglobinhältige Substanz, fast möchte ich sagen direct beobachtet werden kann. Die Blutbildung und die Neubildung
von Blutgefässen ist eben durch den krankhaften Process in enormer Weise gesteigert. Während man unter normalen Verhältnissen nur vereinzelte hämoglobinhältige Körperchen
oder Scheibchen zwischen den Markzellen im Fundus der neugebildeten Markräume auffinden kann, sieht man bei der Rachitis sehr
häufig den grössten Theil des Inhalts der geschlossenen
Knorpelhöhlen sich in Blutkörperchen zerfurchen, und
wenn dann durch Schwinden der Quersepta und durch Umwandlung
derselben in weiches Gewebe diese Knorpelhöhlen mit den Markräumen in Verbindung getreten sind, so entstehen dadurch grosse
mit Blutkörperchen erfüllte Räume, welche noch keine
scharf begrenzte Wandung haben, in denen vielmehr die hämoglobin-
hältigen Gebilde ganz unmittelbar an die granulirten Zellen des Markgewebes grenzen, und auch theilweise an den Randpartien noch
zwischen den letzteren zu finden sind *). Sehr häufig existirt über-

---

*) Es ist mir erst aus der neuesten Arbeit von E. Neumann (Zeit-
schrift f. klin. Med. 3. Bd. 1881) bekannt geworden, dass sowohl Schäfer als auch Ranvier und Leboucq im Unterhautzellgewebe neuge-

haupt nur ein ganz schmaler Rand von eigentlichem Markgewebe in diesen neuen Markräumen, und der weitaus grösste Raum der letzteren ist eben von grossen mit Blut gefüllten Höhlen occupirt.

Erst in einiger Entfernung von dem Fundus bekommen die Bluträume eine scharfe lineare Grenze, wovon man sich am besten an Querschnitten überzeugen kann. Diese enorm erweiterten capillären Bluträume communiciren vielfach untereinander, und bilden recht eigentlich ein cavernöses Gewebe, in welchem die mit Blut erfüllten Räume nur durch schmale Septa von Markgewebe geschieden sind.

Das Markgewebe selbst bietet in den meisten Fällen keine auffallende Veränderung dar. Namentlich in den Fällen geringer und mittlerer Intensität findet man ebenso wie unter normalen Verhältnissen dichtgedrängte, theilweise selbst gegen einander abgeplattete grosse Markzellen, zwischen denen das Reticulum vollständig gedeckt erscheint. Der einzige Unterschied liegt dann darin, dass man zwischen denselben häufiger als sonst auch grössere Myeloplaxenmassen vorfindet, wenn nämlich die Einschmelzung des Knorpels besonders stürmisch erfolgt. Diese Myeloplaxen gehören dann zu der Kategorie der feinkörnigen, blassen, vielkernigen Zellen, welche keine Carminfärbung annehmen, weil sie nicht der

borener Thiere Zellen gefunden haben, welche, ohne mit den Gefässanlagen in Communication zu treten, in ihrer Substanz gefärbte hämoglobinhaltige Theile einschliessen, und von denen diese Autoren annehmen, dass sie erst später die in ihnen endogen entstandenen Blutzellen der Circulation übergeben. Sowohl Schäfer als Ranvier schildern diese hämoglobinhaltigen Partikel theils als unscheinbare Kügelchen, theils als kleine Flecke, theils auch von scheibenförmiger Gestalt, also ganz in derselben Weise, wie wir sie in den vergrösserten Knorpelzellen in der Nähe der Kuppen der endostalen Markräume geschildert haben. Auch diese Autoren stimmen darin überein, dass die Blutkörperchen an dieser Stelle gleich von vornehrerein als kernlose gebildet werden. Damit steht es, wie wir bereits im ersten Abschnitte angedeutet haben, durchaus nicht im Widerspruch, wenn auch einzelne kernhaltige Zellen des Mark- oder Bildungsgewebes nicht nur in Bruchstücken, sondern in ihrem ganzen Zellenleibe hämoglobinhaltig werden und sich dadurch in kernhaltige rothe Blutkörperchen umwandeln. Dagegen scheint mir die Frage, ob solche kernhaltige Blutkörperchen sich mit der Zeit in kernlose umwandeln können, noch in hohem Grade controvers zu sein.

Einschmelzung von leimgebendem Gewebe ihre Entstehung verdanken.

Dagegen findet man in jenen Fällen, wo eine Bildung grösserer Bluträume stattgefunden hat, zwischen denen nur wenig Markgewebe zurückgeblieben ist, das letztere insoferne verändert, als in ihm die Markzellen weniger dicht angeordnet sind, und dadurch das Reticulum, in dem sie eingebettet sind, und die glashelle Grundsubstanz deutlicher hervortreten. Dadurch nähert sich das Markgewebe schon mehr der Structur des Granulationsgewebes, wie wir sie in noch schärferer Ausprägung bei der Beschreibung der hereditär syphilitischen Knochenaffectionen kennen lernen werden.

Bevor wir die Schilderung der krankhaft modificirten endostalen Markraumbildung beendigen, müssen wir noch die hochgradigsten Fälle in Augenschein nehmen. Hier ist aber dieser Vorgang überhaupt sehr schwer zu verfolgen, weil die Markraumbildung gar nicht mehr in einem grosszelligen Knorpelgewebe stattfindet, sondern in einem von unzähligen Gefässkanälen und ihren Verzweigungen vielfach durchwühlten Boden, in welchem die ohnehin schon spärlichen Reste von Knorpelgewebe durch die am Rande der Kanäle vielfach stattfindende osteoïde Umwandlung zum grössten Theile ihre knorpelige Beschaffenheit eingebüsst haben. (Siehe Fig. 2 links unten.) Unter solchen Umständen kann selbstverständlich der normale Vorgang der allmäligen Umwandlung des Knorpels in Markgewebe u. s. w. nicht mehr verfolgt werden, ja es kann überhaupt in solchen Fällen mit den grössten Schwierigkeiten verbunden sein, von einem bestimmten Gefässkanale zu sagen, ob er von dem Perichondrium oder aus dem Innern der Diaphyse stammt. Auch dadurch, dass in den hochgradigen Fällen das Markgewebe der endostalen Räume zellenärmer wird und sich mehr dem Charakter des Granulationsgewebes nähert, geht ein sonst ziemlich zutreffendes Unterscheidungsmerkmal zwischen endostalen und perichondralen Gefässkanälen verloren.

Es wird also das an die Stelle des säulenförmig angeordneten grosszelligen Knorpels tretende Convolut von perichondralen Gefässkanälen und osteoïd gewordenem Knorpelgewebe von unten her in ganz unregelmässigen buchtigen Gefässräumen der verschiedensten

Form und Grösse eingeschmolzen. Dabei bilden sich, wie bei der
Einschmelzung von wirklichem Knochengewebe, grosse runde Lacunen, welche sich, wie wir alsbald sehen werden, auch sofort wieder theilweise mit neuen Knochenlamellen ausfüllen. In solchen
hochgradigen Fällen grenzt also das spongiöse Knochengewebe,
welches sonst erst in einiger Entfernung von der Verkalkungsgrenze
erscheint, ganz unmittelbar an den noch unverkalkten grosszelligen
Knorpel, und es ist daher die Zone der endostalen Markraumbildung im verkalkten Knorpel und die Zone der regelmässigen scharf-
randigen metaplastischen Ossification mit der Bildung von Knochensäumen u. s. w. ganz und gar in Wegfall gekommen.

Viertes Kapitel.

Anomalien der Knochenbildung im Knorpel.

Metaplastische Ossification. Globuli ossei. Ossification von scheinbar isolirten Knorpelzellen. Diffuse Metaplasie. Abweichungen der neoplastischen
Knochenbildung. Structur der jungen Knochenbälkchen.

Bei der Schilderung der normalen Ossification in den knorpelig
präformirten Skelettheilen haben wir nachgewiesen, dass sich die
Knochenbälkchen jedesmal aus zwei Bestandtheilen verschiedener
Herkunft zusammensetzen, nämlich aus den inneren Partien, welche
durch metaplastische Ossification, d. h. durch directe Umwandlung der nicht eingeschmolzenen Knorpeltheile in Knochen entstanden sind, und aus den äusseren Knochenlagen lamellöser Structur, welche neoplastisch aus dem Markgewebe gebildet und den
ossificirten Knorpelbalken aufgelagert worden sind*). Wenn wir

---

*) Diese unsere Darstellung der endochondralen Ossification weicht
bekanntlich in einem sehr wichtigen Punkte von der bisher gangbaren
Anschauung H. Müller's ab, welcher die Knochensäume auf den Bälkchen der endochondralen Spongiosa ausschliesslich durch Auflagerung
aus dem Markgewebe entstehen liess, und das Schicksal der nach der
Bildung der Markräume übrig bleibenden Knorpelbalken gänzlich igno-
rirte: wogegen wir nachgewiesen haben, dass das ganze übrigbleibende
Knorpelgerüste nach und nach direct in Knochen umgewandelt wird. Dieser neuen Auffassung, welche ich bereits im Jahre 1878 (in Centralbl.
f. d. med. Wiss.) deutlich ausgesprochen habe, ist bis nun von keiner
Seite widersprochen worden, obwohl sich bereits zahlreiche Publicationen
über normale und pathologische Ossification mit derselben beschäftigt
haben. Selbst Busch in Berlin, welcher bekanntlich noch vor mehreren
Jahren die Lehrmeinung verfochten hat, dass alles Knochengewebe, wo
immer es auch gefunden werde, der specifischen Thätigkeit periostaler
Osteoblasten seine Existenz verdanke, sah sich in einem Vortrage in der

nun die rachitischen Störungen der endochondralen Ossification im Detail studiren wollen, so ist es unbedingt geboten, auch diese beiden Arten des Ossificationsvorganges gesondert zu betrachten.

Wir wenden uns zunächst zu den Anomalien der metaplastischen Ossification.

In den Fällen geringgradiger Affection sind diese Anomalien

Berliner physiol. Gesellschaft (17. December 1880, S. 29 der Verhandl.) zu der Erklärung veranlasst, dass er unserer Auffassung nicht entgegentrete. Ebenso acceptirte er ihrem vollen Inhalte nach unsere Angaben über die physiologische Knorpelbildung im Periost, womit also zugegeben wurde, dass die periostale Wucherungsschichte mit ihren angeblich specifischen knochenbildenden Elementen an bestimmten Stellen normalmässig keinen Knochen, sondern Knorpel erzeugt. Wenn nun aber Busch in Bezug auf die directe Umwandlung des nicht eingeschmolzenen Knorpelgerüstes in Knochen sich dahin äussert, „dass dieser Process von zu geringer Ausdehnung sei, als dass er in der Lehre der Knochenbildung besondere Berücksichtigung in Anspruch nehmen könnte," so kann ein solcher Einwand unmöglich ernst genommen werden. Vor Allem ist es ganz unrichtig, dass der Process nur in geringer Ausdehnung stattfindet. Schon beim Menschen und den Säugethieren überhaupt besteht die endochondral gebildete Spongiosa sämmtlicher langer und kurzer Knochen in ihren jüngeren Theilen ausschliesslich, und in ihren älteren Bälkchen — bis zu ihrer Einschmelzung — zum grossen Theile aus den metaplastisch ossificirten Knorpelbalken. Von den Wirbelkörpern neugeborener Kinder z. B., bei denen der periostale Knochen relativ unbedeutend entwickelt ist, kann man ruhig behaupten, dass die ganze spongiöse Knochensubstanz, bis auf geringfügige lamellöse Auflagerungen auf den älteren Bälkchen, durch Metaplasie gebildet worden ist. Dasselbe gilt in noch viel höherem Grade für die gesammte endochondrale Ossification bei den Vögeln, und Busch selbst hat in einem anderen Vortrage (20. Mai 1881) erklärt, dass sich der metaplastische Typus bei den Batrachiern noch in viel grösserer Verbreitung findet, als bei den höheren Thierclassen. Damit ist aber festgestellt, dass sehr beträchtliche Theile des Skelets ganz regelmässig nicht aus Osteoblasten hervorgehen. Rechnet man noch hinzu, dass bei zahlreichen pathologischen Knochenbildungen die Mitwirkung periostaler Osteoblastenzellen gänzlich ausser dem Bereiche der Möglichkeit gelegen ist, so bleibt von der Osteoblastentheorie eigentlich nichts weiter übrig, als die längst bekannte Thatsache, dass ein grosser Theil des Knochengewebes durch die Umwandlung jener eigenthümlich angeordneten Bildungszellen entsteht, welchen Gegenbaur den Namen Osteoblasten beigelegt hat.

ausschliesslich bedingt durch die unregelmässige Markraumbildung.
So haben wir im vorigen Kapitel gesehen, dass durch das
regellose Vordringen der endostalen Gefässe die Zellensäulen oft
nicht ganzlich in den Markraum einbezogen, sondern nur auf
einer Seite arrodirt werden, und dass in Folge dessen zahlreiche
Reste von Querbälkchen übrig bleiben. Die nothwendige Folge
davon ist, dass auch die metaplastisch ossificirten Bälkchen eine
sehr unregelmässige Gestalt, insbesondere auf Längsschnitten aufweisen, und dass die Ossification von Querbälkchen, die
wir im normalen Zustande nur ausnahmsweise beobachteten, sich in
unzähligen Wiederholungen präsentirt.

Eine weitere Consequenz des unregelmässigen Vordringens der
endostalen Gefässe, mitunter in querer und sogar in rückläufiger
Richtung, liegt für die metaplastische Ossification darin, dass man
die durch Metaplasie entstandenen rothen Knochensäume der Bälkchen nicht mehr wie sonst ausschliesslich an den Seitenrändern
der Markräume vorfindet, sondern auch, wenn der Verlauf des Markraumes sich der Horizontalen nähert, oben und unten, oder selbst
in einem nach unten gerichteten Fundus eines rückläufigen
Markraumes. Aber auch bei solchen Markräumen, die direct nach
oben verlaufen, findet man nicht selten die metaplastische Knochensaumbildung im oberen Fundus, was, wie wir ausdrücklich hervorgehoben haben, unter normalen Verhältnissen in den Perioden
des lebhaften Längenwachsthums, mit denen wir es eben hier zu
thun haben, niemals der Fall ist. Die metaplastische Knorpelossification geht eben, wie wir seiner Zeit gezeigt haben, nur dort
vor sich, wo die Gefässbildung zum Stillstande gekommen ist,
daher ist im Fundus der stetig nach oben fortschreitenden Markräume nicht der Platz für die Knochensaumbildung durch Metaplasie der Knorpelränder. Ist aber die Gefässbildung krankhaft gesteigert und beschleunigt, dann dürfte sie kaum mehr stetig fortschreiten, es ist vielmehr wahrscheinlich, dass sie auch hie und
da wieder irgendwo Stillstände macht, und dann müssen auch im
Fundus solcher Markräume die Zeichen der metaplastischen Ossification hervortreten. Am schönsten habe ich dieses Phänomen
an den Wirbelkörpern hochgradig rachitischer Individuen gesehen.

Aber auch abgesehen von den ungewöhnlichen Localitäten,
in denen die ossificatorische Umwandlung des Knorpels auftritt,

ist die letztere in vielen anderen Beziehungen krankhaft modificirt. In den mittleren und hohen Graden der Affection ist sie abnorm beschleunigt, so dass die Knorpelsäume schon in geringer Entfernung von der oberen Ossificationsgrenze eine sehr bedeutende Mächtigkeit erreichen, natürlich auf Kosten des knorpeligen Antheiles der Bälkchen. Die Folge davon ist, dass in einer Höhe, wo man sonst noch breite und continuirlich zusammenhängende Knorpelreste vorfindet, nur noch schmale vielfach unterbrochene Reste der knorpeligen Grundsubstanz zu sehen sind, oder gar nur mehr jene spaltartigen Berührungsstellen der einander entgegen rückenden metaplastischen Buckel, welche die Stelle der ursprünglichen Knorpelreste verrathen.

Die Schwierigkeit des Nachweises des endochondralen Typus an solchen rasch ossificirten Bälkchen wird noch dadurch erhöht, dass auch die Bildung von Knochenkörperchen in den metaplastisch gebildeten Säumen in abnormer Weise gesteigert ist. Wir haben nachgewiesen, dass sich auch bei der normalen Ossification in den Knochensäumen, wenn sie einmal eine gewisse Breite erreicht haben, vereinzelte Knochenkörperchen bilden, und dass von diesen letzteren offenbar auch ein rascheres Fortschreiten der Metaplasie der Grundsubstanz beobachtet wird, was sich dann in der buckeligen Conformation des knöchernen Saumes gegen den Knorpel hin äussert. Bei der ausgesprochen rachitischen Störung der endochondralen Ossification sind nun diese neuen Knochenkörperchen nicht mehr vereinzelt, sondern sehr zahlreich und dichtgedrängt, und communiciren auch miteinander durch deutlich sichtbare Knochenkanälchen. Dies geht in manchen Fällen so weit, dass die metaplastisch ossificirten Knochenpartien fast das Aussehen von geflechtartigem Knochen erlangen, so dass man bei dieser Structur an Alles eher, als an einen endochondralen metaplastischen Ursprung denken würde, wenn nicht die vielfach vorhandenen spaltähnlichen Knorpelreste und einzelne wohlerhaltene Globuli ossei mitten in diesem nahezu osteoïden Gewebe den endochondralen Ursprung über jeden Zweifel erheben würden.

Gerade der Befund von zahlreichen Globuli ossei, d. h. von ehemaligen grossen Knorpelhöhlen mit ossificirtem Inhalte ist in hohem Grade charakteristisch für die endochondrale Ossification bei der Rachitis. Wir wissen bereits, dass in Folge des unregelmässigen Vordringens der endostalen Markräume in den grosszelligen Knorpel eine grosse Zahl von Knorpelzellenhöhlen der Eröffnung, oder vielmehr der Einbeziehung in die Markraumbildung vollständig entgehen. Wir müssen uns nun daran erinnern, wie sich solche geschlossene Knorpelhöhlen bei der normalen Ossification verhalten haben, wo ja auch hin und wieder vereinzelte Zellen, und an gewissen Stellen des Skeletes (Clavicula, Unterkiefer, gesammte Ossification der Vögel) auch grosse Gruppen von geschlossenen Zellenhöhen von der Einschmelzung verschont geblieben waren. Es hat sich dort gezeigt, dass in dem Augenblicke, wo die mit scharfem Rande fortschreitende Metaplasie des Knorpels eine solche Zellenhöhle an einem Punkte ihrer Wandung erreichte, sich auch sofort der grösste Theil ihres Inhaltes, nämlich die Pericellularsubstanz und ein Theil des Zellenleibes in echte faserige leimgebende (carmingefärbte) Knochengrundsubstanz verwandelte, während ein geringer Theil des Zellenleibes oder der Zellenleiber (wenn bereits eine Vermehrung der Zellen innerhalb der Knorpelhöhle stattgefunden hat) mitsammt dem Kerne in ihrer ursprünglichen weichen Beschaffenheit zurückblieben. Dadurch entstand, ringsumgeben von knorpeliger (weisser) Grundsubstanz, ein carmingefärbter kugeliger oder elliptischer Körper (Globulus), welcher einen oder mehrere zackige Zellenhöhlen (Knochenkörperchen) enthielt. Wenn die Schnittrichtung günstig war, liess sich auch die Berührungs- oder Verschmelzungsstelle mit dem benachbarten Knochensaume oder mit einem benachbarten Globulus nachweisen. (Vergl. das 11. Kapitel des ersten Abschnittes und die betreffenden Abbildungen.)

Bei der Rachitis wiederholen sich nun an jenen Stellen, wo zahlreiche geschlossene Knorpelzellenhöhlen zwischen den unregelmässig vordringenden Markräumen verschont geblieben sind, diese Bilder genau in derselben Weise oder noch in erhöhtem Massstabe, u. zw. aus dem Grunde, weil das Fortschreiten der metaplastischen Umwandlung ebenfalls krankhaft gesteigert ist. Man findet also häufig schon in geringer Entfernung von der Ossificationsgrenze zahlreiche Bälkchen, welche fast ausschliesslich aus einem Convolut solcher Globuli zusammengesetzt sind. Die weissen Knorpelreste zwischen diesen Globuli werden gleichfalls in Folge der beschleunigten Metaplasie, welche von der ganzen

Peripherie der früheren Knorpelhöhle weiterschreitet, sehr rasch bedeutend verschmälert und endlich auf ganz schmale Spalten reducirt, welche nunmehr die einander fast berührenden und daher fast polyedrisch gewordenen Globuli von einander abgrenzen.

Eine weitere Modification der Globulibildung ist durch die abnorme Gestalt und Anordnung der Knorpelzellen in der Zone der Zellenvergrösserung gegeben. Wir haben gehört, dass diese Zellen häufig nicht alle ihre definitive Grösse erreichen, dass sie oft durch den Wachsthumsdruck aus ihrer radialen säulenförmigen Anordnung abgelenkt, in den peripheren Partien gegen das Perichondrium vorgebaucht sind, und dabei eine Drehung um ihre Axe erleiden können, dass häufig in einzelnen horizontalen Schichten plattgedrückte Zellen mit vollkommen ausgewachsenen abwechseln u. s. w. Alle diese Veränderungen machen sich auch in den bereits ossificirten Bälkchen in der Gestalt, Conformation und gegenseitigen Stellung der Globuli geltend, und sind hier durch die Ossification gleichsam stabilisirt. Man sieht also beispielsweise auf dem Längsschnitte längliche, plattgedrückte Globuli mit ihrem längsten Durchmesser, welcher ursprünglich der quere war, mehr oder weniger schief gestellt, manchmal sogar fast um einen rechten Winkel gedreht u. dgl. Ausserdem findet man viel häufiger, als dies sonst der Fall ist, in einem Globulus 2 — 3 kleine Knochenkörperchen, wodurch dann gleichfalls, wenn einmal eine vollständige Verschmelzung der Globuli stattgefunden hat, eine unregelmässige geflechtartige Structur der metaplastisch entstandenen Knochenpartien vorgetäuscht werden kann.

Besonders eigenthümlich für die höheren Grade der Rachitis ist aber das Auftreten von scheinbar ganz isolirten, mit verkalkter Knochengrundsubstanz und einem oder mehreren Knochenkörperchen ausgefüllten Knorpelhöhlen, welche ringsum von unverkalkter Knorpelgrundsubstanz umgeben sind. Wenn man unentkalkte Präparate studirt, so findet man mitten in der unverkalkten Grundsubstanz einzelne grosse Knorpelzellenhöhlen, deren Inhalt bis auf die strahlige knochenkörperchenähnliche kleine Höhlung dicht mit Kalksalzen imprägnirt erscheint. Man könnte also glauben, dass sich die Kalksalze einfach in das Innere der Knorpelhöhle niedergeschlagen haben, und es würde dies durchaus im Widerspruche stehen mit unserer Behauptung, dass

sich innerhalb des Knochensystems die Kalksalze ausschliesslich
in fibrilläres Gewebe präcipitiren. Wenn man aber solche Objecte entkalkt und mit Carmin tingirt, so überzeugt man sich, dass
sich innerhalb dieser Höhlen eine homogen glänzende, die Carmin-
tinction gierig aufnehmende Grundsubstanz gebildet hat, welche
nichts anderes sein kann, als leimgebende knöcherne Grundsubstanz.

Was nun die Isolirung dieser ossificirten und verkalkten
Zellenräume anbelangt, so ist dieselbe, wie gesagt, nur scheinbar;
wenigstens ist es mir in den allermeisten Fällen durch den Wechsel der Einstellung gelungen, entweder eine ganz kleine Berührungsstelle oder einen dünnen ossificirten Verbindungsstrang nachzuweisen, welcher zu einer anderen ossificirten Knorpelzelle oder direct
zu einer durch Metaplasie entstandenen knöchernen Umsäumung
eines Markraumes führte. Manchmal findet in diesem schmalen Ver-
bindungsstiele sogar eine Communication zweier zackiger Zellenhöhlen
mittelst je eines der beiderseitigen Kanälchen statt. Für die wenigen Fälle, wo es nicht möglich war, eine Berührungsstelle oder einen
Verbindungsstrang nachzuweisen, glaube ich mit gutem Grunde annehmen zu können, dass die Verbindungsstelle eben ausserhalb des
Schnittes gelegen war.

Dabei bleibt immerhin noch der Umstand, dass mitten in einer
unverkalkten knorpeligen Grundsubstanz ein Theil des Inhaltes der
Knorpelhöhlen sich mit Kalksalzen füllt, auf den ersten Anblick
recht auffallend, und entbehrt scheinbar jeder Analogie mit den
Vorgängen bei der normalen Ossification. Und dennoch lässt sich
diese Erscheinung ganz gut mit den Principien, welche wir für den
Eintritt der Verkalkung aufgestellt haben, in Einklang bringen. Wir
sagten nämlich, dass für die Verkalkung zwei Momente erforderlich
seien, nämlich 1. das Aufhören des expansiven Wachsthums
und 2. das Vorhandensein oder die Bildung von Fibrillen in
genügender Dichtigkeit. Beide Momente sind nun innerhalb
der ossificirenden Knorpelhöhlen vorhanden. Die Ossification des
Inhalts beobachtet man immer nur in vollständig ausgewachsenen
Zellenhöhlen, niemals in jenen flachen, wie plattgedrückten Formen,
welche stets in solchen Fällen in genügender Anzahl vorhanden
sind; es hat also hier sicher das expansive Wachsthum vollständig
aufgehört. Ausserdem haben sich, wie man sich an entkalkten Präparaten überzeugen kann, in der Pericellularsubstanz und in einem

Theile des Zellenleibes beingebende Fibrillen gebildet, und in der That sieht man auch, dass in jenen Theilen der Zelle, welche frei von Fibrillen geblieben sind, nämlich in dem Kerne und in dem ringsum den Kern zurückbleibenden granulirten Theile der Zelle, ferner in den bis an den Rand der ehemaligen Knorpelhöhle sich fortsetzenden strahlenförmigen Theilen des ehemaligen Zellenleibes keine Kalksalze abgelagert werden *).

Zugleich fehlen aber auch hier alle jene Momente, welche in dem umgebenden Knorpel der Verkalkung hinderlich sind. Die wenig dichte Faserung des so ausserordentlich rasch herangewachsenen Knorpels kommt innerhalb der Knorpelhöhle nicht in Betracht, weil hier die Fäserchen vollkommen neugebildet sind, und offenbar gleich von vorneherein in der genügenden Dichtigkeit auftreten, wie bei der normalen Globulibildung, wo ja gleichfalls die im Innern der Knorpelhöhle neugebildeten Theile der Grundsubstanz sofort verkalken. Ausserdem finden solche Ossificationen in den Knorpelhöhlen nicht nur im Umfange der endostalen, sondern auch in der Nähe der unteren Antheile der absteigenden perichondralen Markkanäle statt, also in einer Höhe, wo auch sonst von einer

*) In einem seiner Vorträge in der Berliner physiol. Gesellschaft (25. Juni 1879) hat Busch seine bereits früher gemachte Angabe wiederholt, dass es ihm selbst an gefärbten Präparaten nicht gelingen könne, in den Knochenkörperchen eine Zelle zu finden, und dass er daher das System der Knochenkörperchen für ein plasmatisches Kanalsystem halten müsse. Obwohl nun sämmtliche Histologen mit ganz vereinzelten Ausnahmen solche Zellen in den sternförmigen Gebilden des Knochengewebes nicht nur beschreiben, sondern auch vielfach abbilden, und obwohl erst kürzlich ein französischer Beobachter, Chevassu (im Arch. de physiol. 1881 Nr. 2), ausser dem protoplasmatischen Zellkörper auch noch die protoplasmatischen Fortsätze desselben in den Knochenkanälchen beschrieben und abgebildet hat, so halte ich es doch nicht für überflüssig, ausdrücklich hervorzuheben, dass ich jedesmal, wenn ich von dem Zellkörper und seinem Kerne innerhalb der Knochenhöhlen spreche, sei es nun in den grossen Höhlen des geflechtartigen und osteoïden Gewebes, oder in den kleineren Höhlen der lamellösen Structur, oder endlich bei den verschiedenen osteogenetischen Vorgängen, dieselben auch wirklich und leibhaftig gesehen habe, und dass ich sie in allen meinen in der verschiedensten Weise behandelten Schnittpräparaten ganz deutlich wahrnehmen kann.

Verkalkung der Knorpelgrundsubstanz keine Rede ist. Man braucht
sich also nicht darüber zu wundern, wenn man hier ossificirte und
verkalkte Knorpelhöhlen mitten in einer unverkalkten Grundsubstanz findet.

Diese eigenthümliche Erscheinung, nämlich die Umwandlung
von grossen Knorpelzellen in Knochenkörperchen, ist begreiflicher
Weise der Aufmerksamkeit der Beobachter nicht entgangen, und
Kölliker hat schon 1847 gezeigt, „dass bei der Rachitis die
Knorpelzellen in eigenthümliche, den wahren Knochenzellen ähnliche
Bildungen übergehen, und dass dieselben von den verknöcherten
Knorpelkapseln umgeben sind, an denen gleichzeitig mit der
Umbildung der Knorpelzellen in sternförmige Zellen, oder schon
vorher, Porenkanälchen auftreten, ähnlich denen, die in verholzen-
den Pflanzenzellen sich bilden“[*]. Dieser Vorgang wurde später von
Virchow, Rokitansky und H. Müller bestätigt. Bekanntlich
hat man auch aus dieser zweifellosen Umwandlung von Knorpelzellen in Knochenkörperchen einen Rückschluss gezogen auf den normalen Ossificationsprocess, und hat daher geglaubt, dass immer
und überall die Knochenkörperchen aus Knorpelzellen entstehen.
Als aber, hauptsächlich durch H. Müller, der Nachweis geliefert
wurde, dass der Knorpel bei der Markraumbildung eingeschmolzen,
und dass in den Einschmelzungsräumen Knochengewebe direct
aus dem Marke gebildet wird, verfiel man wieder in das andere
Extrem, und glaubte nun, dass der Knochen ausschliesslich aus
dem Bildungsgewebe hervorgehe, und dass unter gar keiner Bedingung bei dem normalen Ossificationsprocesse sich jemals eine
Knorpelzelle in ein Knochenkörperchen umwandle. Nach dieser Auffassung war die für die Rachitis allseitig zugestandene
Umwandlung von Knorpelzellen in Knochenzellen ein
vollständiges Novum, welchem in dem normalen Vorgange nichts
an die Seite gestellt werden konnte.

Nach unseren Untersuchungen steht aber die Sache jetzt ganz
anders. Zuerst hat Strelzoff in diese starre dogmatische Anschauung Bresche geschossen, indem er für einige Stellen im Unterkiefer und für die Spina scapulae eine directe Umwandlung von
Knorpelgewebe in Knochen, allerdings gewissermassen als eine

---

[*] Kölliker, Handbuch der Gewebelehre. 4. Aufl. S. 94.

Ausnahme von der Regel, nachgewiesen hat. Ich bin aber viel
weiter gegangen und habe gezeigt, dass nicht nur bei allen
periostal gebildeten Knorpeln, dem pathologisch gebildeten
Callusknorpel und den physiologischen Knorpelbildungen in der
Clavicula, dem Unterkiefer, der Spina scapulae, den Reh- und
Hirschgeweihen, eine regelmässige Umwandlung des Knorpels
in Knochen im grossen Massstabe stattfindet, und dass dabei
immer auch Theile von Knorpelzellen als Knochenzellen innerhalb
der sternförmig gewordenen Höhlen zurückbleiben; sondern dass
auch bei der Ossification der knorpelig präformirten Skelettheile der gesammte noch übrig gebliebene Knorpel sich direct
in Knochen umwandelt. Dass in dem letzteren Falle im Ganzen nur
seltener eine Umwandlung von Knorpelzellen in Knochenzellen
stattfindet, haben wir ganz einfach darauf zurückgeführt, dass in
den schnell wachsenden Knochenenden von den dicht geschlossenen
und in den Zellensäulen nahezu parallel vorrückenden schmalen
schlauchförmigen Markräumen nur selten uneröffnete Knorpelzellen
übrig gelassen werden; und das häufigere Vorkommen dieser Umwandlung bei den periostalen Knorpelbildungen beruht auch in
der That einzig und allein darauf, dass in diesen die Gefässe und
Gefässräume nur in grösseren Distanzen gebildet werden, dass daher
viel häufiger geschlossene Knorpelhöhlen übrig bleiben, und nachträglich von der diffus oder scharfrandig weiterschreitenden metaplastischen Ossification erreicht werden können. Ueberall, wo ähnliche Verhältnisse der Gefässbildung auch in präformirten knorpeligen Skelettheilen obwalten, also in den langsam wachsenden
Enden von Röhrenknochen, in den Capitulis der Phalangen, in den
Wirbelkörpern und in den centralen Knochenkernen, ferner bei der
gesammten Ossification der Vögel und Amphibien, kann
man die directe Umwandlung von Knorpelzellen in Knochenkörperchen in derselben häufigen Wiederholung beobachten *).

---

*) Diese Verhältnisse sind in der jüngsten Zeit für die Batrachier
von Katschenko unter der Leitung Strelzoff's (Archiv f. mikr. Anatomie, 19. Bd., ausgegeben im Dec. 1880) ausführlich behandelt worden.
und zwar haben diese Autoren die metaplastische Ossification gewisser
Knorpeltheile und die Umwandlung des Inhaltes geschlossener Knorpelzellen in Knochensubstanz in vollkommener Uebereinstimmung mit unserer Darstellung acceptirt. Diese Annahme steht aber nun in einem schrei-

Es ergibt sich nun ganz klar, dass jener Vorgang bei der
Rachitis, in Folge dessen geschlossene Knorpelzellenhöhlen in ihrem
Innern verkalkte knöcherne Grundsubstanz und eine strahlige Zel-

---

enden Widerspruche mit den früheren Arbeiten von Strelzoff, welcher,
mit Ausnahme jener ganz beschränkten Stellen am Unterkiefer und an
der Schultergräte, eine jede metaplastische Ossification des Knorpels zu
wiederholten Malen ausdrücklich von sich gewiesen, und noch in seiner
letzten Arbeit (1874) bei der Beschreibung des Ossificationsprocesses der
Vögel den ganzen Vorgang so dargestellt hat, als ob sämmtliche Knorpelhöhlen von den Markräumen her eröffnet, und mit neoplastischer Knochensubstanz ausgefüllt werden würden. Nun wird auf einmal der thatsächlich vollkommen identische Process bei den Batrachiern in ganz
abweichender Weise, und zwar genau so aufgefasst, wie dies zuerst
von uns in unserer Schilderung des normalen Ossificationsprocesses
geschehen ist, ohne dass der Leser, was uns unerlässlich geschienen hätte,
von den beiden Autoren darüber aufgeklärt worden wäre, ob Strelzoff
nunmehr die metaplastische Ossification auch für die Vögel acceptirt hat,
oder ob er denselben Process, dessen Resultate bei den beiden Thier-
klassen zum Verwechseln ähnlich sind, dennoch beide Male in gänzlich
verschiedener Weise ablaufen lassen will. Auch unsere wiederholt aufgestellte Unterscheidung zwischen diffuser und scharfrandiger Metaplasie der Grundsubstanz findet sich eigenthümlicher Weise bei Katschenko wieder als „diffuse und circumscripte" Metaplasie der
Knorpelgrundsubstanz. Da nun in der gedachten Publication unserer
Arbeiten nirgends Erwähnung gethan wurde, so zweifle ich gar nicht
daran, dass diese Wiederholungen auf einem Zufalle beruhen. Dennoch
dürfte es zur Feststellung der Priorität nicht überflüssig erscheinen,
darauf hinzuweisen, dass wir die regelmässige metaplastische Ossification
in sämmtlichen periostalen Knorpelbildungen bereits 1877 in dem weit
verbreiteten Centralblatt f. d. med. Wissenschaften (Nr. 5), dann die
Metaplasie der Knorpelränder in den präformirten Skelettheilen in derselben Zeitschrift 1878 (Nr. 44), und endlich die ausführliche Darlegung
der metaplastischen Knorpelossification bei den Säugethieren und Vögeln
im Frühjahre und Herbst 1879 (in den Wiener med. Jahrbüchern) publicirt haben, und dass unsere Resultate alsbald in die verbreitetsten
Sammelberichte (von Virchow und Hirsch, Hoffmann und Schwalbe
u. A.) übergegangen sind, wo sie einem jeden auf diesem Gebiete Arbei-
tenden leicht zugänglich gewesen wären. Schliesslich mag noch daran
erinnert werden, dass wir unsere Schilderung der metaplastischen Knorpelossification bei den Vögeln ausdrücklich auch auf die Ossification beim Frosche ausgedehnt wissen wollten. (Vergl. den
I. Band S. 172.)

lenhöhle bilden, durchaus analog ist den eben recapitulirten Vorgängen bei der normalen Ossification, und dass also auch hier ganz analoge Verhältnisse dieser häufigen Globulibildung zu Grunde liegen, weil nämlich auch bei der Rachitis, nur diesmal aus pathologischen Gründen, die endostalen Markgefässe selbst in den Chondroepiphysen der Röhrenknochen in divergirenden Richtungen vordringen, und dabei grössere Knorpelpartien mitsammt ihren geschlossenen Knorpelzellenhöhlen zwischen sich fassen, in denen nun die, noch dazu frühzeitig eintretende und ungewöhnlich schnell fortschreitende metaplastische Ossification zu denselben Resultaten führt, wie in den geschlossenen Zellenhöhlen der normal ossificirenden Knorpel.

Abnorm ist eben nur die grosse Zahl der ossificirenden geschlossenen Zellenhöhlen, ferner das frühzeitige Auftreten der Ossification und Knochenkörperchenbildung in Zellenhöhlen, die sich noch in grosser Entfernung von den endostalen Markräumen befinden; abnorm ist ferner das Umsichgreifen der metaplastischen Ossification von den Rändern der absteigenden Knorpelkanäle und die von diesen Rändern ausgehende Bildung von Globuli ossei, abnorm ist endlich die Ossification und Verkalkung innerhalb solcher Zellenhöhlen, die noch ringsum von unverkalkter Knorpelgrundsubstanz umgeben sind. Alles dies sind aber blosse Modificationen des normalen Vorganges, welche eben durch die abnormen Verhältnisse bei der Rachitis bedingt sind, und es gilt also auch hier wiederum, wie fast überall, der Satz, dass die pathologischen Processe nichts anderes sind, als eine Modification oder eine Steigerung der bekannten physiologischen Vorgänge.

Eine andere Modification des metaplastischen Ossificationsprocesses besteht darin, dass an den besonders hochgradig afficirten Knochenenden, namentlich dort, wo die Vascularisation sehr stürmisch erfolgt ist, in der Umgebung der Markräume nicht mehr eine scharfrandige, sondern eine diffuse Metaplasie des Knorpels stattfindet, so dass in derselben Weise, wie wir dies beim Callus beschrieben haben (I. Band S. 60), in Carminpräparaten die rothe Färbung der bereits umgewandelten Partien der Grundsubstanz ganz allmälig und verwaschen in die noch unveränderte weisse Grundsubstanz des Knorpels übergeht. Dieser Vorgang ist

aber in der Umgebung der endostalen Markräume auch bei der
Rachitis verhältnissmässig selten, während wir gesehen haben,
dass die diffuse Metaplasie in der Umgebung der absteigenden
Gefässkanäle selbst bei den Affectionen mittleren Grades sehr häufig
beobachtet wird *).

Betrifft die diffuse Metaplasie die Grundsubstanz eines vollkommen ausgewachsenen groszelligen Knorpels, so findet
man häufig die Knorpelzellenhöhlen noch ziemlich unverändert, und
es folgt die Verkleinerung der Höhlen durch Bildung neuer Grundsubstanz im Innern derselben und die Umwandlung der runden
Höhlungen in zackige Körperchen nur langsam nach. Betrifft die
Metaplasie jedoch eine noch nicht ausgewachsene Knorpelpartie,
was ja bei den schwankenden Wachsthumsvorgängen im rachitischen
Knorpel leicht vorkommen kann, so erfolgt die Verengerung der
kleinen rundlichen Höhlen rascher, und eine solche diffus ossificirte
Knorpelpartie bekommt dadurch sehr bald das Ansehen von osteoïdem Gewebe. Insbesondere ist dies der Fall, wenn, wie wir früher
angedeutet haben, der Metaplasie schon solche Veränderungen des
Knorpels vorhergegangen sind, wie wir sie als Zwischenstadien
zwischen Knorpel- und Markgewebe geschildert haben, wenn
also in den Zellenhöhlen bereits eine Vermehrung der Zellen stattgefunden hat, oder wenn sich die Zellen durch protoplasmatische
Fortsätze in Verbindung gesetzt haben, wenn weiters in diesen
protoplasmatischen Verbindungssträngen stellenweise Kerne zum
Vorschein gekommen, und dadurch zwischen den ursprünglichen
Knorpelzellen neue Zellenkörper sichtbar geworden sind. Werden
nun diese Derivate des Knorpels in den verschiedenen Stadien der
Umbildung in weiches Markgewebe von der ossificatorischen Umwandlung erreicht, so ist es begreiflich, dass an ihnen späterhin
nicht mehr so leicht der knorpelige Ursprung zu erkennen sein
mag, und dass namentlich nur schwer die Grenze zu finden sein
wird zwischen dem Knochengewebe mit osteoïdem Aussehen, welches noch gewissermassen direct aus dem Knorpel entstanden ist,

---

*) Bei der hereditär syphilitischen Knochenerkrankung nimmt die
diffuse Metaplasie in der Umgebung der endostalen Markräume, wie wir
an dem betreffenden Orte zeigen werden, häufig ganz bedeutende Dimensionen an.

und dem, wie wir hören werden, gleichfalls osteoïden, grobgeflechtigen Gewebe, welches zuweilen bei der Rachitis in den Gefässräumen sich aus dem Markgewebe hervorbildet. Einzig und allein das Vorhandensein von einzelnen grösseren rundlichen Zellenhöhlen mitten in diesem vielgestaltigen Gewebe lässt keinen Zweifel aufkommen über seine directe Abstammung von der ehemaligen Knorpelstructur.

Wir gehen nunmehr über zu den Anomalien der neoplastischen Knochenbildung.

Die Auflagerung neugebildeten Knochengewebes in den Markräumen erfolgt, wie wir gezeigt haben, unter normalen Verhältnissen erst in grösserer Entfernung von den obersten Kuppen der Markräume, wenn bereits die metaplastische Ossification von den Rändern der letzteren aus einige Fortschritte gemacht hat. Auch diese Neoplasie erfährt nur in den höheren Graden der Rachitis einige Abweichungen, welche sich theils auf die Beschaffenheit des neugebildeten Knochengewebes, theils auf die localen Verhältnisse, unter denen dieselbe stattfindet, beziehen.

In ersterer Hinsicht ist hervorzuheben, dass, während bei der normalen Ossification die aufgelagerten Knochenpartien fast ausschliesslich die lamellöse Structur zeigen, und höchstens ganz minimale Partien innerhalb unvollständig eröffneter Zellenhöhlen geflechtartig gebildet werden, bei den intensiven Graden der rachitischen Störung geflechtartiges Gewebe mit dem unfertigen Charakter des osteoïden sich auch in grösseren Massen in den aus dem Innern des Knochens in den Knorpel vordringenden Markräumen bildet. Es ist dies für die endostalen Markräume ein im Ganzen ziemlich seltenes Vorkommniss, und man kann dabei leicht mancherlei Täuschungen ausgesetzt sein. Man muss sich vor Allem dessen versichern, dass man es wirklich mit endostalen Markräumen zu thun hat und nicht mit absteigenden Knorpelkanälen, von denen wir ja wissen, dass sie bei der Rachitis ungemein häufig in ihrem weichen Inhalte osteoïdes Gewebe bilden; man muss sich ferner überzeugen, dass das geflechtartige Gewebe nicht durch die Metaplasie eines bereits auf dem Wege der medullären Umwandlung begriffenen Knorpelantheiles zu Stande gekommen ist; und

endlich muss man sicher sein, dass man es nicht schon mit periostalen Bildungen zu thun hat, welche bei den hohen Graden
der Rachitis, wie wir alsbald hören werden, mit den endochondral
gebildeten Theilen vielfach ineinandergreifen, und nicht, wie unter
normalen Bedingungen, von letzteren durch eine endochondrale
Grenzlinie scharf abgeschieden sind. Aber selbst wenn man alle
diese Momente in Berücksichtigung zieht, und nicht alles osteoïde
Gewebe, welches in dieser Gegend bei den höheren Graden der
Rachitis in reichlicher Menge zu finden ist, sofort als intramedul-
lär gebildet ansieht, so kann man dennoch häufig die Bildung
von geflechtartigem Gewebe in den endostalen Markräumen sicherstellen, und damit ist wieder ein wichtiges Charak-
teristicum für die rachitische Ossification im Gegensatze zu der
normalen gegeben.

Trotz alledem muss aber doch constatirt werden, dass auch
bei der Rachitis das in den Markräumen apponirte Gewebe in
seinem weitaus grössten Antheile die lamellöse Structur aufweist. Selbst dort, wo geflechtartiges Gewebe gebildet wird, bedeckt
sich das letztere sehr häufig gegen das Innere des Markraumes
zu, namentlich wenn dieser sich bedeutender verengert, wieder mit
einzelnen Lamellen, und hier findet man auch häufig einen Uebergang zwischen der grobgeflechtigen Structur des osteoïden Gewebes und den echten Knochenlamellen, indem
nämlich die groben Faserzüge sich zu Lamellen ordnen, aber innerhalb der einzelnen Lamellen noch deutlich gesondert bleiben, und
auch noch vielgestaltige plumpe Zellenhöhlen einschliessen.

Es fehlt aber bei der Rachitis keineswegs an echtem lamellösem Gewebe mit spärlichen kleinen Knochenkörperchen, welche
sich von den normalen höchstens durch die fehlende oder
mangelhafte Verkalkung unterscheiden. Wir finden diese
Lamellen im Gegentheile schon in einer Höhe, wo sie unter normalen Wachsthumsverhältnissen niemals vorkommen, und dies führt
uns zu der Besprechung der abnormen Localisation der neoplastischen Knochenauflagerung.

Wahrscheinlich unter denselben Bedingungen, wie die metaplastische Ossification bei der Rachitis häufig schon hoch oben in
den endostalen Markräumen, ja sogar im Fundus derselben beginnt,
bildet sich, zumeist in den hochgradigen Fällen, eine lamellöse

Auflagerung schon in den obersten Markräumen, ja sogar unmittelbar in den obersten Blindsäcken einzelner ausgedehnter buchtiger Markräume. (Siehe Fig. 5, besonders rechts.) Zum Theile ist diese verfrühte Lamellenbildung wohl darauf zurückzuführen, dass bei der ungleichmässig und stossweise erfolgenden Bildung neuer Blutgefässe im Knorpel auch nothwendiger Weise häufig, wenigstens zeitweise, ein Stillstand, und sogar eine frühe Involution einzelner Blutgefässe stattfinden muss. Häufiger mag aber diese frühzeitige Bildung lamellösen Gewebes auf jene Momente zurückzuführen sein, welche, wie wir später sehen werden, in den Einschmelzungsräumen des Knochens selbst, auch bei den höchsten Graden der Blutüberfüllung der Markräume, dennoch immer an gewissen Stellen zur Neubildung von Lamellen führen, nämlich auf die Verschiebungen des endostalen Gefässsystems innerhalb des seiner Starrheit beraubten und äusseren mechanischen Einwirkungen zugänglich gewordenen Knochen- und Knorpelgewebes.

Was aber auch immer die Ursache der frühzeitigen neoplastischen Knochenbildung sein mag, so tritt dieselbe in manchen Fällen so rasch und energisch auf, dass die metaplastische Ossification in den Knorpelbalken, auf welchen die Auflagerung erfolgt, gar nicht mit derselben Schritt halten kann. Solche Bälkchen bestehen dann in ihrem Innern noch grösstentheils aus unverkalktem Knorpelgewebe mit zahlreichen uneröffneten Zellenhöhlen, von denen nur gerade einzelne randständige bereits in Globuli ossei umgewandelt wurden, und sind aussen schon mit dichten Lagen von Knochenlamellen bedeckt; oder es grenzen solche Lamellensysteme nach oben unmittelbar an unveränderten, nur mit einem schmalen metaplastischen Knochensaume versehenen, säulenförmig angeordneten Knorpel — lauter Bilder, welche ungemein charakteristisch sind für die rachitische Störung der Ossification.

Aus dieser Schilderung der ossificatorischen Vorgänge in der Zone der endostalen Markraumbildung geht wohl deutlich genug hervor, welche ausserordentliche Mannigfaltigkeit und Wandelbarkeit die Bilder in den verschiedenen Stadien der Rachitis, ja selbst an verschiedenen Stellen eines und desselben erkrankten Knochenendes darbieten müssen. Denn wenn man auch einzig und allein die Structur der Bälkchen ins Auge fasst — ohne Rücksicht auf ihre verschiedene Anordnung und ihr Verhältniss zu den vielge-

staltigen Markräumen — so ergibt sich schon, dass alle hier folgenden Gewebsarten in den jüngsten Knochenbälkchen der Spongiosa gefunden werden können:

1. Knorpel mit geschlossenen Zellenhöhlen.

2. Durch Metaplasie entstandene Knochensäume und Globuli
ossei, sowie auch scheinbar isolirte ossificirte und verkalkte Knorpelzellen in unverkalkter Grundsubstanz.

3. Knochen mit regelmässig vertheilten kleinen Knochenkörperchen, entstanden durch Verschmelzung von Globuli, deren
spaltähnliche Grenzlinien noch stellenweise sichtbar bleiben.

4. Grosszelliger oder noch nicht ganz ausgewachsener Knorpel
mit diffuser ossificatorischer Umwandlung der Grundsubstanz und
wenig oder gar nicht veränderten rundlichen Zellenhöhlen.

5. Knochengewebe mit osteoïdem Charakter, welches durch
Metaplasie von Uebergangsstadien des Knorpels in Markgewebe
gebildet wurde.

6. Aus dem Markgewebe entstandenes grobgeflechtiges osteoïdes Gewebe.

7. Perichondral oder periostal gebildetes osteoïdes Gewebe
(siehe später).

8. Groblamellöses Knochengewebe mit weiten communicirenden
Zellenhöhlen.

9. Unvollständig verkalktes echtes lamellöses Gewebe.

Dieses Gewirre der verschiedensten Structuren wird endlich noch
complicirt durch die von den Markräumen ausgehenden sehr lebhaften Einschmelzungsprocesse, und durch die fortwährende Neubildung von Knochengewebe in diesen Einschmelzungsräumen,
wodurch eben die rachitische Spongiosa und Compacta ihren ganz
specifischen Typus erhält. Davon soll nun in dem nächstfolgenden
Kapitel ausführlich die Rede sein.

Fünftes Kapitel.

Veränderungen in dem spongiösen und compacten Knochengewebe.

Hyperämie der Markräume. Erweiterung der Blutgefässe und Bluträume auf Kosten des Markgewebes. Spongoïdes Gewebe. Anomalien der Verkalkung. Allmäliger Uebergang von verkalktem zu unverkalktem Gewebe. Lacunäre Grenze zwischen der ursprünglichen verkalkten Knochentextur und dem neugebildeten kalkarmen Knochengewebe.

In der rachitischen Spongiosa sind zweierlei Erscheinungen besonders auffällig:

Erstens die bedeutende Blutüberfüllung, welche zunächst auf eine enorme Ausdehnung aller vorhandenen Gefässe, und in zweiter Linie auch auf eine lebhafte Bildung neuer Blutgefässe zurückzuführen ist; und

zweitens die ungewöhnlich gesteigerten Einschmelzungserscheinungen an den Spongiosabälkchen.

Obwohl nun unsere Schilderung der normalen Wachsthumsvorgänge im Knochen darüber keinen Zweifel gelassen hat, dass diese beiden Erscheinungen in einem causalen Nexus stehen, und sich zu einander verhalten wie Ursache und Wirkung, so wollen wir sie doch vorerst gesondert besprechen, und beginnen zunächst mit den Erscheinungen an den Gefässen.

In den Anfangsstadien des Processes zeigen die Gefässe nur eine ungewöhnliche Ausdehnung und Blutüberfüllung, während Verlauf und Anordnung noch mit dem normalen Befunde übereinstimmen. Auf Längsschnitten durch ein rachitisches Knochenende findet man sie dann als dicke, dunkle Stränge, als ob sie künstlich injicirt wären, und man kann auch ganz schön verfolgen, wie sie sich zwischen den einzelnen Bälkchen hindurch schlingen, und wie sich die Ränder der Bälkchen immer in gemessener Entfernung von den Gefässen halten, während eben an diesen Knochenrändern die deutlichsten Einschmelzungserscheinungen sichtbar werden. Stellenweise haben sie auch in dem Präparate ihren Inhalt verloren (häufiger ist dies auf Querschnitten zu beobachten), und dann zeigen sie nur eine lineare Begrenzung, an welche nach aussen unmittelbar das Markgewebe grenzt. Diese Blutüberfüllung betrifft eben zumeist die Capillaren und Venenanfänge, von denen wir wissen, dass sie auch unter normalen Verhältnissen keine eigene körperliche Wandung besitzen *).

Diese Hyperämie erleidet aber schon in frischen Fällen häufig eine bedeutende Steigerung, welche sich vor Allem in einer colossalen Erweiterung der Markgefässe äussert, und dann auch darin, dass selbst die lineare Begrenzung verloren geht, und man es nun mit grossen Bluträumen zu thun hat, in denen stellenweise der aus Blutkörperchen bestehende Inhalt ohne deutliche Grenze in das Markgewebe übergeht. Einen solchen Befund habe ich sogar schon in einem siebenmonatlichen Fötus in einer sehr bedeutenden Ausdehnung vorgefunden. Es waren hier sämmtliche, noch in der ursprünglich normalen Configuration angeordnete Markräume nahezu vollständig von Blutkörperchen erfüllt, so zwar, dass nur unmittelbar an dem Knochenrande, welcher mit lacunären Einschmelzungsgrübchen besetzt war oder andere Erscheinungen der Knochenresorption — Unterbrechung der Knochentextur — darbot, ein ganz schmaler Rand von Markgewebe übrig blieb, mit wenigen Rundzellen, noch häufiger aber mit Spindelzellen ausgestattet. Auch zwischen diesen grossen Bluträumen war das Mark auf ein Minimum reducirt, so dass dort, wo das Blut herausgefallen war, nur ganz schmale Septa von Markgewebe zurückblieben, während in jenen Präparaten, in denen das Blut noch vorhanden war, das Markgewebe sich nur in Form dünner Stränge präsentirte, welche die Bluträume durchsetzten. Stellenweise existirt auch das Markgewebe thatsächlich nur in Form von Strängen, welche quer-

---

*) Die Wandungslosigkeit der Knochenmarkgefässe, welche bereits 1869 von Hoyer behauptet wurde, und die wir auch in unserem ersten Abschnitte (S. 147) vertreten haben, ist neuerdings wieder von Rindfleisch in einer Abhandlung über Knochenmark und Blutbildung (Arch. f. mikr. Anat., 17. Bd.) bestätigt worden.

geschnitten nur als kleine Inseln von Markgewebe, rings umgeben
von Blutkörperchen, zur Ansicht gelangen. Die Buträume selbst
haben mitunter einen Durchmesser von 0·1 Millimeter und darüber,
und zeigen eine kreisrunde oder elliptische Gestalt.

In den höheren Graden der Rachitis tritt dann noch insoferne eine Veränderung ein, als diese grossen Bluträume gar nicht
mehr der Länge nach in den Markräumen der Röhrenknochen verlaufen, sondern sich schon jedesmal nach ganz kurzem Verlaufe
vielfach verzweigen, und mittelst ihrer ebenfalls sehr weiten Verzweigungen alsbald mit den Nachbargefässen anastomosiren, so
dass man auch auf Längsschnitten fast ausschliesslich Quer- und
Schiefschnitte von Blutgefässen bekommt (siehe Fig. 3 und Fig. 4,
gf), und stellenweise das ganze Mark ein exquisit cavernöses
Aussehen und eine gewisse Aehnlichkeit mit dem maschigen
Lungengewebe annimmt *).

Wenn wir uns nun fragen, in welcher Weise man sich diese
enorme Ausdehnung der Blutgefässe zu Stande gekommen denken
kann, so genügt uns in diesen extremen Graden keinesfalls die
Annahme einer einfachen activen oder passiven Erweiterung; denn
was soll in einem solchen Falle aus dem complicirt gebauten
Markgewebe geworden sein, welches, insolange als die Blutgefässe
noch ihre normale Ausdehnung zeigten, den grössten Theil des Raumes zwischen den starren Wänden der Markräume ausgefüllt hat?
Zugegeben, dass das Markgewebe grossentheils aus seiner überaus
zarten und succulenten Grundsubstanz besteht, welche eine bedeutende Compression erleiden kann; aber das normale Markgewebe
enthält gerade eine beträchtliche Menge von dichtgedrängten grossen
Markzellen, und diese können doch unmöglich alle einfach durch
Compression geschwunden sein. Es sind auch keineswegs in den
zurückgebliebenen schmalen Säumen von Markgewebe und in den
schmalen Septis zwischen den grossen Bluträumen die Markzellen
dichter gedrängt, sondern es sind die Rundzellen entweder in der
gewöhnlichen Weise vertheilt, oder sie treten sogar, was noch

---

*) Ich habe diesen treffenden Vergleich der Schilderung entnommen,
welche E. Neumann (Berl. klin. Wochenschrift 1878. Nr. 8—10) von
dem Knochenmark bei der myelogenen Leukämie gegeben hat. Offenbar
handelt es sich hier um nahezu identische Befunde.

häufiger der Fall ist, sehr stark in den Hintergrund gegen die glashelle Grundsubstanz mit ihren Reticular- oder Spindelzellen. Halten wir damit zusammen, dass diese Bluträume sogar ihren scharfen linearen Grenzcontour eingebüsst haben, und dass man an gewissen Stellen rothe Blutkörperchen und Markzellen in einer Weise durcheinander gemischt sieht, dass man gar nicht sagen kann, wo das Mark aufhört und der Inhalt der Blutgefässe anfängt, so liegt es wohl am nächsten, anzunehmen, dass in diesen Fällen eine schrittweise Umwandlung der Randpartien des Markgewebes in Blutelemente stattfindet, und dass eben nach und nach die in dieser Weise gebildeten Blutkörperchen in die Circulation mit einbezogen werden.

Die Möglichkeit einer solchen Umwandlung von Markgewebe in Blut kann nach alledem, was wir über die Bildung von rothen Blutkörperchen im Innern geschlossener Knorpelzellen in der ersten Abtheilung und auch in diesen Kapiteln gesagt haben, nicht in Zweifel gezogen werden. Es spricht dafür auch ferner der häufige Befund von kernhaltigen rothen Blutkörperchen, welche man nicht nur in rachitischen (und auch in osteomalacischen) Objecten sehr häufig frei flottirend, sondern auch in den mit Blut gefüllten Räumen zwischen den kernlosen Blutkörperchen vertheilt findet, ebenso wie die zahlreichen weissen Blutkörperchen, bei denen man hier wohl kaum fehlgehen dürfte, wenn man sie als Markzellen ansieht, welche frei geworden sind, ohne früher eine Umwandlung in rothe Blutkörperchen erfahren zu haben.

Es spricht aber ausserdem noch ein anderer Umstand für diese Art der Bildung und Erweiterung der Bluträume im rachitischen (und osteomalacischen) Markgewebe. Wir haben nämlich gesehen, dass die Lumina der Markgefässe niemals unmittelbar an einen Knochenrand grenzen, dass vielmehr dieser Rand immer in einer gewissen, für dasselbe Gefäss nach allen Richtungen gleichen Entfernung von der Gefässbegrenzung bleibt, dass überhaupt die Einschmelzungserscheinungen an den Knochenrändern genau mit der Vertheilung der Blutgefässe correspondiren, und dass also ganz offenbar durch die von einem jeden Blutgefässe ausgehende Plasmaströmung in einer bestimmten Distanz nicht nur die Bildung neuer Knochensubstanz verhindert wird, sondern auch etwa daselbst schon vorhandenes Knochengewebe durch die

Strömung von neugebildeten oder dem Knochenrande angenäherten Blutgefässen der Einschmelzung verfällt. Diese strenge Distanzirung des Knochenrandes von der Blutgefässwandung habe ich in der That ausnahmslos in allen normalen und pathologischen Fällen gefunden, wo die Blutgefässe eine distincte lineare Grenze besassen, und es hat sich dabei in der Regel gezeigt, dass die Distanz auch mit der Grösse des Lumens wuchs, so dass man annehmen konnte, dass im Allgemeinen ein Gefäss mit grossem Lumen — ausgenommen etwa die dickwandigen grösseren Gefässe — eine energischero Saftströmung in seine nächste Umgebung aussende, und dass seine knocheneinschmelzende Wirkung in grössere Entfernung reiche, als ein Gefäss mit kleinerem Lumen.

Bei den eben geschilderten grossen wandungslosen und mangelhaft begrenzten Bluträumen verhält sich aber die Sache anders. Trotz ihres grossen Lumens ist die Distanz zwischen ihnen und dem Knochenrande oft auffällig gering, ja es bleibt, wie wir gesehen haben, oft nur eine ganz minimale Schichte von weichem Gewebe zwischen dem Blutraume und dem Knochen übrig. Auch diese Erscheinung scheint mir, in Anbetracht der gegentheiligen Beobachtungen bei normalen und überhaupt bei scharf begrenzten Blutgefässen, dafür zu sprechen, dass in diesen Bluträumen noch nicht der ganze Inhalt in die Circulation mit einbezogen ist, dass also hier die Plasmaströmung in der Umgebung eine noch wenig lebhafte sein mag, so dass sie den Bestand der Knochentextur noch in einer grösseren Nähe gestattet, als dies gewöhnlich im Umkreise der Blutgefässe der Fall ist. Wir werden übrigens diesem Vorgange der Umwandlung von Markgewebe in Blutkörperchen noch in einem viel grösseren Massstabe und in einer ganz zweifellosen Gestalt bei der Besprechung der Osteomyelitis syphilitica wieder begegnen.

Dass man es nicht mit Hämorrhagien zu thun hat, wie früher von einigen Autoren angenommen wurde, schliessen wir aus der fast immer annähernd rundlichen Gestalt des Querschnittes der Bluträume, und aus dem Fehlen einer jeden Erscheinung von Verdrängung oder Zertrümmerung des Markgewebes, sowie auch aus dem vollständigen Intactbleiben der Blutkörperchen in diesen Bluträumen. Auch die Annahme einer Auswanderung von rothen Blutkörperchen in das umgebende Markgewebe hat in diesem Falle keine Berechtigung, weil damit in keiner Weise die Erweiterung der Blutgefässe und die Herstellung so colossaler Bluträume zu erklären wäre. Am plausibelsten erscheint also noch immer die Annahme einer Umwandlung der angrenzenden Theile des Markgewebes in Blutelemente und das allmälige Einbeziehen der letzteren in die Circulation. Natürlich kann sich dann jederzeit, wenn der krankhafte Vascularisationsprocess sistirt wird, ein solcher Blutraum durch die Bildung einer Epithelialmembran in ein wirkliches Blutgefäss umwandeln, wie dies ja in gewissem Masse auch bei jeder physiologischen Gefässneubildung der Fall sein muss.

Ausser der Erweiterung und Neubildung von Gefässen in den Markräumen beobachtet man immer auch eine vermehrte Bildung neuer Gefässchen mitten im Knochengewebe, gleichzeitig mit der Bildung von durchbohrenden Kanälen. Der Schilderung des Vorganges der Gefässbildung im Knochen, wie wir sie in dem ersten Abschnitte (im 13. Kapitel) gegeben haben, haben wir nichts hinzuzufügen. Obwohl man auch hin und wieder in einem mächtigeren Bälkchen der Spongiosa ein solches neugebildetes, die Knochentextur regellos unterbrechendes, „durchbohrendes" Kanälchen antreffen kann, so sieht man sie doch am häufigsten in der Compacta, wo sie entweder von den gewöhnlich sehr erweiterten und mit strotzenden Blutgefässen versehenen Haversischen Kanälen ausgehen, oder direct von einem grossen Markraume ihren Ausgang nehmen. Sie durchziehen den Knochen gerade oder gekrümmt, manchmal auch vielfach gewunden nach allen Richtungen (siehe Fig. 3 *g k*), manchmal erscheint eine früher compacte Knochenpartie in Folge der zahlreichen neugebildeten anastomosirenden Gefässchen wie ein Sieb durchbrochen, und bekommt dadurch eine oberflächliche Aehnlichkeit mit spongiöser Knochensubstanz. Natürlich ist bei genauer Besichtigung der Ursprung dieses porösen Gewebes aus einer compacten Structur an der vielfachen Unterbrechung der lamellösen Anordnung sofort zu erkennen.

Veränderungen an den knöchernen Theilen der Spongiosa.

In den ersten Stadien, in welchen nur eine Erweiterung der Markgefässe zu beobachten ist, beschränken sich die Veränderungen an den Knochenbälkchen auf eine oberflächliche Einschmelzung an den Rändern der hyperämischen Markräume. Diese Einschmelzungen sind manchmal linear, in den allermeisten Fällen erfolgen sie aber mit deutlicher lacunärer Grenze und mit der Bildung zahlreicher grosser Myeloplaxen in den Lacunen. Die nothwendige Folge dieser lebhaften Resorptionsvorgänge ist eine Verschmälerung der Bälkchen, wodurch diese nicht selten sogar auf ganz dünne knöcherne Septa reducirt werden, und dann im Profil fast wie zugeschärft erscheinen. Endlich können durch fortgesetzte Einschmelzung von beiden Seiten auch einzelne Theile solcher verschmächtigter Bälkchen oder auch ganze Bälkchen verschwinden, und zwar geschieht dies oft ganz einfach zwischen zwei sehr ausgedehnten Blutgefässen, ohne Neubildung von Gefässzweigen, und auf diese Weise confluiren zwei oder mehrere Markräume zu grösseren, mit zahlreichen ausgedehnten Gefässen versehenen Räumen. Es wachsen also die Markräume auf Kosten der Knochensubstanz, und das Resultat ist eine mehr oder weniger bedeutende Rareficirung der Knochensubstanz.

Dabei sind in diesem Stadium die übrig bleibenden Theile der Bälkchen noch ganz und gar unverändert, bis unmittelbar an die Einschmelzungsränder vollständig verkalkt, und durchwegs mit ihrer ursprünglichen Textur ausgestattet. Da die Bälkchen zumeist endochondral gebildet sind, so enthalten sie noch häufig ihre Knorpelreste, welche aber durch die Einschmelzung der oberflächlichen Theile vielfach blossgelegt sind. Dadurch, dass bedeutende Theile der Bälkchen in unregelmässiger Weise eingeschmolzen sind, stimmt häufig die Längenaxe der Bälkchen nicht mehr überein mit dem Verlaufe der Knorpelreste. Auch die oberflächlich aufgelagerten Lamellensysteme der Bälkchen sind vielfach arrodirt und durchbrochen.

Dass durch solche vermehrte Einschmelzungserscheinungen die typische Architektur der Spongiosa bedeutend alterirt wird, ist wohl begreiflich. Aber immerhin bietet die Spongiosa noch ein an die normale Architektur erinnerndes Bild eines weitmaschigen Gitterwerkes oder Höhlensystems dar. Eine radicale Umwälzung der Architektur erfolgt erst in den höheren Graden, wenn es zu vielfachen Neubildungen von Blutgefässen im Marke und im Knochen selber kommt. Es wird nämlich in diesem Falle nicht nur das Knochengewebe ringsum jedes neugebildete Gefäss eingeschmolzen, sondern es erfolgt auch wieder um ein jedes Gefäss herum eine Neubildung von Knochengewebe, wodurch eben die Architektur in viel ausgiebigerem Massstabe verändert wird.

Auf die Ursache dieser Knochenneubildung werden wir in einem späteren Kapitel ausführlicher zurückkommen. Hier sei nur die ganz objective Beobachtung verzeichnet, dass auch das neugebildete, vorzugsweise lamellöse Knochengewebe immer concentrisch um die Blutgefässe, und in einer gewissen, genau abgezirkelten Distanz von der Blutgefässwandung gebildet wird. Da nun die Markgefässe bedeutend vermehrt sind, und, wie wir gesehen haben, durch vielfache Anastomosen ein cavernöses Gewirre von Blutkanälen bilden, so muss auch das Knochengewebe eine dieser Anordnung der Gefässe entsprechende, von der normalen Spongiosa in höchst auffallendem Masse abweichende Configuration gewinnen.

Das Charakteristische dieser eigenthümlichen Spongiosa besteht darin, dass die Markräume nicht eine bestimmte Verlaufsrichtung einhalten, dass sie also nicht wie in den Röhrenknochen im Grossen und Ganzen der Längsaxe der letzteren, in den kurzen Knochen wieder der radialen Richtung folgen, sondern dass sie ganz regellos nach allen möglichen Richtungen verlaufen. Ferner aber haben die einzelnen Markräume in der ihnen eigenthümlichen Richtung nur eine ungemein geringe Längenausdehnung. Sie stellen zwar auch hier immer Bruchstücke von Hohlcylindern oder Hohlkegeln dar, entsprechend den in ihrer Axe verlaufenden Blutgefässen; aber gerade deshalb, weil, wie wir gesehen haben, die Gefässe nur sehr selten einen längeren unverzweigten Verlauf nehmen, sondern in kurzen Distanzen immer wieder Zweige von starkem Kaliber aussenden, welche mit ähnlichen benachbarten weiten Gefässen oder Gefässzweigen anastomosiren, haben wir es auch nur mit ganz kurzen Abschnitten von knöchernen Hohlcylindern zu thun, welche alsbald wieder mit anderen zusammenstossen und communiciren. Die nothwendige Folge hievon ist, dass man in einem solchen Knochengewebe in keiner einzigen Schnittrichtung lange, nach einer bestimmten Richtung angeordnete Markräume, sondern in jeder beliebigen Schnittebene, sowohl auf Längs-, als auch auf Quer- und Schiefschnitten, immer nur zahlreiche kreisrunde oder der Kreisform sich nähernde, elliptische, hin und wieder

zu mehrbuchtigen Räumen confluirende Durchschnitte von Markräumen bekommt, im Ganzen also ein ziemlich gleichmaschi-
ges Gitter- oder Netzwerk. (Siehe Fig. 3 und 4 *spd*.)

Dieses Gewebe, welches von Guerin[3] ziemlich zutreffend als
spongoïdes — schwammähnliches — bezeichnet wurde, kann
ferner noch dadurch einige Variationen erleiden, dass einmal die
Bälkchen sehr schlank, in einem anderen Falle wieder durch Auflagerung lamellösen Knochengewebes innerhalb der Maschen des
Balkenwerkes sehr bedeutend verdickt sind. Im ersteren Falle hat
das ganze Gewebe das Aussehen von Osteophyten, wie wir sie alsbald bei der Schilderung der periostalen rachitischen Knochenbildungen kennen lernen werden: die schlanken Bälkchen hängen
innerhalb derselben Schnittebene nur selten zusammen, sondern
vereinigen sich zumeist erst wieder ausserhalb derselben, sie präsentiren sich daher häufig als rundliche oder elliptische Durchschnitte, was auch wieder auf ihre cylindrische stalaktische Gestalt
schliessen lässt, und man hat es also mit einer gitter- oder netzförmigen Anordnung zu thun; — in einem anderen Falle sind
durch die mächtige lamellöse Auflagerung die schlanken Bälkchen
zu massigeren, auch der Fläche nach ausgedehnten Wänden geworden, welche nunmehr viel schärfer abgerundete, von einander weiter
entfernte und seltener confluirende Löcher als Durchschnitte von
Markräumen aufweisen, so dass das Gewebe nicht mehr gitterähn-
lich ist, sondern viel mehr an einen Badeschwamm oder an
Bimsstein erinnert.

Die Textur dieser Bälkchen richtet sich hauptsächlich nach
dem Orte, wo das spongoïde Gewebe seinen Sitz hat. Es kann z. B.
in sehr hochgradigen Fällen von Rachitis vorkommen, dass schon
in dem unteren Theile der Säulenzone die vielfach verzweigten absteigenden Knorpelgefässe und ihre Kanäle eine nahezu cavernöse Conformation annehmen, woraus schon ein siebartig durch-
brochenes Aussehen dieser Knorpelpartie resultiren kann, welche
noch grösstentheils unveränderte, abgeplattete oder vielfach verscho-
bene Knorpelzellen enthält, die nur in der unmittelbaren Nähe der
Markräume mit ihrer Grundsubstanz bereits ossificatorisch umgewandelt sind. (S. Fig. 3 *mtp*.) Viel öfter ist das spongoïde Gewebe durch die oberen endostalen Gefässzweige und Anastomosen gebildet. Man findet dann neben stark reducirten Knor-

pelresten und vielfacher Globulibildung auch schon ziemlich mächtige lamellöse Auflagerungen. Noch häufiger sieht man das spongoïde Gewebe erst in grösserer Entfernung von der Ossificationsgrenze: dann sieht man aber auch schon regelmässig in den Bälkchen die Zeichen mannigfacher Einschmelzung, und dann wieder die Zeichen der Neubildung von Knochengewebe in den Einschmelzungsräumen; die ursprünglichen Bälkchen mit den Zeichen des endochondralen Ursprungs sind dann bereits grösstentheils geschwunden, und man findet viel häufiger Bruchstücke von arrodirten Lamellensystemen, vielfach von Kittlinien unterbrochen, welche wieder an ihrer concaven Seite neue Lamellensysteme zwischen sich fassen, welche concentrisch zu den Markgefässen angeordnet sind, und welche eben dadurch die rundliche Form der Markräume und die badschwammähnliche Conformation des ganzen Gewebes bedingen.

Nur ausnahmsweise begegnet man in der grossen Markhöhle eines rachitischen Röhrenknochens oder in einem grossen Markraume einer kleinen Partie eines spongoïden Netzwerkes, dessen dünne gitterartige Bälkchen dann zumeist das grobgeflechtige osteoïde Aussehen der periostalen Auflagerungen darbieten.

Endlich haben wir bereits erwähnt, dass die spongoïde Anordnung auch durch eine porosirende Vascularisation der Compacta entstehen kann, indem eine gewisse Partie der letzteren, zumeist in der nächsten Umgebung der Markhöhle oder der grossen inneren Markräume, so vielfach von nach allen Richtungen sich verzweigenden neuen Blutgefässchen durchbohrt erscheint, dass zwischen den durch die letzteren gebildeten Gefässräumen nur noch ein dünnes Maschenwerk übrig bleibt. In einem solchen Falle lassen die Reste der vielfach unterbrochenen lamellösen Structur, ferner die regelmässige Anordnung der kleinen Knochenkörperchen diesen Ursprung des spongoïden Gewebes ganz leicht erkennen.

Aus alledem folgt also, dass das spongoïde Gewebe in sehr verschiedener Weise und an verschiedenen Orten zur Entwicklung kommen kann. Leider ist durch eine missverstandene Anwendung des Terminus „spongoïd" eine grosse Verwirrung in den Schilderungen der Autoren entstanden. Guerin [2], welcher diesen Ausdruck zuerst (auf S. 31 der deutschen Ausgabe) gebraucht hat, sagte ausdrücklich, „dass er in der zweiten Periode der Rachitis das

Auftreten eines feinen spongiösen Gewebes in allen Theilen des Skeletts beobachtet habe. Eine gewisse Menge derselben sei sogar in die Schädelknochen eingetragen. Die Unterscheidung dieser Lage vom alten Knochen sei sehr leicht, indem ihre Maschen feiner und dichter seien. Dieses neugebildete spongiöse Gewebe nenne er zum Unterschiede von dem normalen spongoïd". Es ist also ganz klar, dass Guerin mit diesem Ausdrucke nur die Art der Anordnung des Knochengewebes mit feineren dichteren Maschen bezeichnen wollte.

Virchow[7], welcher bald darauf seine bedeutende Arbeit über Rachitis veröffentlichte, eine Arbeit, die in ihrem histologischen Theile bis heute noch nicht übertroffen ist, sprach noch an einer Stelle (S. 245) ganz richtig von der schon verkalkten, aber noch unfertigen, im macerirten Zustande bimssteinartigen jungen Knochenschichte, der spongoïden Neubildung Guerin's. Dagegen heisst es in demselben Aufsatze Virchow's an einer anderen Stelle (S. 422): „Auf die spongiöse Schichte folgt (nach oben) die spongoïde von Guerin, jene gelbliche Lage, wo man die Kalkablagerung in die Knorpelsubstanz hauptsächlich in den Zwischenräumen der grossen Zellengruppen, der leicht streifig gewordenen Intercellularsubstanz vorrücken sieht". Es wird also hier ganz plötzlich der Ausdruck „spongoïd" auf die Zone der Knorpelverkalkung angewendet, woran Guerin, wie aus seinem oben wörtlich angeführten Texte ersichtlich ist, niemals gedacht hat. Er sagt ja ausdrücklich und wiederholt, dass das Spongoïd eine pathologische Neubildung sei, was man von der Zone der Knorpelverkalkung, selbst wenn sie pathologische Veränderungen erlitten hat, doch unter keiner Bedingung behaupten könnte. Virchow macht daher auch Guerin einen ganz unbegründeten Vorwurf, wenn er (in der Anmerkung S. 422) sagt: „Guerin wendet den Namen spongoïd etwas freigebig an, da er auch die Periostauflagerungen so bezeichnet, und es lässt sich daher zuweilen nicht entscheiden, was er eigentlich meint". Ich glaube aber gerade, dass nach seiner oben gegebenen Definition des spongoïden Gewebes als eines solchen, in welchem die Maschen feiner und dichter sind. Guerin vollkommen berechtigt war, diesen Ausdruck auch auf die feinmaschige periostale Neubildung anzuwenden. Er sagt ja gleich in der Definition des Ausdruckes, dass dieses Gewebe auch in den Schädel-

knochen vorkomme, und „dass es meist zwischen Periosteum und
Knochen abgesetzt werde". Andererseits hat Guerin selbst niemals das Wort spongoïd für die verkalkte Knorpelzone angewendet, und der Umstand, dass, wie wir gesehen haben, bei sehr
hochgradiger Rachitis die Knorpelzone (welche in solchen Fällen
gerade zumeist sehr mangelhaft verkalkt ist) durch eine abnorm
lebhafte Vascularisation in ein schwammähnliches Gewebe umgewandelt werden kann, berechtigt noch keineswegs, das Wort „spongoïd" überhaupt für die verkalkte Knorpelzone anzuwenden.

Diese missverständliche Anwendung von Seite Virchow's hat
sich nun bei seinen Nachfolgern vollkommen festgesetzt. Bei Stiebel[8] wird sogar schon eine der bei der normalen Ossification
der Röhrenknochen beschriebenen Schichten die spongoïde
Schichte genannt, nämlich „die gelbliche Schichte, wo Kalkablagerung zwischen den grossen Knorpelzellengruppen stattfindet,
ein grossmaschiges Kalknetz bildend". Bei Ritter[17] heisst ebenfalls die verkalkte Zone mit reihenweise angeordneten grossen
Knorpelzellen spongoïd; und auch Wegner hat in seiner trefflichen
Arbeit über die hereditär syphilitischen Knochenaffectionen *) diesen Irrthum übernommen, denn er nennt kurzweg die Zone der
vorläufigen Kalkinfiltration der Knorpelsubstanz „die von Guerin
sogenannte spongoïde Schichte".

Es ist aber von grosser Wichtigkeit, um Verwirrungen bei
der Schilderung des normalen und rachitischen Ossificationsprocesses zu vermeiden, den Ausdruck spongoïd wieder nur auf dasje-
nige zu beschränken, was ihm Guerin ausdrücklich und auch sprach-
lich vollkommen zutreffend untergestellt wissen wollte, nämlich das
schwammähnliche Knochengewebe mit kleinen, relativ engen
und zahlreichen, rundlichen, nach allen Richtungen regellos sich
durchkreuzenden Markräumen. Da nun diese Anordnung des Knochens in erster Linie immer auf die feine Verzweigung und vielfache Anastomosirung der Blutgefässe zurückzuführen ist, so werden
wir dieses eigenthümliche Knochengewebe auch im periostalen Knochen und sonst noch überall da antreffen, wo eine solche Anordnung des Gefässsystems sich krankhafter Weise im Knochensysteme
etablirt.

_____

*) Virchow's Archiv, 50. Bd. S. 308.

Anomalien der Verkalkung im compacten und spongiösen Knochengewebe.

Die bekannteste Erscheinung im rachitischen Knochen ist die Mangelhaftigkeit oder das vollständige Fehlen der Verkalkung in einzelnen Theilen des Knochengewebes. Unbestritten ist jedoch nur die Thatsache. Warum diese Theile schlecht oder gar nicht verkalkt sind, und wie sich die verkalkten und unverkalkten Theile zu einander verhalten, darüber herrscht bis nun noch die grösste Unsicherheit. Es erscheint daher geboten, diesem überaus wichtigen Momente, auf welchem das Verständniss der rachitischen Knochenerweichung beruht, die ihm gebührende eingehende Würdigung zu Theil werden zu lassen.

In den ersten Stadien der Erkrankung, wo sich die Vorgänge in der Spongiosa auf eine Verschmälerung der Bälkchen durch oberflächliche Einschmelzung des Knochengewebes beschränken, zeigen die übrig bleibenden Theile der Bälkchen, abgesehen von etwa noch ungleichmässig verkalkten Knorpelresten, eine durchaus normale Verkalkung. Selbst auf das Aeusserste verdünnte Bälkchen sind in ihren Ueberresten noch vollständig verkalkt. Es gibt ein Stadium der rachitischen Affection, welches als solches durch zahlreiche Erscheinungen in den übrigen Gewebstheilen des betreffenden Knochenendes genügend charakterisirt sein kann, wie z. B. durch schlecht verkalkte osteoïde Knochenbildung von Seite des Periosts, und in welchem gleichwohl noch keine Spur von unverkalktem Knochengewebe in der Spongiosa und Compacta vorhanden ist.

Erst dann, wenn neben den Einschmelzungserscheinungen in der Spongiosa auch unverkennbare Zeichen einer Neubildung von Knochentextur in den Einschmelzungsräumen oder Resorptionsgruben oder in den Haversischen Räumen sich geltend machen, wenn an der concaven Seite einer lacunären Resorptionslinie neue concentrische Lamellensysteme entstehen, oder wenn sich ganz neue Bälkchen mit einem osteoïden Wurzelstock und einer nachträglichen lamellösen Auskleidung bilden; dann erst findet man auch kalkfreie oder mangelhaft verkalkte Knochenpartien, welche in den ohne vorausgehende künstliche Entkalkung gewonnenen Carminpräparaten — und nur solche erlauben ein richtiges Urtheil über die Verkalkungsverhältnisse in rachitischen und osteomalacischen Knochen

sich durch ihre lebhafte rothe Färbung von den silbergrauen verkalkten Partien sehr wirkungsvoll abheben. (S. Fig. 5 *npl.*)

An solchen Präparaten lässt sich nun mit Leichtigkeit constatiren, dass alle unverkalkten Partien ganz ausnahmslos den Charakter der jüngsten Bildung an sich tragen. Man findet z. B. mitten in der endochondral gebildeten Spongiosa einzelne Bälkchen, welche entweder ganz aus osteoïdem geflechtartigem Gewebe zusammengesetzt sind, oder doch einen ganz deutlichen geflechtartigen Wurzelstock aufweisen, und nur oberflächlich mit Lamellen bedeckt sind. Es kann dann wohl keinem Zweifel unterliegen, dass solche Bälkchen neugebildet sind, und gerade diese Bälkchen findet man entweder durchaus roth gefärbt, also vollkommen unverkalkt, oder es sind nur einzelne central gelegene Theile des Wurzelstockes, vielleicht auch die eine oder die andere der central gelegenen Lamellen verkalkt, und zwar in der Regel mangelhaft verkalkt, mit zahlreichen Spältchen und Lücken in der verkalkten Substanz, oder es erscheint die Verkalkung nur in Form von Schollen oder Kugeln, welche durch roth gefärbte Partien getrennt sind; und auf diese mangelhaft verkalkten Partien folgen nun ohne deutliche Grenze durchaus unverkalkte und lebhaft rothe Lamellen, welche zunächst den Markräumen gelegen sind.

Die Deutung solcher Bilder ergibt sich nach alledem, was wir bei der Schilderung der normalen Knochenapposition (im 2. Kapitel des ersten Abschnittes) über den Einfluss der Blutgefässe auf die Verkalkung gesagt haben, eigentlich ganz von selbst. Wir haben dort zuerst constatirt, dass auch im normal wachsenden Knochen nicht alle Knochenpartien dieselbe Intensität der Carminfärbung aufweisen, und dass dies davon abhängt, dass die vollkommen verkalkten Partien in einem gewissen Stadium der künstlichen Entkalkung die Färbung nur schwach annehmen, während unmittelbar daneben andere weniger gut verkalkte Knochenpartien lebhaft roth gefärbt erscheinen. Wir haben ferner gesehen, dass solche lebhafter gefärbte Partien immer erst kürzlich gebildet worden sind, während die schwach gefärbten Antheile schon einen längeren Bestand haben, und wir haben daraus den Schluss gezogen, dass das Mischungsverhältniss zwischen organischer und anorganischer Substanz im Knochengewebe keineswegs ein von vorneherein unveränderliches ist, sondern dass die Ablagerung der Kalksalze erst nach und nach bis zur erfolgten Sättigung des neu entstandenen Knochengewebes vor sich geht *). Wir sind dann im weiteren Verlaufe unserer Darstellung zu der Ansicht gelangt, dass die Verkalkung des Knochengewebes ebenso wie die Bildung des letzteren überhaupt, abhängig sei von einem allmäligen Nachlassen der Saftströmung, welche von den einzelnen Gefässen ausgeht, weil wir nämlich einerseits constatirt haben, dass die Verkalkung überhaupt in der unmittelbarsten Nähe eines Gefässes niemals erfolgt, und weil auch die Beobachtung, dass die jüngsten, also die dem Gefässe zunächst gelegenen Auflagerungsschichten immer schwächer verkalkt sind, als die älteren, welche der Saftströmung der Gefässe bereits entrückt sind, mit dieser Annahme vollkommen übereinstimmt.

Da nun bei der Rachitis die Gefässe in den Markräumen erweitert und auch in grösserer Anzahl vorhanden sind, so ist es nicht zu verwundern, wenn hier die neugebildeten Knochenschichten viel länger in dem Zustande der mangelhaften Verkalkung verharren, und dass sogar, was wir unter normalen Verhältnissen niemals finden, die allerjüngsten Lamellen eine Zeitlang absolut frei von jeder Kalkablagerung bleiben. Wenn nun ältere Schichten an derselben Appositionsstelle bereits mangelhaft, d. h. mit Unterbrechungen verkalkt sind, und sich oberflächlich ganz kalkfreie Schichten aufgelagert haben, so besteht daselbst keine scharfe Grenze zwischen verkalkten und unverkalkten Theilen, sondern es findet eben ein allmäliger Uebergang statt, in welchem die Textur des Knochens durchaus keine Unterbrechung erleidet.

*) In einer erst kürzlich erschienenen Abhandlung von Pommer [2] finde ich folgende Stellen: „Es ist bekannt, dass sich auch an mit Säuren entkalkten Knochen die neugebildeten, kalkärmer gewesenen Partien durch eine intensivere Carminfärbung auszeichnen" (S. 41). Ferner: „Vor Allem muss ich hier auf die noch viel zu wenig gewürdigte Thatsache hinweisen, dass die Ablagerung der Kalksalze mit der Anbildung neuer Knochensubstanz keineswegs gleichen Schritt hält" (S. 43). Da nun der Verfasser dieser Abhandlung, wie aus einer lebhaft geführten Polemik zu entnehmen ist, sich mit meiner Darstellung der normalen Ossification sehr eingehend beschäftigt hat, so hätte es weder ihm, noch seinen Lesern unbekannt bleiben dürfen, dass diese beiden Behauptungen zuerst, und, soweit es mir bekannt ist, bisher noch ganz allein in dem ersten Abschnitte dieser Arbeit (Beginn des 2. Kapitels) aufgestellt, und eingehend begründet worden sind.

7 *

Nicht immer ist aber der Uebergang zwischen verkalktem und
unverkalktem Knochengewebe ein allmäliger. Im Gegentheile findet
man sehr häufig eine ganz scharfe Grenzlinie zwischen vollständig
verkalktem und durchaus unverkalktem Gewebe. Diese Grenzlinie
hat aber immer entweder die lacunäre Form, d. h. sie ist aus
zahlreichen Kreisabschnitten von verschiedenem Radius zusammengesetzt, welche sämmtlich ihre concave Seite gegen den
unverkalkten und ihre convexe gegen den verkalkten
Knochen gerichtet haben; oder die Grenzlinie ist eine sanft
geschwungene wellige Linie, welche gleichfalls ohne Ausnahme ihre
convexe Seite dem verkalkten Knochengewebe zugewendet hat. (S.
Fig. 5.)

Ganz besonders häufig findet man Haversische Räume, welche
im verkalkten Gewebe entstanden sind, mit unverkalkten concentrischen Lamellen erfüllt, welche nur noch einen engen Gefässkanal
einschliessen. Ist der letztere der Länge nach getroffen, so findet
man, dass die Verkalkung zu beiden Seiten desselben in gleicher Entfernung mit einer buchtigen Grenze aufhört, eine Conformation, welche zu der irrthümlichen Annahme geführt hat, als
ob ein eindringender durchbohrender Kanal eine Entkalkung des
Gewebes herbeigeführt hätte. Man wird natürlich diese Idee sofort
aufgeben, wenn man sich überzeugt hat, dass die Lamellen in dem
kalklosen Theile ganz anders angeordnet sind, wie in dem verkalkten.

In allen Fällen nämlich, wo eine scharf gezeichnete Grenzlinie
zwischen verkalktem und unverkalktem Knochengewebe besteht, sind
auch die beiderseitigen Texturen genau an derselben
Grenzlinie auf das strengste geschieden, und zwar immer
in der Weise, dass die Textur des verkalkten Knochens, wie immer
sie auch beschaffen wäre, von dieser Grenzlinie ganz willkürlich
und rücksichtslos unterbrochen ist, während auf der concaven Seite
in dem unverkalkten Gewebe niemals eine solche Unterbrechung
beobachtet wird, sondern das unverkalkte Knochengewebe sich eben
hier genau so verhält, wie an einer Appositionsfläche.

Es sind hier verschiedene Combinationen möglich. Manchmal
hat z. B. der verkalkte Theil eine grobgeflechtige Structur mit zahlreichen, dichtgedrängten, plumpen, anastomosirenden
Knochenkörperchen, und diese Structur hört nun an der convexen
Seite einer sie durchschneidenden Grenzlinie ganz abrupt, manch-

mal mit Halbirung einzelner Zellenhöhlen auf, und unmittelbar daneben auf der anderen Seite der lacunären Grenze findet man lebhaft rothe, mit kleinen, flachen, spärlichen Knochenkörperchen versehene Lamellen.

An einer anderen Stelle zeigen die verkalkten Theile noch deutliche Spuren der endochondralen Bildung in Form von gut kenntlichen Knorpelresten oder Knorpelspalten zwischen den an einander gerückten Globuli ossei, welche vielleicht durch die lacunäre Grenzlinie durchschnitten werden, und an der concaven Seite der Grenzlinie findet man wieder entweder lebhaft rothe Lamellensysteme, oder lamellöse Auflagerungsschichten, oder auch unverkalktes, osteoïdes, grobgeflechtiges Gewebe, und zwar das letztere manchmal in ganz unfertigem Zustande, wo nur einzelne rothgefärbte, glänzende Faserbündel nach verschiedenen Richtungen einander durchflechten und sich an der concaven Seite der lacunären Grenzlinie inseriren.

Die allerhäufigste Combination ist aber diejenige, wo das Knochengewebe auf beiden Seiten der Grenzlinie die lamellöse Structur aufweist. In diesem Falle sind aber immer die Lamellen des verkalkten Theiles auf der convexen Seite der Grenzlinie durch die letztere vielfach durchschnitten, so dass sie in irgend einem Winkel gegen die Grenzlinie hin verlaufen und daselbst abrupt endigen (s. Fig. 5 *rkl*) — wogegen die rothen unverkalkten Lamellen auf der concaven Seite entweder vollständige concentrische Lamellensysteme bilden, oder, wenn diese Grenze eine ungebrochene sanft geschwungene Linie darstellt, auf ihrer concaven Seite parallel mit dieser verlaufen. Niemals geht aber, wenn eine lacunäre Grenzlinie zwischen verkalktem und unverkalktem Knochengewebe besteht, eine Lamelle des verkalkten in eine solche des unverkalkten Gewebes über.

Es kommt auch vor, dass solche Bälkchen, welche zum Theile aus verkalktem und zum Theile aus unverkalktem Gewebe zusammengesetzt sind, sei es nun, dass hier die Grenze eine scharfe oder eine allmälig verstreichende ist, wieder von lacunären Einschmelzungslinien unterbrochen sind, so dass derselbe Einschmelzungsrand des Knochens zum Theile verkalktes, zum Theile unverkalktes Gewebe arrodirt hat. (Fig. 5 bei *x*.) Ein anderesmal findet man ganz ähnliche Befunde mit der Modification, dass die concave Seite jener lacunären Grenzlinie, welche gleichzeitig verkalktes und unverkalktes Gewebe durchschneidet, nicht mehr von weichem Markgewebe und Myeloplaxen, sondern wieder von unverkalkten concentrischen Knochenlamellen ausgefüllt ist. (S. dieselbe Fig. bei y.)

Wenn sich nun, was sehr häufig der Fall ist, an einem Knochenbälkchen solche Einschmelzungserscheinungen und die Ausfüllung der Einschmelzungsräume mit neugebildeten kalklosen Lamellen öfter wiederholen, so findet man endlich in einem solchen Bälkchen ein höchst complicirtes System von Kittlinien und arrodirten Lamellen. Da die Einschmelzungen und Auflagerungen manchmal das Bälkchen von allen Seiten betroffen haben, so sieht man im Innern desselben häufig nur einen ganz spärlichen, bedeutend verschmächtigten Rest von älterem verkalktem Knochengewebe, welcher Rest dann nach allen Seiten durch lacunäre Grenzlinien von den oberflächlich gelegenen unverkalkten Knochenpartien geschieden ist. Die Grenzlinien wenden dann natürlich ohne Ausnahme ihre Kuppen der central gelegenen verkalkten Knochenpartie zu (ebendaselbst bei z).

Es kommt aber auch vor, dass derjenige Theil der Knochensubstanz, welcher an der concaven Seite einer solchen das Bälkchen durchziehenden lacunären Grenzlinie gelegen ist, nicht vollkommen unverkalkt erscheint, sondern selber wieder, wenigstens zum Theile, eine neue Verkalkung aufweist. In diesem Falle sind es wieder stets die inneren, zunächst der Grenzlinie gelegenen und mit ihr parallel verlaufenden Lamellen, welche zumeist in unvollkommener Weise verkalkt sind, und nach aussen allmälig und ohne scharfe Grenze in die oberflächlichen unverkalkten Theile der Auflagerung übergehen. Die Grenzlinie zwischen den beiderseits verkalkten Partien verhält sich dann wie eine gewöhnliche Kittlinie, welche an ihrer convexen Seite die Knochentextur des älteren Knochens regellos durchschneidet und an ihrer concaven Seite geschichtete Lamellen einschliesst.

Ganz analoge Verhältnisse kommen im compacten Theile der Knochenrinde zur Beobachtung. Wir wissen, dass schon unter normalen Bedingungen die compacte Knochensubstanz manchmal nahezu gänzlich aus Bruchstücken von Lamellensystemen zusammengesetzt ist, welche durch buchtige Kittlinien von einander geschieden werden. Es sind dies jene Bilder, welche man an Schliffpräparaten schon lange gekannt hat, welche aber erst durch Ebner ihre genetische Deutung gefunden haben. Unter normalen Bedingungen findet man dieses Gewirre von Kittlinien und unterbrochenen Lamellensystemen, wenigstens in dieser scharfen Ausprägung, nur an völlig oder beinahe ausgewachsenen Knochen; in den früheren Wachsthumsstadien sieht man höchstens hin und wieder eine geschlossene lacunäre Kittlinie rings um einen central gelegenen Gefässkanal, was einfach darauf zurückzuführen ist, dass sich ein durch Einschmelzung gebildeter Haversischer Raum mit einem Lamellensysteme ausgefüllt hat.

Gegenüber diesen einfachen Bildern der normalen jugendlichen Compacta (vergl. Fig. 14 der ersten Abtheilung) findet man schon in rachitischen Rippen des ersten oder zweiten Lebensjahres auf Durchschnitten durch die compacten Theile der Knochenrinde fast dieselben Bilder, wie beim Erwachsenen. Ausgedehnte Theile derselben bestehen nur mehr zum grössten Theile aus unvollständigen vielfach arrodirten Bruchstücken von Lamellensystemen, getrennt durch buchtige Kittlinien, in deren Einbuchtungen wieder neue Lamellensysteme gebildet sind, welche immer wieder von anderen Kittlinien arrodirt erscheinen. Diese Bilder unterscheiden sich aber dadurch sehr auffällig von denen erwachsener Knochen, dass die Lamellensysteme und Schaltlamellen nicht gleichmässig verkalkt sind, sondern, dass man alle möglichen Abstufungen zwischen vollständig verkalkten und ganz unverkalkten Lamellensystemen, und in unvollständig entkalkten Carminpräparaten auch verschiedene Abstufungen in der Intensität der Carminfärbung neben einander verfolgen kann. Auch hier lässt sich ganz ausnahmslos constatiren, dass die auf der convexen Seite der Kittlinie gelegenen Theile immer die kalkreicheren, und die in den Einbuchtungen derselben gebildeten Theile relativ arm an Kalksalzen oder gänzlich kalkfrei geblieben sind.

Alle diese mannigfaltigen Erscheinungen in der Spongiosa und Compacta des rhachitischen Knochens lassen nur eine einzige Erklärung zu, welche auch aus der objectiven Schilderung des Befundes schon ganz von selbst hervorleuchtet. Wir haben uns überzeugt, dass in den früheren Stadien der Rhachitis in der Spongiosa und Compacta vielfache Einschmelzungsvorgänge stattfinden, und haben gesehen, dass sich in diesem Stadium zahlreiche lacunäre Einschmelzungsräume, durchbohrende Kanäle, Haversische Räume

bilden, welche noch durchwegs weiches Gewebe und keine neugebildeten verkalkten Knochenpartien enthalten. Später
finden wir nun in diesen Gruben und buchtigen Räumen unverkalktes Knochengewebe, manchmal nur als dünnen Beleg, dann
wieder bereits in mächtigeren Auflagerungen. Wir sehen, dass dieses
unverkalkte Gewebe niemals in seiner Textur ein Continuum bildet
mit dem verkalkten Gewebe jenseits der buchtigen Grenzlinie, und
wir sind daher wohl berechtigt, zu sagen, dass das unverkalkte
Knochengewebe in der rachitischen Spongiosa und Compacta unter allen Umständen ein neugebildetes Gewebe
ist, welches nur unter dem Einflusse der pathologisch
gesteigerten Vascularisation und Plasmaströmung in
geringerem Grade oder gar nicht befähigt war, Kalksalze zwischen die Fibrillen seiner Grundsubstanz auf-
zunehmen.

Auf der anderen Seite ist uns keine einzige Erscheinung auf-
gestossen, welche darauf hindeuten würde, dass kalkloses oder
kalkarmes Knochengewebe in der rachitischen Knochentextur irgendwo durch Entziehung der Kalksalze aus einem ursprünglich
normal verkalkten Knochengewebe hervorgegangen wäre, und wir
müssen nach einem eingehenden Studium rachitischer Knochen in
den verschiedenen Stadien der Erkrankung wieder seinem vollen
Inhalte nach den bereits im ersten Abschnitte (Jahrgang 1879,
S. 419) ausgesprochenen Satz wiederholen, dass fertiges Knochengewebe niemals in Folge von Resorptionsvorgängen an Kalksalzen
verarmen und dieselben auch niemals ganz verlieren kann, ohne
gleichzeitig (oder unmittelbar darauf) ganz und gar zerstört und in
weiches fibrillenloses Mark- oder Myeloplaxengewebe umgewandelt zu
werden. Wir müssen also eine Halisterese, eine Entfernung der Kalksalze mit Erhaltung der Knochenstructur
auch für die Rachitis vollständig ausschliessen.

Eine Entziehung der Kalksalze ist auch in der That für die
Rachitis bis jetzt nur auf allgemein theoretischer Grundlage behauptet und von Niemandem auf Grund histologischer Untersuchungen und Nachweise verfochten worden*). Wir werden nun in den

---

) Erst in der jüngsten Zeit hat Pommer einige Behauptungen
in dieser Richtung aufgestellt, auf welche wir in dem nächstfolgenden
Kapitel zurückkommen werden.

späteren Kapiteln Gelegenheit haben, die schwache Fundirung der
allgemein theoretischen Gründe für die Annahme einer Entziehung
der Kalksalze aus den nicht eingeschmolzenen Skelettheilen aufzu-
decken. Hier handelt es sich einstweilen einzig und allein darum,
unsere histologische Auffassung dieser Verhältnisse gegen etwa mögliche Einwände zu vertheidigen.

Solche Einwände sind nun in der letzten Zeit in ganz bestimmter Form, wenn auch nicht für die Rachitis, so doch für den
osteomalacischen Process erhoben worden. Ausserdem ist es bekannt,
dass auf rein theoretischer Basis auch für die Osteomalacie ziemlich allgemein angenommen wird, dass die Knochenerweichung durch
eine Entkalkung des Knochengewebes bedingt ist, bei welcher
wenigstens theilweise die organische Knochenstructur erhalten bleiben soll. Da es nun von der grössten Wichtigkeit für das Verständniss der Rachitis erscheint, die Frage gründlich zu erörtern,
ob eine solche Entkalkung der Knochentextur ohne Zerstörung der
letzteren überhaupt beobachtet wird, so empfiehlt es sich schon
aus diesem Grunde allein, auch den osteomalacischen Process in
seinen histologischen Erscheinungen an dieser Stelle einer genaueren Prüfung zu unterziehen. Bei der nahen Verwandtschaft dieser
beiden krankhaften Processe wird überdies eine solche Untersuchung
auch nach anderen Richtungen hin unseren Zwecken nur zum Vortheile gereichen können.

Sechstes Kapitel.

Osteomalacie.

Blutüberfüllung des Knochenmarks, der Beinhaut und des Knochens.
Steigerung der inneren Einschmelzungsprocesse. Ausfüllung der Resorp-
tionsräume mit neugebildetem unverkalktem Knochengewebe. Kritik der
Entkalkungstheorien. Osteoklastentheorie und Rachitis. — Anhang:
Veränderungen im rachitischen Knochenmark.

Eine der auffälligsten Erscheinungen, welche uns bei jeder
Untersuchung osteomalacischer Knochen aufstösst, und auch von
sämmtlichen Beobachtern hervorgehoben wird, ist die colossale
Blutüberfüllung des Knochenmarks *). Man findet ohne
Ausnahme auf jedem Durchschnitte zahlreiche grosse Lumina von
Markgefässen, entweder leer oder noch dicht mit Blutkörperchen
angefüllt. Man sieht sie auf allen Schnitten, seien diese nach welcher Richtung immer angelegt, zumeist quer oder schief getroffen,
fast niemals ist ein Blutgefäss eine längere Strecke in der Richtung des Schnittes zu verfolgen, was eben wieder auf eine häufige und fortgesetzte Verästigung und eine regellose Verzweigung
nach allen Richtungen schliessen lässt. Die Gefässe stehen ferner
in der Regel so dicht aneinander, dass zwischen ihnen nur schmale
Septa von Markgewebe übrig bleiben. Auch hier fehlt häufig die
scharfe Begrenzung der einzelnen Bluträume. Neben den letzteren
hat man aber in hochgradig afficirten Theilen nicht selten Gelegenheit, wirkliche Hämorrhagien im Knochenmark zu beobachten,
und den grossen Unterschied wahrzunehmen zwischen solchen höchst
unregelmässig gestalteten, mit Zerstörung des Markparenchyms in
grösserem Umfange, mit weitgehenden Veränderungen der Blutkörperchen und mit Suffusion der Umgebung einhergehenden hämor-

*) Wir haben seit der Publication der ersten Abtheilung Gelegen-
heit gehabt, zwei exquisite Fälle von Osteomalacie zu unseren histologischen Untersuchungen zu benützen.

rhagischen Ergüssen einerseits, und zwischen den Bluträumen, welche, wenn auch nicht immer mit einer eigenen körperlichen Wandung versehen, doch unter allen Umständen einen regelmässig abgerundeten Durchschnitt zeigen, und entweder leer, oder mit normalen unveränderten Blutkörperchen angefüllt sind.

Dieselbe Blutüberfüllung, dieselben dichtgedrängten, vergrösserten, strotzend gefüllten Blutgefässe findet man auch jedesmal in der weichen Schichte des Periosts.

In der Compacta sind die Haversischen Kanäle erweitert, und enthalten ebenfalls stark ausgedehnte strotzende Blutgefässe. Ausserdem findet man in derselben auch regelmässig eine ganz ausserordentliche Entwicklung von durchbohrenden Gefässkanälen, welche sowohl von den grossen Markräumen, als auch von den erweiterten Haversischen Kanälen, welche in weite buchtige Räume umgewandelt sind, als auch endlich von der Oberfläche des Knochens her aus der Gefässchichte des Periosts ihren Ursprung nehmen, und in vielfachen unregelmässigen Krümmungen die compacte Knochensubstanz durchbrechen, so dass diese an manchen Stellen in eine recht lockere, höchst unregelmässig configurirte Spongiosa umgewandelt wird.

Auch in der Spongiosa macht sich natürlich die Existenz so zahlreicher enorm hyperämischer Blutgefässe durch sehr bedeutende Einschmelzungserscheinungen an den Knochenbälkchen geltend. Die Bälkchen werden durch diese Resorptionsvorgänge zumeist von beiden Seiten her sehr bedeutend verschmächtigt, und häufig sogar auf ganz schmale scharfrandige Spicula reducirt, welche hin und wieder das Markgewebe auf ziemlich lange Strecken hin durchsetzen. Oft ist sogar ihre Continuität mit anderen Bälkchen, wenigstens in der einen Schnittebene, nach allen Seiten hin unterbrochen, und man findet überhaupt auf grösseren Strecken nur vereinzelte Knochensplitter in dem Markgewebe zerstreut. Gar nicht selten sieht man aber auch mitten in der Spongiosa, und an Stellen, wo von einer Markhöhle keine Rede sein kann, ziemlich weite Strecken mit weichem Markgewebe erfüllt, ohne jede Spur von Knochengewebe.

Die Einschmelzung erfolgt in den allermeisten Fällen in Lacunen. Es bilden sich grosse, unregelmässig gestaltete Einschmelzungsgruben, welche oft wieder mit zahlreichen Grübchen zweiter

und dritter Ordnung garnirt sind. Letztere beherbergen sehr häufig
Myeloplaxen. Hin und wieder erfolgt auch die Einschmelzung an
einer linearen, sanft geschwungenen Grenze, und dadurch kommen
eben, wenn eine lineare Einschmelzung zu beiden Seiten eines
Bälkchens stattfindet, jene oben geschilderten langen und dünnen
Reste von Knochenbälkchen zu Stande. In allen Fällen wird die
Structur der einschmelzenden Bälkchen, welche, da man es hier
mit dem ausgewachsenen Skelette zu thun hat, fast überall unterbrochene Lamellensysteme mit Kittlinien erkennen lässt, sowohl in
den Gruben, als auch an den sanft geschwungenen Einschmelzungsrändern ganz ohne Rücksicht zerstört.

Diese Zeichen der Hyperämie und Gefässneubildung mit den
dadurch bedingten Erscheinungen der Knochenresorption sind, wenn
man Knochenpartien untersucht, welche noch nicht die hochgradigste
Intensität der Erkrankung und nicht die extremen Grade der Erweichung darbieten, sondern noch eine gewisse Resistenz aufweisen,
die einzigen Symptome, welche histologisch nachweisbar sind.
Man kann dann auf ziemlich weiten Strecken ausschliesslich
die durch die Einschmelzung reducirten Reste des alten
Knochengewebes vorfinden, welche nicht nur ihre ursprüngliche Structur, sondern auch ihre vollständige
Verkalkung bewahrt haben. Die Reste der Bälkchen zeigen
demgemäss ihre ursprüngliche silbergraue Färbung — ohne Carmin-
tinction der Grundsubstanz — und in den Einschmelzungsgruben
grenzt das Markgewebe, genau so wie bei der normalen Knochenresorption, ganz unmittelbar an das unveränderte und dicht verkalkte Knochengewebe.

Nähert man sich aber nun den intensiver afficirten Theilen,
welche schon eine hochgradigere Einbusse in ihrer Härte und Resistenz gegen mechanische Einwirkungen erlitten haben, so findet
man auch unverkalktes Gewebe in mehr oder weniger grossen
Mengen angehäuft. Die Einschmelzungsgruben, und insbesondere
die linearen Einschmelzungsränder bedecken sich mit schmalen
Säumen lebhaft rothen, also unverkalkten Knochengewebes, welches
dann gewöhnlich auch eine, dem Einschmelzungsrande oder der
Resorptionsgrube parallele lamellöse Streifung darbietet (Fig.
6 *npl*). Hin und wieder findet man auch im Fond einer grossen Grube
ein nicht lamellöses, sondern grobgeflechtiges, aber gleichfalls roth-

gefärbtes Knochengewebe, und erst mehr oberflächlich gegen den Markraum zu nimmt das kalklose Gewebe wieder eine lamellöse, um das zunächst gelegene Gefässlumen concentrisch angeordnete Structur an. An einer anderen Stelle sieht man wieder quergeschnittene, grubige Haversische Räume in der verkalkten Compacta, deren eigenthümliche Textur mit ihren nach allen möglichen Richtungen verlaufenden Lamellen an der buchtigen Umrandung plötzlich aufhört; und innerhalb dieses Einschmelzungsrandes findet man nun ein schön concentrisch geordnetes, vollkommen unverkalktes, lebhaft rothes Lamellensystem, welches von seiner silbergrauen Umgebung an der buchtigen Grenzlinie sich recht lebhaft abhebt. (Fig. 6 *hrr.*)

Auch an der Knochenoberfläche findet man dann häufig eine dünne oder mächtigere Lage von rother Knochensubstanz, meist mit umfassendem, dem oberflächlichen Einschmelzungsrande parallelen, auf längere Strecken hin zu verfolgenden Lamellen. An anderen Stellen der Oberfläche ist der einfache Knochensaum durch eine mächtigere areoläre Auflagerung von jungen Knochenbälkchen ersetzt, welche, wie bei der embryonalen Periostauflagerung, aus einem centralen, geflechtartigen Wurzelstock und oberflächlichen, in den Gefässräumen aufgelagerten Schichten zusammengesetzt sind. Diese junge periostale Knochenbildung bleibt entweder ganz und gar unverkalkt, oder es zeigen die einzelnen Bälkchen in ihrem centralen Theile eine unvollständige Verkalkung, welche sich ohne bestimmte Grenze nach aussen hin gegen die oberflächlichen ganz unverkalkten Lamellen verliert.

In ähnlicher Weise kommt es auch im Inneren der Spongiosa in den durch die Einschmelzung zahlreicher alter verkalkter Bälkchen geschaffenen grossen Markräumen zur Bildung neuer Knochenbälkchen, welche oft in grosser Ausdehnung sich zu einem spongoïden Gewebe anordnen, wie wir dasselbe im vorigen Kapitel geschildert haben. Auch hier sind es zahlreiche kurze und dünne Bälkchen, welche nicht minder zahlreiche kleine, rundliche Markräume zwischen sich fassen, von denen jeder ein centrales Gefässlumen im Quer- oder Schiefschnitte aufweist. Diese Bälkchen zeigen wieder zumeist einen grobgeflechtigen Wurzelstock und eine oberflächliche lamellöse Auskleidung. Auch hier sind sie zumeist unverkalkt; nur in seltenen Fällen ist der centrale Theil in unvollkommener Weise mit Kalksalzen imprägnirt.

Die Einschmelzung der Knochensubstanz von der Oberfläche des Knochens und von den Markräumen her schreitet aber auch an solchen Stellen weiter, an denen das ursprüngliche verkalkte Gewebe schon gänzlich verloren gegangen ist. Es betrifft in solchen Fällen ausschliesslich das neue noch unverkalkte Gewebe, in welchem dann wieder die lamellöse Anordnung durch den buchtigen Einschmelzungsrand unterbrochen wird. (Fig. 6 bei *x*.) Durch Einschmelzung von zwei Seiten her entstehen in dieser Weise auch dünne unverkalkte Bälkchen. (Daselbst *blk*.)

Da nun, wie wir oben gesehen haben, manchmal auf grosse Strecken die alte Knochensubstanz gänzlich eingeschmolzen wurde, so kann es, wenn sich an solchen Stellen ein neues kalkloses Gewebe gebildet hat, leicht passiren, dass man auf eine weite Strecke entweder gar keine verkalkten Partien findet, oder höchstens in den centralen Partien der neuen Bälkchen Theile des osteoïden Wurzelstockes mit den angrenzenden Lamellen in unvollständiger scholliger Verkalkung, oder endlich — und dieses ist der häufigste Fall — man findet innerhalb eines Spongiosabalkens oder einer compacteren Knochenpartie, welche aus lamellösem, unverkalktem Knochengewebe besteht, central gestellt, oder auch randständig ein gut verkalktes Bruchstück der ursprünglichen lamellösen Knochenstructur, welches nach allen Richtungen hin von lacunären Grenzlinien umgeben ist, deren convexe Ausbiegungen gegen das silbergraue verkalkte Gewebe gerichtet sind. (Fig. 6 *vkl*, *vkl'*.) Nach aussen grenzt diese lacunäre Linie die verkalkte Knochenpartie entweder gegen das neugebildete carminrothe Knochengewebe ab, oder sie stellt dort, wo die verkalkten Partien randständig sind, einen frisch entstandenen Einschmelzungsrand vor, und stösst nach aussen unmittelbar an den weichen Inhalt eines Markraumes. (Daselbst *rsp*, *rsp'*.)

Aus dieser Schilderung erhellt schon ohne Weiteres, dass bei der Osteomalacie, geradeso wie bei der Rachitis, in der Compacta und Spongiosa vielfache Einschmelzungen der Knochenstructur stattfinden, und dass in den Einschmelzungsräumen, in den Haversischen Räumen und an den oberflächlichen Resorptionsrändern wieder junges Knochengewebe gebildet wird, welches in Folge der grossen Zahl und lebhaften Saftströmung der benachbarten Blutgefässe entweder nur mangelhaft verkalkt, oder überhaupt gar keine Kalksalze in seine Grundsubstanz aufnehmen kann.

Wir betrachten also auch bei der Osteomalacie, ebenso wie bei der Rachitis, sämmtliche unverkalkte Knochenpartien als neugebildet und von Haus aus mangelhaft verkalkt, und haben auch bei dem Studium osteomalacischer Knochen niemals Veranlassung gehabt, daneben auch noch eine Entkalkung des ursprünglich normal verkalkten Knochengewebes mit Erhaltung seiner eigenartigen fibrillären Textur anzunehmen.

Dennoch ist, wie wir schon früher angedeutet haben, die Annahme, dass die kalklosen Partien durchwegs aus dem verkalkten gesunden Skelett durch einfache Entziehung der Kalksalze hervorgegangen sind, unter den Autoren eine sehr verbreitete.

Nach Volkmann [26] beginnt der Schwund zunächst mit einer einfachen Entkalkung der Tela ossea, so dass die organische Grundlage des Knochens, der Knochenknorpel, mit seinen Knochenlamellen und Lamellensystemen als eine weiche, biegsame, faserig werdende Masse zurückbleibt. Dabei soll der Knochen nach der Auffassung Volkmann's zunächst keine Defecte erleiden, sondern nur wieder in kalkfreies osteoïdes Gewebe zurückgebildet werden. Indessen zeigt aber die Zeichnung, welche Volkmann (S. 345) nach einem Präparate von Rindfleisch beigefügt hat, in einer für uns ganz unzweideutigen Weise, wie die in den kalkfreien Knochentheilen verlaufenden Lamellen immer concentrisch mit den Markräumen angeordnet sind, während die in den noch vorhandenen verkalkten Partien verlaufenden Lamellenlinien, weit entfernt davon, continuirlich in diejenigen des rothen kalklosen Gewebes überzugehen, was ja unbedingt der Fall sein müsste, wenn die weichen Partien einfach durch Entkalkung entstanden wären, vielmehr, ohne jede Continuität mit den kalklosen Lamellen, von den buchtigen lacunären Grenz- oder Kittlinien einfach abrupt durchschnitten werden, und häufig senkrecht oder in einem Winkel auf die lacunäre Kittlinie und somit auch auf die mit ihr parallele Längsrichtung der kalkfreien Lamellen gerichtet sind, genau so, wie wir dies früher ausführlich geschildert haben.

Auch Rindfleisch [31] hat noch 1875 ausdrücklich die Bildung der rothen Carminzone auf eine Entkalkung zurückgeführt.

welche ganz analog der künstlich durch Salzsäure herbeigeführten
wirken soll. Dabei sollte die lacunäre Grenze zwischen den verkalkten und unverkalkten Knochentheilen durch ein ungleichmässig
rasches Fortschreiten der Säurewirkung von den Markräumen und
Haversischen Kanälen aus zu Stande kommen.

Von neueren Autoren sind Langendorff und Mommsen [55]
dieser Entkalkungstheorie nicht beigetreten; sie haben vielmehr,
wie bereits in unserem ersten Abschnitte berichtet wurde,
ausdrücklich erklärt, dass sie eine Entstehung der rothgefärbten
Partien aus dem ursprünglichen Knochengewebe durch einfache
Entziehung der Kalksalze nicht zugeben können. Leider ist aber
aus ihrer Darstellung nicht zu entnehmen, welchen anderen Modus
der Entstehung der kalkarmen Partien sie für den richtigen gehalten haben.

Deutlicher hat sich Cohnheim [57] in seiner allgemeinen Pathologie über diesen Gegenstand ausgesprochen. Dieser Autor erklärt
nämlich ausdrücklich das Vorhandensein der kalkfreien Lagen durch
die Apposition einer kalkfreien osteogenen Substanz anstatt des
typischen Knochengewebes. Nur sieht er die Ursache der ausblei-
benden Verkalkung der osteogenen Schichten nicht in localen Verhältnissen, er weist sogar eine solche locale Ursache ausdrücklich
zurück, indem er behauptet, dass die Osteoblasten, wenn ihnen die
betreffenden Erdsalze zu Gebote stehen, immer auch wirkliches
verkalktes Knochengewebe produciren; er sieht vielmehr die Ursache der mangelhaften Verkalkung in einer mangelhaften Zufuhr
von Kalksalzen zu dem genannten Organismus. Wir werden auf
diese Frage in einem späteren Kapitel zurückkommen, und es wird
uns, wie wir glauben, der Nachweis gelingen, dass unsere Vorstellung von der Behinderung der Kalkablagerung durch die
abnorme lebhafte Plasmaströmung in den Thatsachen besser begründet ist.

Auf der anderen Seite legt aber Cohnheim nicht den entsprechenden Nachdruck auf die abnorm gesteigerte Einschmelzung
der ursprünglichen harten Knochentextur, ohne welche ja im ausgewachsenen Skelette eine so bedeutende Einbusse an Starrheit
gar nicht denkbar wäre. Er begnügt sich nur damit, eine solche
Steigerung der Resorptionsprocesse für wahrscheinlich zu erklären.
Dies hängt eben damit zusammen, dass Cohnheim, nach seiner

eigenen Erklärung, bei der Abfassung seines Werkes die histologische Beschaffenheit osteomalacischer Knochen wegen mangelnden Materials aus eigener Anschauung nicht gekannt hat, und deshalb fehlt auch daselbst eine detaillirte Begründung seiner, wie wir nun sehen, in der Hauptsache durchaus zutreffenden Theorie.

So konnte es geschehen, dass ein Autor, der sich in der allerjüngsten Zeit mit dieser Frage eingehend beschäftigt hat, nämlich Ribbert[89] in Bonn, mit wenigen Worten über die neue Auffassung Cohnheim's zur Tagesordnung übergehen zu dürfen glaubte, indem er nämlich diesem Forscher irrthümlicher Weise zumuthete, er habe nur von der Auflagerung unverkalkter Gewebstheile gesprochen, und nicht auch von der Resorption der verkalkten (wodurch allerdings die factische Erweiterung der Markräume nicht zu erklären wäre); und dass ferner derselbe Schriftsteller auf Grund einiger Beobachtungen von seniler Osteomalacie wieder zu der ursprünglichen Ansicht zurückgekehrt ist, nach welcher die kalklosen Schichten durch die Entkalkung ursprünglich verkalkter Knochentextur gebildet werden sollen. Da nun Ribbert sich ausdrücklich gegen eine etwaige Annahme des Ersatzes der eingeschmolzenen harten Knochentheile durch neugebildete unverkalkte Theile wendet, so halten wir es, in Anbetracht der grossen Bedeutung dieser Frage, und in Anbetracht der vollständigen Analogie dieser speciellen Verhältnisse bei der Rachitis und Osteomalacie nicht für überflüssig, an diesem Orte die Argumente dieses Autors einer eingehenden Kritik zu unterziehen *).

Ribbert beginnt seine Argumentation damit, dass er sagt, er finde weder in fremden Beschreibungen, noch in seinen eigenen Beobachtungen genügende Anhaltspunkte für die Annahme einer Knochenresorption in dem erforderlichen Grade. Er habe z. B. in seinem hochgradigen Falle von seniler Osteomalacie kaum jemals ein Knochenbälkchen gefunden, welches nicht ringsum von osteoïder (d. h. kalkfreier) Substanz umgeben gewesen wäre. Dem

---

*) Ribbert wendet sich in seiner Polemik nur gegen einen supponirten Vertreter unserer Ansicht, dessen Argumenten er im Vorhinein zu begegnen versucht. Es ist ihm also offenbar jener Theil unserer Arbeit, in welchem wir (im Kapitel über Knochenresorption, med. Jahrb. 1879, 3. Heft. S. 421 und im I. Bde. d. Separatausgabe S. 212) diese Theorie bereits eingehend begründet hatten, damals noch nicht bekannt gewesen.

gegenüber müssen wir zunächst constatiren, dass der Autor selbst
an einer anderen Stelle derselben Abhandlung bei der Beschreibung
der mässigeren Fälle dieser Affection bemerkt, dass nicht jedes
Bälkchen immer und überall mit der Zone osteoïder (kalkarmer)
Substanz versehen sei.

Gegenüber der Behauptung Ribbert's, dass er in fremden
Beobachtungen keine Anhaltspunkte für eine ausgiebige Knochenresorption bei der Osteomalacie gefunden habe, citiren wir eine Stelle
aus Virchow's [7] Abhandlung über Rachitis, in welcher es (S. 492)
heisst: „Die Osteomalacie ist eine wahre Osteoporose,
indem die Markräume der spongiösen Substanz grösser
und grösser, die compacte Substanz spongiös wird u. s. w."

Endlich verweisen wir auf unsere unmittelbar früher gegebene
Beschreibung der minder hochgradig afficirten osteomalacischen
Knochenpartien, in der wir constatirt haben, dass in einem gewissen Stadium nahezu ausschliesslich Resorptionserscheinungen, und zwar in sehr bedeutender Ausdehnung und in jeder
Form zu beobachten sind, dass die ursprünglich verkalkte Knochensubstanz in den Lacunen, an den linearen Einschmelzungsrändern
und in den durchbohrenden Kanälen noch unmittelbar und ohne
Zwischenkunft von unverkalktem Knochengewebe an die Myeloplaxenmassen oder an den weichen, nicht fibrillären Inhalt der
Lacunen und Gefässkanäle oder der zelligen Schichte der Beinhaut
angrenzt, und dass durch vielfache Einschmelzung stellenweise die
Bälkchen vollständig schwinden, oder nur in Form von schmalen,
verkalkten, knöchernen Brücken zurückbleiben. Da wir es also hier
ohne jeden Zweifel mit einer bedeutend gesteigerten Knocheneinschmelzung zu thun haben, bei welcher genau so, wie bei der
normalen Resorption, die Zerstörung der Knochentextur der Entkalkung unmittelbar auf dem Fuss gefolgt ist, so scheint es uns
schon von vornherein nicht sehr wahrscheinlich, dass nebenbei
an einzelnen Stellen auch eine blosse Entkalkung der Knochentextur stattfinden soll.

Ferner behauptet Ribbert, dass die Existenz gänzlich kalkfreier Bälkchen, welche noch ausserdem stellenweise einem fibrillären
Zerfalle unterliegen, für eine vorhergängige Entkalkung der Knochensubstanz sprechen soll, und für eine erst allmälig nachfolgende
Auflösung dieser in grosser Ausdehnung kalkfrei gewordenen Theile

des Knochengewebes. Derartige gänzlich kalkfreie Bälkchen, und
noch dazu in sehr grosser Ausdehnung und in grosser Anzahl
haben auch wir, wie bereits gesagt, bei der Osteomalacie sehr
häufig beobachtet, aber gerade diese beweisen durch ihren geflechtartigen Wurzelstock und ihre ununterbrochene lamellöse Bekleidung,
dass sie jüngeren Ursprunges sind und unmöglich aus der ursprünglichen älteren verkalkten Knochensubstanz mit ihren vielfältig
unterbrochenen Lamellen und Kittlinien entstanden sein können.
Eine solche nachträglich entstandene Knochenpartie, welche niemals
verkalkt war, kann nun ganz in derselben Weise, wie die verkalkten Bälkchen, durch nachträgliche Resorptionsvorgänge von beiden
Seiten her bis auf eine dünne Knochenspange reducirt werden,
und wenn nun ein solches dünnes Bälkchen auch noch an einem
Ende der fortgesetzten Resorption anheimfällt, so verhält es sich
dann allerdings nicht mehr wie ein verkalktes Bälkchen, welches
bis ganz zuletzt immer nur ganz scharfe Einschmelzungsränder
darbietet, sondern ein solches dünnes unverkalktes Bälkchen
endet dann wirklich durch Zerfaserung, etwa in ähnlicher Weise,
wie Sehnengewebe sich in einem Entzündungsherde verhalten würde,
mit welcher ein von Haus aus kalkfreies Knochenbälkchen ja
ohnedies die allergrösste Aehnlichkeit besitzt.

Ein drittes Argument für seine Ansicht findet Ribbert in
der Beschaffenheit der Knochenkörperchen in der rothen
Zone. Er findet nämlich, dass die Knochenkörperchen der kalklosen
Partien nur kleine spindelige Elemente mit Andeutungen von Ausläufern sind, und glaubt aus diesem Grunde dieselben als „dege-
nerirte" Knochenkörperchen auffassen zu müssen, d. h. es sollen
diese kleineren Gebilde aus den grossen, mit zahlreichen Ausläufern
versehenen Knochenkörperchen des verkalkten Gewebes durch
„Degeneration" entstanden sein. Hier muss aber vor Allem con-
statirt werden, dass absolut keine Berechtigung vorhanden ist, die
Verkleinerung eines Knochenkörperchens als einen degenerativen
Vorgang aufzufassen, vielmehr haben wir bei der Schilderung des
Ossificationsprocesses ausdrücklich hervorheben müssen, dass die
Verkleinerung der Knochenkörperchen und die Verengerung der
ursprünglich weiten Communicationen zwischen den einzelnen
Körperchen zu engen Knochenkanälchen als ein wichtiges Glied in
dem fortschreitenden Entwickelungsprocesse der Knochensubstanz

betrachtet werden muss. Zur Verkleinerung eines Knochenkörperchens
muss nämlich unbedingt ein Theil des in der Zellenhöhle enthaltenen Protoplasmas sich in fibrilläre Knochengrundsubstanz um-
bilden. Nun behauptet aber unser Autor gleichzeitig, dass das
seiner Kalksalze beraubte Knochengewebe nachträglich auch gänzlich aufgelöst werde. Eine Auflösung der Knochensubstanz ist
aber nur denkbar durch eine Verminderung der fibrillären
Grundsubstanz, durch Vermehrung und Vergrösserung der inter-
fibrillären Räume und der mit protoplasmatischer Substanz erfüllten
Höhlen oder Knochenkörperchen, und in der That werden wir auch
einen solchen Auflösungsprocess der (noch vollständig verkalkten)
Grundsubstanz bei der stürmischen Einschmelzung des Knochengewebes im Gefolge der hereditären Syphilis beobachten *). Wenn
also die Auflösung einer Knochenpartie zugleich mit einer Verkleinerung der Zellenhöhlen und einer Verengerung der Canaliculi,
also mit einer Neubildung von Grundsubstanz einhergehen soll,
so birgt eine solche Annahme offenbar einen ganz unlöslichen
Widerspruch.

Dass die Knochenkörperchen in den kalklosen Partien häufig
kleiner erscheinen — es ist dies keineswegs regelmässig der Fall,
denn in den neugebildeten osteoïden geflechtartigen Theilen sind
sie oft recht plump und mit zahlreichen weiten Ausläufern versehen —, beruht in der That auf ganz anderen Gründen. Bekanntlich sind die Knochenkörperchen im lamellösen Gewebe mit ihrem
kürzesten Durchmesser senkrecht auf die Lamellenebene gestellt.
Wenn man also die Lamellen, wie dies am häufigsten der Fall ist,
im Profil zu sehen bekommt, so erscheinen die Knochenkörperchen
auf ihre schmale Kante gestellt, und man sieht sie daher in ihrer
Längen- und Dickenausdehnung, wodurch sie eben lang und schmal
erscheinen. Die Lamellen der verkalkten Theile sind aber, da diese
nur aus Fragmenten von Lamellensystemen zusammengesetzt sind,
in allen möglichen Richtungen des Raumes angeordnet, man bekommt also ihre Lamellen und demgemäss auch ihre Knochenkörperchen auch sehr häufig en face zu sehen, wo die letzteren
eben in der Längen- und Breitendimension als ziemlich grosse Gebilde erscheinen.

---

*) Vergl. übrigens die Andeutungen hierüber im ersten Abschnitte
(S. 209).

Ein anderer, noch schwerer wiegender Umstand liegt aber darin, dass die Fibrillen des kalklosen Gewebes in allen Untersuchungsflüssigkeiten, insbesondere aber, wenn sie nach der Carminfärbung noch mit angesäuertem Wasser behandelt werden, in erheblichem Grade aufquellen, wodurch nicht nur die Zellenhöhlen selbst bedeutend verkleinert werden, sondern die Canaliculi gänzlich verstreichen, während natürlich in den verkalkten älteren Partien eine solche Quellung unmöglich ist, und daher in letzteren die Knochenkörperchen in ihrer natürlichen Grösse und mit allen ihren strahligen Fortsätzen in die Erscheinung treten.

Dies ist also die Wahrheit über die „Degeneration" der Knochenkörperchen.

Den wirklichen Unterschied zwischen den Knochenkörperchen der kalklosen und denen der verkalkten Partien hat Ribbert anzuführen versäumt, nämlich ihre gänzlich veränderte Anordnung und Vertheilung in der Grundsubstanz, und gerade diese Veränderung ist mit einem genetischen Zusammenhange zwischen verkalkten und unverkalkten Theilen absolut nicht vereinbar. Es ist schlechterdings kein Modus denkbar, durch welchen das verkalkte Gewebe mit seinen, von lacunären Kittlinien vielfach unterbrochenen, nach allen möglichen Richtungen des Raumes verlaufenden Lamellensystemen mitsammt den in der Richtung der Lamellengrenzen mit ihren Längsaxen angeordneten Knochenkörperchen, nun auf einmal in complete, durchaus concentrisch zu den Markgefässen oder parallel mit dem Rande des Markraumes angeordneten Lamellen mit den entsprechend gelagerten Knochenkörperchen umgewandelt worden sein soll, ebensowenig, wie man begreifen kann, warum diese durchgreifende Umwälzung der groben Structur des Knochengewebes sich genau an derselben lacunären Linie begrenzen soll, welche das kalkhaltige Gewebe von dem kalklosen trennt.

Dem entgegen meint zwar Ribbert, dass ja auch nach der Entkalkung noch Veränderungen in der Knochentextur vor sich gehen können; wir haben aber schon darauf hingewiesen, dass diese Veränderungen, wenn sie zur Auflösung der Knochentextur führen sollen, keine anderen sein dürfen, als eine Vergrösserung und Vermehrung der Zellenhöhlen und ihrer Communicationen und ein allmäliger Schwund der fibrillären Grundsubstanz zwischen denselben. Damit ist aber die factische Existenz von kleineren, weniger zahlreichen und anders angeordneten Knochenkörperchen, und der Ersatz der durcheinander geworfenen Bruchstücke von Lamellensystemen durch ununterbrochene concentrische Lamellen, oder gar durch geflechtartiges osteoïdes Gewebe keineswegs zu erklären. Eine so weit gehende directe Umwandlung der Structur und Anordnung des Knochengewebes liegt gänzlich ausser dem Bereiche der Möglichkeit.

Ribbert erwähnt auch die lacunäre Grenzlinie, welche so häufig zwischen den verkalkten und unverkalkten Knochentheilen verläuft, und ist der Ansicht, „dass man in ihr den durch locale Verhältnisse bedingten Ausdruck verschieden weiten Vordringens des Resorptionsprocesses vor sich habe". Dieser Resorptionsprocess soll direct auf einer Ernährungsstörung des Knochens beruhen, welche zunächst eine chemische Umsetzung in der Grundsubstanz des Knochens, und in zweiter Linie eine Lockerung, ja eine völlige Scheidung der Kalksalze von der chemisch mit ihr verbundenen Grundsubstanz zur Folge haben soll. Warum nun dieser überaus vag angedeutete und ohne genügende Motivirung angenommene Vorgang gerade mit einer lacunären Grenze, welche aus lauter Segmenten von grösseren und kleineren Kugelflächen zusammengesetzt ist, weiterschreiten muss, ist bei einer solchen Auffassung schwer verständlich. Wenn man aber sieht, dass diese lacunäre Grenze in jeder Beziehung mit jenem lacunären Einschmelzungsrande übereinstimmt, wie man ihn unter normalen und pathologischen Verhältnissen immer in derselben charakteristischen Gestalt wiederkehren sieht, und wenn man nun innerhalb dieser buchtigen Grenze eine concentrische, lamellöse Knochentextur findet, welche mit den ausserhalb gelegenen verkalkten Theilen an keiner Stelle ein Continuum bildet, so wird man wohl über den wahren Zusammenhang dieser Erscheinungen nicht lange im Ungewissen bleiben können.

Uebrigens hat Ribbert seine Anschauung von der vorläufigen Entkalkung und von der nach längerer Pause nachfolgenden Auflösung der rothgefärbten kalklosen Partien nicht auf den pathologischen Vorgang der Osteomalacie allein beschränkt, sondern er hat dieselbe auch auf den normalen Resorptionsprocess zu übertragen gesucht. Er gesteht zwar zu, dass von einer solchen „osteoïden Einschmelzung" in normalen Knochen bis jetzt nichts

bekannt geworden ist, und dass es ihm nur schwer gelungen sei,
sich von dem Vorhandensein einer solchen zu überzeugen, er will
aber doch hie und da einen sehr schmalen rothen Saum gesehen
haben, und zwar an der Innenfläche der Schädelknochen von
Neugeborenen.

Es ist nun gleich von vorncherein sehr auffallend, dass ein
solcher Vorgang, von dem man doch voraussetzen sollte, dass er,
wenigstens unter normalen Verhältnissen, überall in derselben Weise
stattfinden soll, so ungemein schwer und gerade nur an einer beschränkten Stelle des ganzen Skelettes aufzufinden ist. An Resorptionsflächen fehlt es ja bekanntlich am wachsenden Skelette weder
an der Oberfläche, noch auch im Inneren der Compacta und
Spongiosa, und man müsste also folgerichtig an jeder einzelnen
Einschmelzungsgrube den entkalkten und carmingefärbten Saum
vorfinden. Dies ist nun ganz gewiss nicht der Fall, vielmehr finde
ich gerade unter normalen Verhältnissen jedesmal die verkalkte
Grundsubstanz ganz abrupt und ohne Zwischenlagerung von rother
kalkloser Grundsubstanz von dem Einschmelzungsrande durchschnitten, und es stösst jedesmal, wenn man den Rand oder die
Grube strenge im Profil betrachtet, der silbergraue Knochen ganz
direct an die Myeloplaxenmasse oder an das übrige Markgewebe.
Nur wenn man die Einschmelzungsfläche oder die Einschmelzungsgrube en face ansieht, findet man auch an nicht entkalkten Präparaten, dass diese Flächen roth gefärbt erscheinen. Es beruht
dies eben darauf, dass, wie es ja nicht anders denkbar ist, die
Lösung der Kalksalze einen ganz kurzen Moment der
Zerstörung der Fibrillen vorhergeht (vergleiche I. Band,
Seite 203), und dass daher jedesmal ein minimaler Antheil
der fibrillären Grundsubstanz, von den Kalksalzen befreit, die
rothe Färbung annimmt. Wie ungemein geringfügig jedoch dieser
entkalkte Antheil ist, geht schon daraus hervor, dass sowohl
bei einer strengen Profilansicht der Grube, als auch bei einer
Halbprofilstellung, bei welcher die Grube nach abwärts sicht.
von einem rothen Saume absolut nichts wahrzunehmen ist. Nur
wenn man die Lacune en face oder in jener Halbprofilstellung
ansieht, bei welcher die Grubenfläche nach aufwärts gerichtet
ist, wird die rothe Färbung der Grubenfläche selbst sichtbar, und
man bekommt nun den Eindruck eines oft ziemlich breiten halb-

mondförmigen rothen Saumes, welcher den Lacunenrand des
silbergrauen Knochens auskleidet. Es ist aber durch den Wechsel
der Einstellung in einem solchen Falle sehr leicht die Ueberzeugung
zu gewinnen, dass ein solcher rother Saum immer unter
dem Niveau der Schnittfläche gelegen ist, dass man also
in diesem Saume keineswegs den Durchschnitt einer ebenso breiten
Lage kalkfreien Knochengewebes zu suchen hat. Vielleicht waren
es diese rothen Säume, welche Ribbert bei der normalen Einschmelzung und manchmal auch bei der Osteomalacie gesehen hat.
Damit würde es auch übereinstimmen, dass er einerseits so selten
osteomalacische Einschmelzungsflächen ohne carminrothen Beleg
beobachtete, während ja in der That solche auch bei der Osteomalacie
und bei jeder anderen pathologischen Knochenresorption sehr häufig
zu finden sind, und dass er andererseits ausdrücklich hervorhebt, dass
ihm insbesondere die bogenförmigen Winkelstellungen
mit den schmalen rothen Carminzonen versehen erscheinen.

Eine ganz eigenthümliche, schwer definirbare Stellung hat
Pommer[78] in seiner bereits erwähnten Abhandlung dieser Frage
gegenüber eingenommen. Aus einzelnen Stellen derselben würde
nämlich hervorgehen, dass dieser Autor sich unserer ihm bereits
bekannten Anschauung über den Charakter der kalkfreien Partien
des Knochengewebes angeschlossen habe. Er äussert sich nämlich
wiederholt dahin (Seite 41 und 122), dass er keine Anhaltspunkte dafür gefunden habe, dass eine vorbereitende
Veränderung der Knochengrundsubstanz der Resorption
— welche er durch die Osteoklasten besorgen lässt — vorher-
gehe. Er erkennt ferner an, dass es bei der Osteomalacie unent-
kalkt bleibende Partien gibt, und dass man keineswegs berechtigt sei, aus dem Funde kalkloser Knochenstellen
ohne Weiteres zu folgern, dass es sich dabei um eine
eingetretene Entkalkung handle *).

---

*) Auch hier hat es dieser Autor, welcher sonst mit Literaturangaben
keineswegs sparsam vorgeht, versäumt, seinen Lesern mitzutheilen, dass
seine ganze Argumentation über die Entkalkungsfrage bei der Osteomalacie schon in unserem ersten Abschnitte in dem Kapitel über die
Resorption (Seite 211—212) ausführlich zu finden ist, und dass wir
daselbst, abgesehen von den theoretischen Ausführungen Cohnheim's
zum ersten Male der allgemein acceptirten Entkalkungstheorie auf

Mit diesen Ansichten stimmen aber andere Ausführungen in derselben Abhandlung durchaus nicht überein. So z. B. schildert Pommer schon an den normalen Resorptionsgruben eigenthümliche doppelt contourirte glänzende Säume, von denen er annimmt, dass sie einer Veränderung entsprechen, „welche der Knochen am Rande einer Lacune immer erleidet, wenn sich die Resorption vollzieht" (S. 36). Weiter heisst es, dass diese Veränderung der Grundsubstanz nicht etwa eine Kalkentziehung sei; man werde vielmehr zu der Annahme einer anderen Art von Veränderung geführt — welcher Natur, lasse sich freilich sehr schwer entscheiden (S. 38).

Wenn man aber die weiteren Angaben über diese neu entdeckten Säume des Lacunenrandes verfolgt, so gelangt man bald zu der Ueberzeugung, dass man es hier mit nichts Anderem zu thun hat, als mit einer Lichtbrechungserscheinung oder mit einer Spiegelung am Knochenrande, welche darin ihren Grund hat, dass bei der Profilansicht einer Lacune die Fläche der letzteren nur bei den allerseltensten Einstellungen gerade senkrecht auf die Schnittebene verläuft, sondern mit derselben in der Regel einen mehr oder weniger schiefen Winkel bildet. Dadurch muss nothwendiger Weise das Licht gleichfalls in einem schiefen Winkel zu der Lacunenfläche einfallen, und man bekommt dadurch an dem Rande den Eindruck eines glänzenden oder spiegelnden Saumes. Damit stimmt vortrefflich die Angabe von Pommer, dass diese Säume an einer grossen Zahl von Lacunen, welchen die Riesenzellen dicht anliegen, nicht zu finden sind (S. 36); dass sie ferner immer genau die Beschaffenheit der Knochenränder haben, die sie auskleiden; denn wenn der Knochen entkalkt war, so war der Saum gleichfalls entkalkt, war die Knochensubstanz arm an Kalksalzen und körnig, so waren die Säume ebenfalls körnig (S. 38). Zudem hat Pommer dieselben glänzenden Säume auch an den Rändern der durchbohrenden Kanäle und sogar an in den Knorpel eintretenden Lacunen beobachtet (S. 40). Er hätte aber hinzufügen können, dass man dasselbe Phänomen an jeder Art von Knochenrand beobachten kann, dass man den glänzenden

---

Grund histologischer Beobachtungen in ganz bestimmter Form entgegengetreten sind.

Saum auch an zweifellosen Appositionsrändern, an denen
weit und breit von einer Knochenresorption nicht die Rede ist, und
endlich; was wohl das merkwürdigste ist, auch an linearen Schnitt-
rändern von Knochenpräparaten findet, aber freilich immer nur
unter der Voraussetzung, dass der Knochenrand oder Schnittrand
einer seitlichen Fläche entspricht, welche in einem Winkel zur
Sehaxe gelegen ist.

Man kann daher jedesmal diesen glänzenden Saum vermeiden,
oder, wenn man ihn sieht, wieder zum Schwinden bringen, wenn
man die Linse von oben her dem Präparate ganz allmälig und
gerade nur bis zum deutlichen Sehen annähert. Dann ist eben das
Mikroskop ganz genau für die oberste Schnittfläche eingestellt,
man bekommt daher keinen Eindruck von der tiefer nach unten
gelegenen spiegelnden Lacunenfläche, und sieht nun auch den
Lacunenrand ganz scharf und ohne glänzenden Saum. Sowie man
aber die Linse nach abwärts dreht und in die Tiefe des Präparates
eindringt, so beginnt auch sofort wieder das wechselnde Spiel der
kommenden und schwindenden, sich verbreiternden und verschmä-
lernden glänzenden Säume. Natürlich wird man im Allgemeinen
wohl daran thun, seine Aufmerksamkeit von diesem, für die Kenntniss der Knochenstructur und für das Verständniss der Lebens-
vorgänge in derselben durchaus gleichgiltigen Phänomen abzulenken,
und sie auf wesentlichere Dinge zu richten.

Auch in einem zweiten Punkte geräth Pommer in einen
directen Widerspruch mit seiner eigenen Behauptung, dass bei der
lacunären Resorption keine vorläufige Veränderung der Grundsubstanz stattfinden soll. Er beschreibt nämlich bei verschiedenen
krankhaften Resorptionsprocessen im Knochen ausgefaserte
Lacunen, d. h. solche Lacunen, in denen einzelne Fibrillen oder
selbst Fibrillenbündel in Form von dicken starren Spiessen stehen
geblieben sein sollen, und sich nun mit ihren Enden am Lacunen-
rande inseriren. Diese Fibrillen und Fibrillenbündel sollen also
Structurelemente des ehemaligen Knochengewebes sein, welche bei
der lacunären Resorption zurückgeblieben sind, und es wird sogar
hervorgehoben, dass in den Bündeln ausser den Fibrillen auch noch
die Kittsubstanz dem Resorptionsprocesse entgangen sein muss.
Leider hat aber Pommer unterlassen, seine Meinung darüber
abzugeben, wie die Kalksalze aus der noch erhaltenen Kittsubstanz

und zwischen den unversehrt gebliebenen Fibrillen entfernt worden
sind, denn es ist ein Factum, dass solche Fibrillenbündel und
Spiesse, die in der Bucht der Resorptionslacune verlaufen, keine
Kalksalze enthalten und sich in Carminpräparaten intensiv roth
färben. In jedem Falle wäre aber, wenn die Auffassung Pommer's
über die Herkunft dieser Bündel richtig wäre, wiederum ein Loch
in die frühere Behauptung gerissen, dass der Resorption der Grundsubstanz in der Lacune keine vorbereitende Veränderung vorher-
gehe, denn man wird doch nicht in Abrede stellen können, dass
eine Entkalkung eine vorbereitende Veränderung sei.

Pommer hat sich nun diesen Vorgang so zurecht gelegt,
dass die beiden angeblich specifischen Thätigkeiten des Osteo-
klastenprotoplasmas, nämlich die „Assimilirung" der organischen
Grundlage des Knochens und die Lösung der Kalksalze nicht, wie
gewöhnlich, gleichen Schritt halten, sondern dass hier die assimi-
lirende und resorbirende Thätigkeit hinter der chemischen Wirkung
der Lösung der Kalksalze zurückbleibt. Ueber die Ursache dieser
ausnahmsweisen Verzögerung weiss Pommer allerdings nichts an-
zugeben.

Nun hat aber derselbe Autor gerade kurz zuvor gegen unsere
Theorie von der Lösung der Kalksalze und Fibrillen durch die
von den Gefässen ausgehende Plasmaströmung, den Einwurf erhoben,
dass er ein solches Auslösen und scharfes Begrenzen der lösenden
Fähigkeit des Plasmas nicht zugeben könne. Dieser Einwurf ist
nun schon aus dem einfachen Grunde haltlos, weil er ja jede
überhaupt mögliche Resorptionstheorie in gleicher Weise treffen
müsste, sowie sie es unternimmt, die factische Existenz der scharf
begrenzten Resorptionsränder zu erklären. Für uns, die wir an
einem Stehenbleiben von entkalkten Fibrillenbündeln als Reste
des verkalkten Knochens nicht glauben, handelt es sich ja nur
um das Stehenbleiben der Sporen und Kanten zwischen den einzelnen Lacunen, und bezüglich dieser brauchen wir nur ganz einfach auf die analogen Wirkungen des Wassers auf Kalkfelsen zu
verweisen, an denen man ja häufig genug solche grubige, schüssel-
förmige und rinnenartige Vertiefungen mit ganz scharfen Rändern
zwischen denselben beobachten kann. Ein solches Begrenzen der
lösenden Wirkung, welche Pommer nicht einmal für die Vorsprünge zwischen den Lacunen gelten lassen will, findet er auf

einmal ganz plausibel für einzelne Fibrillen und Fibrillenbündel
mitten zwischen den angeblich assimilirenden und chemisch lösenden Osteoklasten; und nicht zufrieden damit, lässt er sogar die
beiden „Lebensprocesse der Osteoklasten" gesondert von einander
wirken, also diese Osteoklastenzellen eine wahrhaft raffinirte Aus-
wahl treffen, indem sie ganz minimale Theile der Grundsubstanz
zuerst überhaupt verschonen, und dann zwar entkalken, aber nicht
gänzlich verzehren dürfen.

Noch absonderlicher erscheinen aber diese Vorgänge im Lichte
der von Pommer modificirten Osteoklastentheorie. Aus dem Vor-
hergegangenen erhellt schon zur Genüge, dass unsere Strömungstheorie vor den Augen dieses Forschers keine Gnade gefunden hat.
Es ist nun hier nicht der Platz, neuerdings eine Vertheidigung
unserer Theorie zu unternehmen. Wir wollen einstweilen nur bemerken, dass gerade das Studium des rachitischen und osteomalacischen Processes nicht nur in Allem und Jedem eine Uebcrein-
stimmung mit unserer Auffassung der Knochenresorption ergibt,
sondern dass geradezu, wie wir in einem späteren Kapitel beweisen
werden, die sämmtlichen ungemein mannigfaltigen Erscheinungen
dieser beiden Krankheiten mit Inbegriff der gesteigerten Knocheneinschmelzung, einzig und allein auf eine krankhaft erhöhte Saftströmung seitens der Blutgefässe zurückgeführt werden können.

Zur Charakterisirung der Einwände Pommer's möge indessen
nur das Eine angeführt werden, dass er die von uns behauptete Umwandlung der ihrer Kalksalze und ihrer leimgebenden Fibrillen beraubten Knochengrundsubstanz in Myeloplaxenmassen damit aus dem
Felde zu schlagen glaubt, wenn er sagt, diese Annahme, nach welcher
sich die durchsichtige Kittsubstanz der Knochengrundsubstanz in
Protoplasma umwandeln müsste, stehe in directem Widerspruche mit den gesicherten Erfahrungen der Zellenlehre und mit den Lehren der Physiologie und Histologie, nach
welchen die Intercellularsubstanzen nur einen geringen Theil
der Lebenseigenschaften des Protoplasmas behalten*). Leider müssen

---

*) Wörtlich so zu lesen l. c. S. 105. Hiemit sind also sämmtliche
Beobachtungen, welche den angeblich gesicherten Lehren der Histologie,
Zellenlehre u. s. w. widersprechen, feierlichst auf den Index gesetzt. Zu
unserer Entschuldigung können wir nur anführen, dass es uns gänzlich
unbekannt ist, wann und wo eine Codification oder Canonisation der ge-

wir aber noch weiter bekommen, dass wir uns durch diese angeblich gesicherte Lehre nicht haben abhalten lassen, bei der Beobachtung der Bildung der durchbohrenden Kanäle im Knochen die
Ueberzeugung zu gewinnen, dass sich hier die Intercellularsubstanz des Knochens direct in den weichen Inhalt des neugebildeten Kanals umwandelt, und dass also der noch erhaltene
„geringe" Theil der Lebenseigenschaften gerade für diese Umwandlung ausreicht; wir haben es ferner gewagt, genau die Stadien zu
beschreiben, welche die Intercellularsubstanz des Knorpels
bei ihrem Uebergange in das weiche Knorpelmark durchschreitet;
und wir haben uns endlich durch diese gesicherte Lehre auch nicht
irre machen lassen, als wir die Uebergangsformen der Knochengrundsubstanz in die Myoplaxen genau in derselben Weise beschrieben haben, wie sie unmittelbar nachher und unabhängig von uns
auch Löwe (im 16. Bande des Arch. f. mikr. Anat.) beschrieben
und abgebildet hat.

Ebenso lohnend ist es, die positive Seite der Pommer'schen
Resorptionstheorie kennen zu lernen. Er acceptirt nämlich allerdings
die Osteoklastentheorie Kölliker's in ihrer ganzen Ausdehnung,
aber er ergänzt sie auch durch Zusätze eigener Factur. So sollen
die Osteoklasten nicht nur, wie Kölliker meint, aus den Osteoblasten, sondern auch aus den Epithelien der Gefässe, ja sogar
aus zarten Epithelflügeln derselben hervorgehen. Dass er es an einer
anderen polemisirenden Stelle für unmöglich erklärt hat, dass die
durchsichtige Kittsubstanz in körniges Protoplasma übergehe,
scheint ihn nicht in seiner, übrigens gar nicht motivirten Annahme
zu beirren, dass die zarten durchsichtigen Epithelflügel sich in
dasselbe körnige Protoplasma umwandeln.

Die Umwandlung der Osteoblasten und, wie Pommer hinzufügt, jeder beliebigen Zelle des Marks in Osteoklasten soll durch

---

sicherten Lehren der Histologie, Zellenlehre u. s. w. stattgefunden hat.
Dagegen ist es allerdings unter solchen Umständen schwer zu verstehen,
zu welchem Zwecke Pommer seine 115 Seiten starke Abhandlung über
die lacunäre Resorption im erkrankten Knochen geschrieben hat. Denn
entweder enthält dieselbe lauter Dinge, die mit den gesicherten Lehren
der Histologie etc. übereinstimmen, dann war die Arbeit überflüssig; oder
sie enthält Ansichten, die von diesen „gesicherten Lehren" abweichen —
dann sind auch sie als ketzerisch zu verdammen.

einen auf die ersteren ausgeübten Druck veranlasst werden. Nun
hatten wir Kölliker gegenüber, der bereits eine ähnliche Hypothese aufgestellt hatte, eingewendet, dass ja im Inneren der Markhöhle und der Knochenkanäle durch die starren Wände derselben
eine jede von aussen her kommende mechanische Druckwirkung
ausgeschlossen sei. Um nun diese Einwände zu entgegnen, schlägt
Pommer vor: statt Druck präciser zu sagen: „Steigerung des
Blutdruckes und dadurch bedingte quantitative und qualitative
Aenderung der Gewebs-, d. i. der Ernährungsflüssigkeit. Dadurch
gewinnen wir", heisst es dann weiter, „einen einheitlichen Stand-
punkt, von welchem aus wir das Auftreten der Lacunen ungezwungen erklären können, ob es sich nun um eine Druckatrophie,
um die typischen Resorptionen der wachsenden Knochen oder um
die lacunäre Resorption handelt, welche die Entzündung und alle
Erkrankungen des Knochens begleitet". (S. 130.)

Hier hat sich also unser Gegner mitten in dem hitzigsten
Streite gegen unsere Gefäss- und Strömungstheorie mit einer elegan-
ten Wendung des Hauptgedankens der bekämpften Theorie bemäch-
tigt, dass nämlich unter allen Umständen, normal und pathologisch,
an der Oberfläche und im Inneren des Knochens die Einschmelzung des Knochengewebes auf eine Steigerung der vasculären Saftströmung zurückzuführen sei, und hat diesen Gedanken als seine
eigene neue Resorptionstheorie verkündet [*]). Nur darf eben diese
„quantitative Aenderung der Gewebsflüssigkeit" beileibe nicht
direct die Kalksalze und die Knochenfibrillen auflösen, sondern
diese vermehrte Saftströmung muss erst auf gewisse Zellen einen
Druck ausüben, diese Zellen sollen durch den Druck veranlasst
werden, „lösende Substanzen aus der Gewebsflüssigkeit an sich zu
ziehen, gleichsam zu concentriren" (S. 122), und sollen dann,

---

[*]) Vergl. die erste Abtheilung dieser Arbeit S. 199 und 235. Auch
bei dieser Gelegenheit ist Pommer seinem Principe treu geblieben, dort,
wo ihm unsere Ausführungen plausibel erschienen sind, dieselben ohne
Angabe der Quelle zu reproduciren. Es erscheint dies um so auffälliger,
als derselbe Autor gerade an jenen Stellen, wo er uns entgegentreten
zu müssen glaubt — und es geschieht dies gewöhnlich in einer Form,
in welcher die Kraft des Ausdruckes die innere Begründung ersetzen
soll — es niemals unterlässt, unsere Arbeit ganz gewissenhaft bis auf die
Pagina zu citiren.

indem sie an den Knochen angedrückt werden, diesen zerstören. Wenn man also einen weichen Körper in einer Flüssigkeit an eine harte Wand andrückt, veranlasst man ihn dadurch — nach Pommer — aus der umgebenden Flüssigkeit Substanzen an sich zu ziehen. Eine solche Vorstellung widerspricht vielleicht nicht den gesicherten Lehren der Physiologie und Histologie, gewiss aber den Lehren der Physik und Hydrostatik, vor Allem aber den Lehren der gemeinen Lebenserfahrung *).

Wir wollen nicht weiter darauf bestehen, uns den Vorgang auszumalen, wie die durch den Gefässdruck osteoklastisch gewordenen Zellen sich zwischen den einzelnen, der Resorption angeblich entgangenen, regelmässig angeordneten Fibrillen und Fibrillenbündel in den Lacunen verhalten müssen, damit sie diese Bündel nicht ebenfalls assimiliren. **Für uns sind eben Fibrillen und Fibrillenbündel, die in Resorptionslacunen erscheinen, unter allen Umständen neugebildet.** Ein untrügliches Beispiel einer solchen physiologischen Neubildung von Faserbündeln in Resorptionslacunen haben wir kennen gelernt, als wir den Vorgang des Hinaufrückens der Bicepssehne gegen das Radiusköpfchen geschildert haben, wo sich eben Sehnenbündel in den Resorptions-

---

*) Auf unsere Anfrage, warum die Osteoklasten, wenn sie wirklich selbstständige active Zellengebilde sein sollen, immer nur auf der dem Knochen zugekehrten Seite eine kugelige Vorwölbung besitzen, während sie auf der anderen Seite, und wenn sie isolirt gefunden wurden, nach allen Seiten hin beliebig gestaltet sind, antwortet Pommer (S. 112) in folgender Weise: „Wir sehen ohne Ausnahme die Form der Lacune dem in ihrem Bereiche liegenden Antheile der Oberfläche der Osteoklasten genau entsprechen. Auf mehr kommt es aber hier nicht an, ebensowenig wie bei einem Prägungsvorgange, wo ja immer nur Eines in Betracht zu ziehen ist, nämlich die Anpassung der prägenden und geprägten Berührungsflächen". Das ist also die Erklärung dafür, warum der Knochen in den Lacunen kugelförmig ausgehöhlt wird. Und nun vergleichen wir eine andere Stelle Pommer's, wo es wörtlich heisst: „Das Ueberwiegen der breitgedrückten Zellformen muss unwillkürlich die Idee erregen, dass durch den Druck des Inhaltes der betreffenden Resorptionsräume die Gestalt der den Lacunen anliegenden zelligen Gebilde bestimmt, und diese gleichsam breitgedrückt werden" (S. 83). Hier wird also auf einmal der Prägestock selber breitgedrückt. — Fürwahr, die Osteoklastentheorie kann gar nicht gründlicher widerlegt werden, als dies durch ihren letzten Vertheidiger geschehen ist.

gruben bilden und an den Lacunenrand inseriren (vergl. 1. Band,
S. 213 und Tafel VII, Fig. 14). Ebenso hat man bei der Rachitis und bei der Osteomalacie (und im grösseren Umfange bei
der hereditären Syphilis) vielfach Gelegenheit, die Bildung von
geflechtartigem osteoïdem Gewebe in Resorptionsgruben zu beobachten, und wenn nun einstweilen nur vereinzelte Faserbündel einen
Resorptionsraum durchziehen, so hat man es eben mit einem früheren Stadium dieser geflechtartigen Bildung zu thun.

Uebrigens ist schon in der Schilderung dieser Faserbündel
bei Pommer selbst die Widerlegung der Ansicht, dass dieselben
Ueberbleibsel der eingeschmolzenen Knochenstructur sein sollen, gegeben. Er sagt nämlich, dass er auch Fasern beobachtet
habe, welche senkrecht auf die Streifenlinien der Lamellen gerichtet waren. Er sucht sich allerdings aus dem
daraus entstehenden Dilemma dadurch zu befreien, dass er annimmt,
die senkrechten Bündel seien nur aufgebogen und aus ihrer ursprünglichen der Axe des Haversischen Raumes parallelen Richtung gewaltsam abgelenkt (S. 22). Aber diese gezwungene Erklärung scheitert einfach daran, dass diese Faserbündel nicht frei
flottiren, sondern, wenigstens in meinen Präparaten, in der glashellen Grundsubstanz eingebettet und gegen einander fixirt erscheinen. Wenn aber, was thatsächlich der Fall ist, häufig solche
Fasern und Faserbündel sich senkrecht oder in einem Winkel an
dem Lacunenrand inseriren, und auch mit der zunächst gelegenen
Lamellengrenze einen Winkel bilden, so ist dies unmöglich mit
der Annahme zu vereinbaren, dass diese Bündel Ueberbleibsel der
eingeschmolzenen lamellösen Knochenstructur sind; denn da wir
durch Ebner wissen, dass die Lamellengrenzen keine Fibrillen,
sondern ausschliesslich fibrillenlose Kittsubstanz enthalten, so
müssten die stehengebliebenen Theile der Lamellen unbedingt noch
jene lamellöse Quertheilung aufweisen, während man genau sehen
kann, dass diese Fibrillen und Fibrillenbündel auf grossen Strecken
ganz continuirlich verlaufen.

Endlich hat Pommer noch einen dritten Ausnahmsfall statuirt, indem er nämlich, trotzdem er es als Regel gelten lässt,
dass die kalklosen Partien bei der Osteomalacie als neugebildet
zu betrachten sind, dennoch an einigen Stellen Bilder gesehen
haben will, welche für eine blosse Entkalkung des Knochengewebes

mit Erhaltung ihrer lamellösen Strecken sprechen sollen. Es soll nämlich zu beiden Seiten eines die Knochenlamellen quer durchbohrenden Knochenkanals die Verkalkung in einer gewissen Entfernung vom Rande des Kanales allmälig ohne Unterbrechung der Structur aufgehört haben *). Nach meinen vielfältigen Beobachtungen und auf Grund eines eingehenden Studiums der mannigfaltigsten Bilder osteomalacischer und rachitischer Knochen halte ich einen solchen Ausnahmsfall, wenn es sich wirklich um einen durchbohrenden Gefässkanal handeln soll, für vollkommen ausgeschlossen. Ich habe unzählige Male gesehen, dass durchbohrende Kanäle die verkalkte Knochenstructur durchsetzten, ohne ein Minimum von unverkalktem Gewebe an ihrem scharfen Rande. Wenn ein Gefässkanal von unverkalktem Gewebe umgeben war, so war dies immer neugebildetes, kalkloses Gewebe, welches eben einen Haversischen Raum ausfüllte und concentrisch um das Gefäss angeordnet war. Ist nun ein solcher Kanal durch den Schnitt der Länge nach getroffen, so schlingen sich manchmal die Grenzlinien der Lamellen, welche senkrecht zu seiner Axe verlaufen, hinter ihm in der Tiefe des Schnittes herum, und man könnte bei der Betrachtung eines solchen Bildes allerdings dem Irrthum anheimfallen, als ob die Lamellenlinien durch den Kanal durchbrochen wären. Nur wenn man einmal auf weitere Strecken zu verfolgende Lamellenlinien finden würde, welche von einem quergeschnittenen Gefässkanale durchbrochen sind, und wenn diese Lamellen in der Umgebung und in einem geschlossenen Umkreise um den quergeschnittenen Kanal ohne Unterbrechung ihrer Structur die Kalksalze verloren hätten, dann müsste man an eine solche Entkalkung glauben. Ich habe aber niemals etwas Aehnliches gesehen.

Wir müssen also dabei verharren, dass bei der Osteomalacie das gesammte kalkfreie Knochengewebe einer Neubildung entweder an der Stelle von eingeschmolzenem verkalktem Knochengewebe, oder einer selbständigen Bildung an der Knochenoberfläche seine Existenz verdankt.

Alles dies gilt auch wörtlich für die Rachitis, nur

---

*) Die Abbildung Fig. 36 bei Pommer, auf welche er sich in dieser Beziehung beruft, hat schon aus dem Grunde keine Beweiskraft, weil daselbst ein Unterschied zwischen kalklosen und unverkalkten Lamellen gar nicht angedeutet ist.

mit dem Unterschiede, dass hier, entsprechend den dem Kindesalter eigenthümlichen lebhaften Wachsthumsvorgängen, die Masse
der neugebildeten Knochensubstanz sehr bedeutend überwiegt. Auch
hier ist die Gesammtheit des vorhandenen kalkfreien
oder kalkarmen Gewebes neugebildet, und auch hier konnte
nirgends ein Moment aufgefunden werden, welches einer theilweisen
oder gänzlichen Kalkentziehung ohne unmittelbar darauf folgende
Zerstörung der fibrillären Knochentextur das Wort reden würde.

Veränderungen im rachitischen Knochenmark.

Wir haben bereits bei der Schilderung der Markraumbildung
erwähnt, dass das Markgewebe, welches in den mässigen Graden
der Rachitis sich von dem normalen zellenreichen rothen Mark nur
sehr wenig unterscheidet, in den entwickelteren Fällen stellenweise
ärmer an Markzellen wird, und dass das Reticulum mit den
verzweigten Zellen und Fäden mehr in den Vordergrund tritt. Auch
in den entfernter vom Knorpel gelegenen Theilen der Spongiosa
kann man, abgesehen von dem geschilderten Prävaliren der blut-
körperchenhaltigen Räume, sehr häufig die besagte Veränderung des
Markgewebes beobachten, und je grösser die Bluträume sind, desto
mehr nähert sich das dieselben umgebende Markgewebe dem Typus
des Granulationsgewebes.

Eine weitere Veränderung ist bezüglich des Fettmarks zu
constatiren. Es erscheint mir nämlich zweifellos, dass die schwe-
rere rachitische Affection nicht nur der Bildung des Fettmarkes
hinderlich ist, sondern auch, wenn auch in geringem Grade, schon
vorhandenes Fett theilweise zum Schwinden bringen kann. Eine
genaue Constatirung dieser Verhältnisse ist dadurch sehr erschwert,
dass überhaupt der Zeitpunkt, in welchem die Fettbildung unter
normalen Verhältnissen in einem gewissen Skelettheile beginnt,
leider gar nicht genau bestimmt ist; wenigstens sind mir hierüber
keine brauchbaren und bestimmten Angaben bekannt geworden.
Zu eigenem Studium über diesen Gegenstand fehlt mir aber die
Zeit und auch das dazu nothwendige reichliche Material von nicht
rachitischen Kinderleichen. Das eine glaube ich behaupten zu können,
dass im Fötalleben und in einem grossen Theile des ersten Lebensjahres nirgends eine Fettbildung im Knochenmark zum Vorschein
kommt, dass dieselbe dann zuerst in den Röhrenknochen, und

orst viel später in den Rippen, in den Wirbelkörpern und in den
Schädelknochen ihren Anfang nimmt, und dass sie in diesen Ske-
letttheilen überhaupt in der Regel erst gegen das Ende des Längenwachsthums in grösserem Massstabe aufzutreten scheint. Auf Grund
solcher unbestimmter Daten ist es daher schwer möglich, sich ein
genaues Urtheil über jene Momente zu bilden, welche in einzelnen
Knochen die Fettbildung im Marke befördern, und ebensowenig
über die Ursachen der schon normaler Weise bedeutend verzögerten
Fettbildung in den oben genannten Skelettheilen. Indessen dürfte
man nicht fehlgehen, wenn man annimmt, dass sich das Fettmark nur an jenen Stellen der Spongiosa bildet, in denen
bereits eine, wenn auch nur relative Wachsthumsruhe
eingetreten ist. So könnte man verstehen, dass bei den überaus
lebhaften Appositions- und Resorptionsvorgängen innerhalb der
Spongiosa der fötalen Skelettheile und während des ganzen ersten
Lebensjahres, und was das Wichtigste zu sein scheint, bei den
fortwährenden Veränderungen in dem Verlauf und in der Mächtigkeit der Markgefässe und überhaupt in der Configuration des inneren Gefässnetzes eine solche Fettbildung noch gar nicht möglich
ist; dass sie bei der im zweiten Lebensjahre schon verminderten
Energie der Wachsthumsvorgänge sich wieder nur in den einfacher
gebauten Röhrenknochen, welche nur geringe innere Umwälzungen
darbieten, etabliren kann, und dass sie in den Rippen und Schädelknochen, welche wegen ihrer gekrümmten Gestalt, so lange sie
wachsen, zur Erhaltung der ihrer äusseren Form entsprechenden
inneren Architectur fortwährenden inneren Einschmelzungs- und
Appositionsvorgängen unterworfen sind, erst in einer verhältnissmässig späteren Periode des Wachsthums jene relative Wachsthumsruhe in der Spongiosa vorfindet, welche die wichtigste Bedingung
zu sein scheint.

Damit würde es auch sehr gut übereinstimmen, dass bei
einem jeden pathologischen Vorgange, welcher wieder
zu Einschmelzungen und Neubildungen im Innern des
Knochens führt, bei Ostitis, bei Osteomyelitis, bei Fracturen sofort das Fettmark in den afficirten Knochentheilen grösstentheils oder gänzlich schwindet, und einem
rothen Mark, welches ganz den Charakter des fötalen trägt, den
Platz räumt. Auch bei der Osteomalacie schwindet nach den über-

einstimmenden Angaben der Autoren und auch nach meinen eigenen Befunden das Mark an vielen Stellen vollständig; in anderen
wird es wenigstens insoferne verändert, als die Fettzellen nirgends
mehr dicht neben einander gelagert sind, sondern nur mehr vereinzelt in dem rothen oder gallertigen Marke auftauchen. (Siehe
Fig. 6.)

    Aehnliche Beobachtungen habe ich nun auch bei
der Rachitis gemacht. Indessen ist es wahrscheinlich, dass in
diesem Falle das Fehlen der Fettzellen vorwiegend auf eine Verzögerung der Fettbildung in den rachitisch afficirten Knochentheilen
zurückzuführen ist, schon aus dem einfachen Grunde, weil zu der
Zeit, wo die Fettbildung normaler Weise beginnen soll, gewöhnlich
die Blüthezeit des rachitischen Processes schon vorüber ist (siehe
später). Indess ist es immerhin möglich, dass auch hier manchmal
bereits gebildete Fettzellen durch eine neuerliche Steigerung des
rachitischen Processes wieder zur Resorption gelangen. Sicher ist
nur, dass die Fettbildung im Marke von schwer rachitisch afficirten
Knochen niemals jene Dichtigkeit erreicht, wie in gesunden Knochen,
dass also die Markräume niemals mit dichtgedrängten Fettzellen
erfüllt sind, sondern dass die Zellen hier, wenn sie überhaupt
vorhanden sind, nur vereinzelt oder in isolirten Träubchen angetroffen werden. Auch reichen sie niemals bis in die jüngsten Markräume hinauf, sondern beginnen erst in einiger Entfernung von
der Ossificationsgrenze der Diaphyse.

    Zum Schlusse müssen wir aber noch einmal betonen, dass
alle diese Angaben über das Verhalten des Fettmarkes in den
Knochen nur mit der grössten Reserve gemacht werden können.
Die Sache wird eben noch dadurch besonders complicirt, dass die Fettbildung im Knochenmark keineswegs allein von den localen Verhältnissen im Knochen beeinflusst wird, sondern dass hier offenbar die
allgemeinen Gesundheits- und Ernährungsverhältnisse ein mindestens
eben so grosses Gewicht in die Wagschale legen. Jedenfalls ver-
dienen aber die Verhältnisse der Fettbildung im Knochenmarke,
sowohl unter normalen als auch unter pathologischen Bedingungen,
ein eingehenderes Studium, als ihnen bisher zu Theil geworden ist.

Siebentes Kapitel.

Rachitische Vorgänge im Perichondrium und Periost.

Hyperämie des Perichondriums. Uebermässige Wucherung der Zellenschicht. Vorzeitige Ossification im Perichondrium. Abnorme Beschaffenheit der perichondralen Knochenauflagerung. Ursachen der frühzeitigen perichondralen Ossification. Knorpelbildung in Knickungswinkeln. Structur der periostalen Auflagerungen. Schichtenbildung. Mangelhafte Verkalkung. Verhältniss der Auflagerung zu den physiologischen Appositions- und Resorptionsstellen. Periostale Knorpelbildung.

Die rachitischen Veränderungen, welche sich auf die Knorpel- und Beinhaut beziehen, bestehen einerseits in den Veränderungen dieser Membranen selbst, und andererseits in den Anomalien der von ihnen ausgehenden Ossificationserscheinungen.

Wenn wir uns zunächst zu den Vorgängen im Perichondrium wenden, so müssen wir doch vorerst darauf aufmerksam machen, dass eine genaue Scheidung und Abgrenzung desselben von dem Periost keineswegs durchführbar ist. Wir müssen nämlich strenge genommen und dem Wortlaute entsprechend als Perichondrium nicht nur die Umhüllung des kleinzelligen, sondern auch jene des grosszelligen Knorpels und endlich auch die Umhüllung des verkalkten Knorpels betrachten, bevor in dem letzteren Ossificationserscheinungen beobachtet werden. Da aber der Beginn der endochondralen Ossification im Knorpel sich in keiner Weise durch histologische Veränderungen in der Umhüllung des Knorpels äussert, so ist die Begrenzung zwischen Perichondrium und Periost in der Höhe der beginnenden endochondralen Ossification blos eine ideale.

Dagegen findet, wie wir bereits im ersten Abschnitte (I. Band S. 105) gezeigt haben, schon weiter oben eine histologische Veränderung im Perichondrium statt, nämlich an der Stelle, wo

das einseitige Wachsthum des Knorpels beginnt, also in der Höhe
der Proliferationsschichte (stricte sic dicta). Das Perichondrium
des kleinzelligen Knorpels besitzt nämlich keine sog. Cambiumschicht, also keine gefäss- und zellenreiche Lage, sondern es gehen
daselbst die dichtgewebten Fasern des Perichondriums continuirlich
in die Faserung der Knorpelgrundsubstanz über. Erst in der Höhe
der beginnenden einseitigen Knorpelzellenproliferation verschwinden
in dem dem Knorpel unmittelbar anliegenden Theile des Perichondriums, gleichzeitig mit dem Auftreten zahlreicher Blutgefässe und
offenbar im Zusammenhang mit dieser Vascularisation, die Faserbündel des Perichondriums entweder zum grossen Theile oder auch
vollständig; daneben erfolgt auch immer in grösserem oder geringerem Maasse eine Einschmelzung der oberflächlichsten Lagen des
Knorpels zu einem zellenreichen Gewebe, und dadurch entsteht jene
locale Einkerbung oder Einbuchtung des Knorpels, welche von
Ranvier als die „encoche" bezeichnet wurde (s. Fig. 1—4 enc).

Wenn wir nun nach der Bedeutung dieses weichen Stratums
der Knorpelhaut und der ihr zu Grunde liegenden vermehrten Gefässbildung beim normalen Wachsthum fragen, so dürfte es in Anbetracht des Umstandes, dass die letztere ausschliesslich in der
Umgebung der Zone der einseitigen Zellenvermehrung und Zellenvergrösserung erfolgt, kaum zweifelhaft bleiben, dass sie mit der
plötzlichen bedeutenden Steigerung des Knorpelwachsthums in Zusammenhang gebracht werden muss. Die relativ spärlichen Gefässe
im Perichondrium des allseitig wachsenden Knorpels, welche zur
Lieferung des Ernährungs- und Wachsthumsmaterials für das langsame und gleichmässige Wachsthum des kleinzelligen Epiphysen-
knorpels ausreichten, genügen nun offenbar nicht mehr für die
ungemein gesteigerten Wachsthumsvorgänge in der Nähe der Verkalkungszone, und es müssen daher jene zahlreichen und dichtgedrängten Gefässchen der Cambiumschicht gebildet werden, um das
Material für den gesteigerten Bedarf zu liefern. Dem entsprechend
findet man auch bei einem Vergleiche verschiedener Knochenenden,
sowohl der verschiedenen langen Knochen, als auch von zwei Enden
desselben Röhrenknochens mit verschiedener Wachsthumsenergie
(z. B. an den Metacarpusknochen), dass die Höhe der Cambiumschicht und die Einschmelzungserscheinungen des Knorpels an der
Eucoche ganz unvergleichlich bedeutender erscheinen auf der Seite

des intensiveren Längenwachsthums, während die Einkerbung auf
der Seite des langsamen Wachsthums eben nur angedeutet ist, und
auch die weiche Cambiumschicht des Perichondriums nur eine
mässige Entwicklung zeigt.

Dazu kommt noch, dass um die Zeit der Geburt herum, wenn
die Chondroepiphysen bereits eine ziemlich bedeutende absolute
Höhe erreicht haben, aus dem Perichondrium Blutgefässe in den
Knorpel selbst vordringen, und sich theils im kleinzelligen Knorpel
verzweigen, zum Theile aber dicht über der Proliferationszone verlaufen und Zweigchen in die letztere hineinsenden. Die Mehrzahl
dieser Gefässe dringt nun ebenfalls gerade an der Einkerbung zwischen Epi- und Diaphysenknorpel aus den Gefässen des Perichondriums hervor, und es ist begreiflich, dass diese Einkerbung auch
schon dadurch an vielen Stellen eine bedeutende Vertiefung erfährt.

Bei der Rachitis finden wir nun nichts Anderes, als eine mehr
oder weniger bedeutende Steigerung aller dieser Vorgänge
im Perichondrium des einseitig wachsenden Knorpels.
Allem voran fällt die bedeutende Hyperämie des Perichondriums in die Augen. Schon die Faserschichte, welche sonst
nur sehr spärliche Gefässchen besitzt und daher auf Durchschnitten in grösseren Strecken gefässlos erscheint, zeigt nun schon
in kleinen Intervallen hyperämische Gefässe, in deren Umgebung
die Faserbündel schwinden, um einem zelligen Gewebe Platz zu
machen. In höheren Graden erscheint sogar das ganze Geflecht der
Faserschichte bedeutend gelockert durch jene die Gefässe umgebenden Zellengruppen, und diese Veränderung erstreckt sich auch von
der Faserschichte des Perichondriums auf die Insertionen der
Gelenksbänder, welche zumeist gerade mit jenen Stellen des
Perichondriums und des Periosts in Verbindung stehen, welche am
meisten diesen krankhaften Veränderungen unterliegen. Wir werden
später Gelegenheit finden, auf die grosse Wichtigkeit dieser Affection der Gelenksbänder für die Entstehung der rachitischen Ge-
lenksdifformitäten zurückzukommen.

Viel zahlreicher sind natürlich die Gefässe in der weichen
Zellenschichte, wo sie dichtgedrängt und häufig von Blut
strotzend erscheinen. Dadurch, dass sie auch in grösserer Zahl
gegen den Knorpel vordringen, entstehen buchtige, lacunen-

ähnliche Einschmelzungen an der Knorpeloberfläche, deren Inhalt ein Continuum mit der verbreiterten subperichondralen Zellenschichte bildet. Zwischen den ungemein zahlreichen Capillaren enthält dieses Gewebe nur wenig Rundzellen, dagegen zahlreiche Spindel- und verzweigte Zellen, zwischen denen sich Fibrillen nach allen Richtungen hin ziemlich locker durch einander schlingen. Die Mächtigkeit dieses weichen gefässreichen Stratums wird in den höheren Graden der Affection, auch abgesehen von jenen Stellen, wo tiefe Einbuchtungen in den Knorpel stattgefunden haben, eine sehr bedeutende, und kann sogar die der Faserschichte um ein Bedeutendes übertreffen.

Eine weitere Abweichung von dem normalen Verhalten kann auch darin gelegen sein, dass sich die weiche Lage des Perichondriums nicht nur gerade an dem einseitig wachsenden Knorpel etablirt, sondern auch in einiger Entfernung über der normalen Einkerbung, im Umkreise des kleinzelligen und allseitig wachsenden Knorpels zum Vorschein kommt, also an einer Stelle, wo normaler Weise die Faserschichte unmittelbar in den Knorpel übergeht. Diese abnorme Erscheinung erstreckt sich aber immer nur in eine geringe Entfernung nach oben von der normalen Einkerbung, und es ist auch in allen Fällen eine Continuität mit der subperichondralen Zellenschichte des einseitig wachsenden Knorpels vorhanden, wie ja offenbar das Auftreten jener abnormen Zellenlage überhaupt nur auf die gesteigere Hyperämie der gegen die Proliferationszone tendirenden Blutgefässe des Perichondriums zurückzuführen ist. Es muss auch hier wieder ausdrücklich hervorgehoben werden, dass selbst in den hochgradigsten Fällen von Rachitis in einer nicht allzugrossen Entfernung von der Proliferationsgrenze das Perichondrium ebenso wie der von ihm bekleidete allseitig wachsende Knorpel ein absolut normales Verhalten zeigt.

Noch viel auffälligere Abweichungen, als das Perichondrium selbst, bieten die von demselben ausgehenden Ossificationserscheinungen. Wir wissen bereits, dass unter normalen Verhältnissen die periostale oder vielmehr perichondrale Knochenbildung immer nur in der Umgebung des verkalkten Knorpels stattfindet, dass also auf Längsschnitten das obere Ende des leistenförmig erscheinenden Durchschnittes der neuen Auflagerung entweder gerade in der Höhe der Verkalkungsgrenze, oder, bei ungemein energischem Längenwachsthum, eine ganz kleine Strecke oberhalb der Verkalkungslinie zu sehen ist, und wir haben in dem letzteren Falle den kleinen Vorsprung darauf zurückgeführt, dass eben der Wachsthumsstillstand der zunächst der Verkalkungsgrenze gelegenen Knorpelschichte das Primäre ist, auf welchen erst in einem späteren Tempo die Verkalkung folgt, während die zur Erhaltung der Form unbedingt erforderliche periostale Knochenauflagerung schon unmittelbar nach dem Wachthumsstillstand der betreffenden Knorpelpartie ihren Anfang nehmen muss.

Hier finden wir nun bei der Rachitis sehr bedeutende Abweichungen von dem normalen Verhalten, und zwar beziehen sich dieselben einerseits auf die Höhe, in welcher die perichondrale Ossification beginnt, und dann auch auf die Mächtigkeit und auf die krankhaften Veränderungen in der Structur der Auflagerung.

Schon in mässigen Graden der Affection reicht das obere Ende der perichondralen Knochenleiste ziemlich bedeutend über die Verkalkungsgrenze hinaus, selbst bis zur Mitte der, wie wir wissen, bedeutend erhöhten Zone der vergrösserten Knorpelzellen. In mittelschweren Fällen kann man dieses obere Ende sogar sehr nahe an der Proliferationsgrenze finden, also in der Tiefe der perichondralen Einkerbung. (Siehe Fig. 1 *pst* und Fig. 3 *pch*.) Unter keiner Bedingung erreicht sie jedoch die Proliferationsgrenze selbst, noch weniger kann sie dieselbe jemals nach oben hin überschreiten. Wenn also noch für diese und für die allerintensivsten Fälle der Rachitis die von uns statuirte Regel vollkommen aufrecht bleibt, dass ein kleinzelliger und allseitig wachsender Knorpel niemals von einer perichondralen Knochenauflagerung bekleidet sein kann, so sehen wir dennoch, dass diese Auflagerung sich schon in einer Höhe etablirt, wo die in einseitiger Proliferation und Vergrösserung begriffenen Zellen noch keineswegs ihre definitive Grösse erreicht haben, so zwar, dass die einzelnen Zellen einerseits noch nicht ihre definitive Ausdehnung im Höhendurchmesser aufweisen, andererseits aber auch die ganze Säulenzone noch in der Querdimension zurückgeblieben ist, was man eben daran leicht erkennen kann, dass die innere, gegen den Knorpel gerichtete Grenzlinie der Knochenleiste

nicht, wie gewöhnlich, eine genau radial gegen das Wachsthumscentrum tendirende und daher auch streng geradlinige Richtung
verfolgt, sondern vielmehr, von der Verkalkungsgrenze nach oben
eine ziemlich auffällige Krümmung gegen innen zu, also gegen die
ihr entgegenkommende Leiste der anderen Seite wahrnehmen lässt.
(Siehe besonders Fig. 1.)

    In den höchsten Graden der Rachitis sind diese Verhältnisse
jedoch vollständig verwischt, weil durch die vielfachen Einschmelzungen des Knorpels von Seite der periostalen Gefässe und die in
den Einschmelzungsräumen stattfindende osteoïde Auflagerung von
Seite des Perichondriums eine scharfe endochondrale Grenze
überhaupt gar nicht mehr wahrnehmbar ist, sondern sowohl auf Längsschnitten als auch besonders auf Querschnitten die
lockeren Auflagerungen des Perichondriums ganz allmälig und
ohne Grenze in die osteoïde Umbildung des Knorpels übergehen.

    Eine weitere Anomalie beruht in der Mächtigkeit der
perichondralen Auflagerung. Während wir bei dem normalen
Wachsthumsvorgange diese Auflagerung, sowohl auf dem Längsschnitte, als auf dem Querschnitte nur als eine einfache schmale
Knochenleiste sehen, finden wir nun entweder eine ununterbrochene
dicke osteoïde Masse, oder noch häufiger schon eine netzförmige
areoläre Anordnung, welche von grossen Gefässräumen unterbrochen und aus relativ schmalen osteoïden Bälkchen zusammengesetzt ist, und alles das schon in der Höhe des unverkalkten grosszelligen Knorpels. Die grossen vielgestaltigen Gefässräume enthalten zahlreiche grosse Gefässlumina, welche auch hier, wie überall,
die Form der Maschen und den Verlauf der Bälkchen bestimmen,
indem die letzteren überall nur in einer bestimmten Entfernung
von einem Gefässlumen gebildet werden. Das Gewebe, welches die
Gefässe umgibt, ist als eine Fortsetzung der subperichondralen
Zellenschichte aufzufassen; nur hat sie bei der bedeutenden Wucherung gewisse Modificationen erlitten, indem die zelligen Elemente
und die Fibrillen sehr weit auseinandergerückt, die letzteren überhaupt mehr in den Hintergrund getreten sind, und dafür die
zwischen den zelligen und fasrigen Elementen stets vorhandene
scheinbar structurlose glashelle Grundsubstanz sehr bedeutende
Dimensionen annimmt und hauptsächlich den Charakter des ganzen
Gewebes bestimmt.

Die Auflagerung setzt sich in derselben Weise, wie wir es bei der normalen Ossification vom Periost aus beschrieben haben, aus Faserbündeln zusammen, welche direct in der glashellen Grundsubstanz entstehen und sich nach allen möglichen Richtungen durchkreuzen. Die Entwicklung dieser Faserbündel oder Sharpey'schen Fasern nimmt aber gerade hier, wie auch in der sogleich zu besprechenden periostalen Auflagerung auf rachitischem Boden, ganz colossale Dimensionen an; die Bündel sind in der enorm verbreiterten Cambiumschichte, wenn sie längsgetroffen sind, auf sehr weiten Strecken zu verfolgen, und andererseits findet man wieder, wenn die Mehrzahl der Bündel quergeschnitten ist, einen grossen Theil der ganzen Auflagerung, namentlich in den jüngsten äusseren Schichten, aus zahlreichen kreisrunden oder elliptischen rothen glänzenden Querschnitten der Faserbündel zusammengesetzt. Während unter normalen Verhältnissen schon sehr frühzeitig die zwischen den Quer- und Schiefschnitten der Faserbündel übrig bleibenden Zellenräume durch Verschmelzung der Faserbündel sich verengern und sich immer mehr gegen einander abschliessen, so dass sie alsbald auf plumpe, mit Fortsätzen versehene Zellenhöhlen reducirt werden, bleibt bei der Rachitis das Gewebe noch sehr lange und in grosser Ausdehnung auf der Stufe der Unfertigkeit, und es ist zumeist die gesammte perichondrale Auflagerung noch mit dem ausgesprochenen Charakter des osteoïden Gewebes behaftet.

Die Physiognomie der Unfertigkeit wird noch erhöht durch das vollständige Fehlen der Verkalkung in der ganzen perichondralen Auflagerung. Man findet nicht nur auf Durchschnitten durch nicht entkalkte rachitische Chondroepiphysen in der Höhe des Knorpels noch eine durchaus carmingefärbte osteoïde Auflagerung, sondern es documentirt sich die fehlende Verkalkung auch durch die deutlichen Anzeichen der vollständig mangelnden Resistenz. Man findet nämlich in jenen hochgradigen Fällen, in denen, namentlich an den Rippen, eine Abknickung des Knorpels an der Knochengrenze oder innerhalb der obersten weicheren Partien der Spongiosa stattgefunden hat, dass auf einem Längsschnitte an der Seite des Knickungswinkels die perichondrale Knochenauflagerung ebenfalls eingebogen, ja sogar mannigfach geschlängelt erscheint. Aber auch in den mässigeren Graden der Rachitis wird man nothwendigerweise zu der Annahme geführt, dass die die Säulenzone umschliessende osteoïde Auflagerung noch nicht starr geworden, sondern noch einer Ausdehnung durch weiteres Wachsthum fähig geblieben ist. Da nämlich die perichondrale Leiste auf dem Längsschnitte schon in der Höhe der noch nicht ausgewachsenen Partie der Zellensäulen gebildet ist, und, in Folge der noch geringen Ausdehnung der Säulenzone in die Quere, nach oben und einwärts gekrümmt erscheint; da andererseits alle Anzeichen dafür sprechen, dass innerhalb dieser vorzeitigen periostalen Auflagerung die einzelnen Zellen und die Zellensäulen als Ganzes dennoch ihre gehörige Ausdehnung, wenigstens nach der Breitendimension, erreichen, weil in den unteren Partien die endochondrale Grenzlinie, so lange sie erhalten ist, dennoch immer wieder die gegen das Wachsthumscentrum convergirende Richtung einschlägt: so muss man nothwendigerweise annehmen, dass auch die vollständig kalkfreie periostale Auflagerung noch eines expansiven Wachsthums fähig ist, und dass sie daher auch dem expansiven Wachsthum des von ihr eingeschlossenen, noch unverkalkten Knorpels kein Hinderniss entgegensetzt.

Es ist dies sicher eine der bedeutendsten Abweichungen von dem normalen Verhalten, wo, wie wir wissen, die alsbald verkalkende perichondrale Auflagerung sofort jede Möglichkeit eines expansiven Wachsthums des eingeschlossenen Knorpels aufhebt, wo aber zugleich der Knorpel selbst, soweit er von der knöchernen Auflagerung bedeckt ist, vermöge der bereits erreichten definitiven Grösse seiner zelligen Elemente und der unmittelbar darauf folgenden Verkalkung der Intercellularsubstanz schon eo ipso die Tendenz und auch die Fähigkeit, sich durch weiteres Wachsthum auszudehnen, verloren hat. Es liegt also hier scheinbar ein Widerspruch vor zwischen unserer früher aufgestellten Theorie, dass die perichondrale Auflagerung nur die Folge des Aufhörens des expansiven Knorpelwachsthums ist, indem nun die Erhaltung der äusseren Form des Skelettheiles nicht mehr durch die Ausdehnung des Knorpels, sondern durch eine Auflagerung auf den verhärteten Theil desselben erfolgen kann, — und zwischen der oben geschilderten Thatsache, dass bei der Rachitis eine solche Auflagerung schon in einer Höhe erfolgt, wo der Knorpel sein expansives Wachsthum noch gar nicht aufgegeben hat. Dennoch fehlt es diesen beiden Vorgängen, nämlich der normalen perichondralen Auflagerung auf verkalktem Knorpel, und der krankhaften Auflagerung auf einem noch in fortwährender Ausdehnung begriffenen rachitischen Knorpel, keineswegs an gemeinsamen Berührungspunkten.

Nach unserer (im letzten Kapitel der ersten Abtheilung entwickelten) Ossificationstheorie würde nämlich die Knochenbildung im Periost und im Perichondrium darauf beruhen, dass die Beinhaut, welche selber expansiv wächst, und mit den umgebenden, gleichfalls expansiv wachsenden Weichtheilen in vielfachem Zusammenhange steht, sich unbedingt, sowie der von ihr eingeschlossene Knorpel durch Verkalkung und Ossification die Fähigkeit sich auszudehnen verloren hat, von diesem starrgewordenen Knorpel oder Knochen abheben muss, wodurch eben die subperichondrale Schichte des Periosts immer mehr an Höhe gewinnt und in dem Maasse ossificirt, als sich das weiter wachsende Perichondrium mitsammt seinen Gefässen von den tieferen Lagen der Wucherungsschichte entfernt. Die Bildung des provisorischen geflechtartigen Gerüstes der perichondralen und periostalen Auflagerung wäre also auf das Nachlassen der Plasmaströmung von Seite der sich entfernenden blutgefässhaltigen Matrix des Perichondriums oder Periosts zurückzuführen, während die concentrische Ausfüllung der Gefässräume des provisorischen Knochengerüstes auf einem wirklichen allmäligen Obsolesciren der in den Gefässräumen verlaufenden Blutgefässe beruhen würde.

Wenn nun auch bei der vorzeitigen Bildung der perichondralen Auflagerung auf rachitischem Boden eine solche gewissermassen passive Abhebung des Perichondriums in Folge des aufhörenden expansiven Wachsthums des Knorpels nicht angenommen werden kann, weil eben die Auflagerung schon vor dem Aufhören der expansiven Knorpelvergrösserung beginnt, so findet doch eine solche Abhebung des Perichondriums von der Oberfläche des Knorpels in einem anderen Sinne statt, nämlich gewissermassen eine Abhebung durch ein krankhaft gesteigertes Wachsthum der subperichondralen Schichte und wahrscheinlich zugleich auch der Faserschichte des Perichondriums. Dieses ungemein gesteigerte Wachsthum der Wucherungsschichte, welche stellenweise eine Höhe von 0·1 bis 0·2 Millimeter erreicht, ist offenbar bedingt durch die bedeutende Hyperämie und durch die gesteigerte

Gefässbildung des Perichondriums und Periosts, und die damit
zusammenhängende übermässige Zufuhr von Ernährungs- und
Wachsthumsmaterial. Wenn also auch die Abhebung des Perichondriums und seiner Gefässe von dem Knorpel hier aus einem anderen Grunde erfolgt, als bei dem normalen Wachsthum, so ist
doch die Wirkung dieser Abhebung für die unmittelbar an die
Knorpeloberfläche anstossenden tiefsten Lagen der Wucherungsschichte genau dieselbe, und diese Gewebstheile müssen darauf
ebenfalls mit demselben Vorgang der Bildung leimgebender Faserbündel antworten. Nur die Verkalkung bleibt noch vorderhand
aus, und zwar zum Theile schon aus dem Grunde, weil dieselbe
bei der allseitigen lebhaften Saftströmung von Seite der hyperämischen Gefässe und in den weit offenen Communicationen der Zellenhöhlen keinen günstigen Boden findet, und dann auch möglicher
Weise deshalb, weil der andere Factor, welcher für die vollständige Ossification und Verkalkung erforderlich ist, nämlich der gänz-
liche Wachsthumsstillstand des ossificirenden Gewebes noch nicht
zur Geltung gekommen ist.

Dass eine Abhebung des Periosts — natürlich ohne Laesio
continui — wirklich befördernd wirkt auf die Bildung von periostalen Auflagerungen, sehen wir an einem concreten Beispiele beim
Cephalämatom und den pericraniellen Abscessen. Auch hier bildet
sich am Rande der Blut- oder Eiterhöhle, dort, wo das Periost
nicht mehr abgelöst ist, sondern nur gespannt und abgehoben wird,
ein Begrenzungswall durch Neubildung von Osteophyten, und zwar
gerade an der Uebergangsstelle zwischen dem abgelösten und dem
noch am Knochen haftenden Antheile des Periosts *).

Aber auch die rachitischen Röhrenknochen bieten uns ein
sehr schönes Beispiel von der analogen Wirkung der passiven
Abhebung des Perichondriums. Bei der bereits mehrfach erwähnten
Abknickung der Chondroepiphyse in der obersten Schichte des
kalkarmen diaphysären Knochens wird nämlich auf der Seite des
Knickungswinkels das Perichondrium und das Periost bedeutend
relaxirt und durch seine eigene Elasticität von der Oberfläche des
Knorpels und Knochens gewissermassen abgehoben, und in der
That findet man gerade an dieser Stelle und in der den einsprin-

---

*) Vergl. auch Hofmokl, Arch. f. Kinderheilkunde. I. Bd. S. 308.

genden Winkel ausfüllenden Wucherungsschichte ganz unvergleichlich
mächtigere osteoïde Auflagerungen, als an allen übrigen Stellen,
während auf der entsprechenden Stelle der anderen (bei den Rippen der pleuralen) Seite, wo das Perichondrium nicht nur nicht
relaxirt, sondern vielmehr über die geknickte Stelle gespannt ist,
immer nur eine ganz unbedeutende oder auch gar keine perichondrale Knochenbildung stattgefunden hat. (Siehe Fig. 4.)

An demselben Orte, wo die bedeutenden osteoïden Auflagerungen den einspringenden Winkel zwischen Rippenknorpel und knöcherner Rippe ausfüllen, findet man unter Umständen noch eine andere
sehr interessante Modification des Ossificationsprocesses, nämlich die
Knorpelbildung von Seite des Perichondriums und des Periosts.
Schon in jenen sehr zahlreichen Fällen, wo eine nur mässige
stumpfwinkelige Abbiegung der Knorpelepiphyse oder speciell des
Rippenknorpels stattfindet, bemerkt man, dass die osteoïde Auflagerung an der Stelle der Einknickung und noch in einiger Entfernung nach auf- und abwärts jene Modification erleidet, welche wir
schon bei Gelegenheit der Schilderung des Callusknorpels als chondroïde bezeichnet haben (vergl. Jahrg. 1879, S. 200), und die
sich dadurch charakterisirt, dass die einander durchkreuzenden
Faserbündel keine zackigen Zellenräume, sondern auffallend rundliche, kreisförmige oder elliptische Zellenhöhlen übrig lassen. Dieses
knorpelähnliche, aber noch nicht knorpelige, sondern leimgebende
(mit carminrother Grundsubstanz versehene) osteoïde Gewebe macht
nun in jenen seltenen Fällen, in denen eine spitzwinkelige Abknickung des Rippenknorpels an der Pleuraseite stattgefunden hat,
gerade dort, wo die verdickte knopfartige Anschwellung der übermässig
ausgedehnten Säulenzone des Knorpels sich förmlich an die Innenfläche der knöchernen Rippe anlegt, in der Tiefe des Knickungswinkels einem sehr schönen grosszelligen, netzförmigen Knorpelgewebe Platz, welches sich auf Carminpräparaten durch seine weisse
Farbe von den lebhaft rothen osteoïden und chondroïden Theilen der
Auflagerung auszeichnet und auch eine sehr schöne Hämatoxylin-
Färbung seiner Grundsubstanz annimmt. (Fig. 4 *pkp*.) Von dem
benachbarten grosszelligen Knorpel der Rippe selbst ist dieser periostal oder perichondral gebildete Knorpel natürlich durch seine
Structur und Anordnung leicht zu unterscheiden, und von derselben überdies durch ein faseriges Stratum des Perichondriums

abgegrenzt, während der perichondrale Knorpel in die oberflächliche osteoïde und chondroïde Auflagerung ganz allmälig und continuirlich übergeht.

Dass die Bildung dieses perichondralen und periostalen Knorpels auch hier auf den wechselnden Druck zurückzuführen ist,
welchem das weiche subperichondrale Gewebe bei den Athembe-
wegungen zwischen den gewissermassen auf einander federnden
Antheilen des Rippenknorpels und der knöchernen Rippe ausgesetzt ist, dürfte wohl kaum bezweifelt werden, und es ist gerade
mit dem Vorkommen von hyalinem Knorpel an dieser Stelle (welches übrigens meines Wissens bisher noch von keiner Seite beschrieben worden ist) eine sehr wirksame Bestätigung unserer
Theorie der periostalen Knorpelbildung gegeben.

Die Veränderungen im Periost und die Ossificationsvorgänge in demselben sind sehr analog denen, welche wir soeben
für das Perichondrium geschildert haben. Wir begnügen uns daher, einige besondere Umstände hervorzuheben.

Vor allem fällt uns in hochgradigen Fällen eine bedeutende
Verdickung der Faserschichte in die Augen. Auch die Cambiumschichte gewinnt häufig eine noch bedeutendere Mächtigkeit, als in
der Umgebung des Knorpels, und zeigt manchmal einen ganz enormen Blutreichthum und so zahlreiche und dichtgedrängte Blutgefässe, dass das ganze subperiostale Gewebe dem oberflächlichen
Anblick als eine blutige Masse erscheint, und auch von Guerin[3]
als eine „sanguinolente Materie zwischen Periost und der äusseren
Lamelle der Diaphyse und zwischen den Lamellen des compacten
Knochengewebes" beschrieben wurde. Namentlich in den zwischen
den Bälkchen der periostalen Auflagerung übrig bleibenden Gefässräumen findet man ganz colossale unter einander communicirende
Bluträume (Fig. 7 *gf*), genau so, wie wir sie im Mark der rachitischen Spongiosa beschrieben haben. Auch hier erfüllen sie oft den
grössten Theil des Markraumes und lassen nur einen schmalen Saum
zwischen Knochenrand und Gefässcontour für das Markgewebe übrig.

Die Bildung osteoïder Auflagerungen nimmt im Periost gleichfalls
bedeutend grössere Dimensionen an, als im Perichondrium. Die
Auflagerungen selbst tragen im Ganzen denselben bereits beschriebenen Charakter an sich, aber innerhalb dieses Rahmens erleiden

sie je nach dem Grade und der Dauer der Affection und insbesondere, wie es sich hier ganz deutlich zeigt, je nach dem Grade der Vascularisation des Bodens, in dem sie sich entwickeln, eine unendliche Reihe der mannigfaltigsten Variationen. Diese beziehen sich hauptsächlich: erstens auf das Verhältniss der Grundsubstanz zu den Zellenräumen innerhalb der einzelnen Knochenbälkchen, und zweitens auf das Verhältniss zwischen Knochen und Markgewebe.

In ersterer Hinsicht findet man alle Uebergänge von dem lockersten unvollkommensten osteoïden Gewebe, welches noch aus deutlich getrennten Faserbündeln zusammengesetzt ist, und demgemäss auch ganz unregelmässige offen communicirende Zellenräume besitzt, welches also auf dem Durchschnitte das schon mehrfach beschriebene grobdrüsige Aussehen zeigt, bis zu einer nahezu normalen geflechtartigen Structur mit unregelmässig gestellten und plumpen, aber doch abgeschlossenen und nur mittelst wirklicher Kanälchen mit einander communicirenden Knochenkörperchen; und zwar bestehen die jüngsten äussersten Partien der Auflagerung zumeist aus unfertigem, die älteren, dem ursprünglichen Knochenrande zunächst gelegenen Theile aus dem dichteren, vollkommener entwickelten Knochengewebe. Es können aber auch in besonders hochgradigen Fällen, wo die Auflagerung colossale Dimensionen annimmt, die verschiedenen Structuren der Auflagerung in mehreren Schichten abwechseln.

In solchen Fällen ist besonders der enge Zusammenhang zwischen der Beschaffenheit der Knochensubstanz und der Grösse und Anordnung der Markräume, sowie auch insbesondere der Zahl und Füllung der Blutgefässe zu beobachten. Man findet einmal ein enges kleinmaschiges Gitterwerk aus schmalen drüsigen Bälkchen zusammengesetzt, welche zahlreiche erweiterte Blutgefässe umschliessen; dann wieder ganz unregelmässige grosse Markräume mit enormen Gefässlücken, ebenfalls zwischen schlanken, drüsigen und faserigen Bälkchen; dann wieder dickere Bälkchen aus mehr compactem, geflechtartigem Gewebe, welche in Radien gegen die Knochenoberfläche ziehen und nur durch spärliche Querbälkchen verbunden erscheinen, zwischen denen auch noch bedeutende Markräume mit weiten Blutgefässen übrig bleiben; und endlich sieht man auch geflechtartige Bälkchen, welche bereits mit lamellöser

Knochensubstanz bedeckt und an ihrer Oberfläche mit einem
schönen Osteoblastenbeleg versehen sind, wobei natürlich die Markräume schon entsprechend verengt erscheinen, die Gefässe nur eine
mässige Füllung und Ausdehnung zeigen, und überhaupt das ganze
Gewebe schon eher den Eindruck der compacten Knochensubstanz
hervorbringt.

Diese verschiedenen Anordnungen der Knochenbälkchen gehen
gewöhnlich nicht allmälig in einander über, sondern es ist zumeist
die ganze massenhafte Auflagerung in concentrischen Schichten
angeordnet, von denen jede eine andere Conformation darbietet
(siehe Fig. 7). Es kann z. B. auf eine der Compacten sich nähernde
Knochenlage mit lamellöser Verdickung der Bälkchen wieder eine
ganz lockere, gitterförmige oder echt spongoïde Schichte folgen,
und es kann sich sogar ein solcher Wechsel mehrere Male wiederholen. Häufig ist sogar die Continuität der einzelnen Schichten
vielfach unterbrochen, so dass zwei in einiger Entfernung auf
einander folgende Knochenschalen durch eine förmliche Kluft von
ungemein blutreichem Markgewebe von einander getrennt sind,
welche nun in grösseren Distanzen von einem dünnen drusigen
Bälkchen oder den Andeutungen eines feinschwammigen Knochengewebes überbrückt wird. Ich habe bis zu vier solcher concentri-
scher Schalen rings um die ursprüngliche Knochenrinde gefunden,
Virchow [1] hat sogar 6—10 solche „Wechsel“ beobachtet.

Die Entstehung dieser schichtenförmigen Auflagerungen beruht
offenbar auf einem Wechsel in der Intensität des rachitischen
Processes, welcher sich in einer verschiedenen Vascularisation
des Periosts und in einer dadurch bedingten, gleichsam schubweise
erfolgenden Wucherung des subperiostalen Gewebes äussern muss.
Die ganze Anordnung der Bälkchen und die Structur des Knochengewebes, aus dem sie zusammengesetzt sind, hängt eben direct
von der verschiedenen Zahl, Anordnung und Füllung der periostalen
Gefässe und von ihrer Plasmaströmung ab, und gerade das Studium
einer solchen rachitischen Auflagerung ist ungemein lehrreich in
Bezug auf das Verhältniss der Knochenbildung zu den in dem
Bildungsgewebe vertheilten Blutgefässen. So z. B. sind die Gefässlumina in den Klüften zwischen den einzelnen Schichten so gross
und so dicht gedrängt, dass sich unmöglich zwischen ihnen grössere
Knochenbälkchen bilden konnten, und höchstens an einigen Stellen,

wo eine etwas grössere Distanz zwischen zwei Blutgefässen übrig
blieb, die Möglichkeit für die Bildung eines schmalen drusigen
Bälkchens gegeben war.

In einigen Fällen äussert sich der Wechsel der Schichtung
auch in einer plötzlichen Ablenkung in der Richtung der im
Grossen und Ganzen radial verlaufenden Bälkchen. Eine solche
Abweichung ist dann immer auf eine im Verlaufe der Auflagerung
erfolgte Abknickung oder Abbiegung der Diaphyse zurückzuführen, durch welche eben die Spannungsverhältnisse des Periosts
und der vom Periost zur Knochenoberfläche ziehenden Gefässe
plötzlich geändert werden. Die dadurch bedingte Ablenkung der
Gefässe von ihrem bisherigen Verlaufe äussert sich dann auch
sofort in einer veränderten Richtung der neugebildeten Knochenbälkchen.

Die ältere Auffassung der Schichtenbildung bei der Rachitis,
nach welcher die einzelnen Schichten als die durch ein Exsudat
auseinander gedrängten Lamellen der ursprünglichen Compacta zu
betrachten wären — eine Auffassung, die noch von Guerin[2] vertreten wurde — ist wohl nur als ein Curiosum zu erwähnen. Man
findet übrigens die vor dem Beginne des rachitischen Processes,
oder wenigstens vor dem Beginne der osteoïden Auflagerung gebildete Compacta noch häufig in der Tiefe der Auflagerungen, wo sie,
gewöhnlich durch äussere und innere Einschmelzungsprocesse vielfach arrodirt und porosirt, dennoch ganz deutlich an dem Ueberwiegen der lamellösen Structur, ferner manchmal an dem Vorhandensein von umfassenden Lamellen, welche niemals auf rachitischem
Boden gebildet werden, und endlich an der vollkommen gleich-
mässigen Verkalkung sofort als Ueberbleibsel der ursprünglich
normal gebildeten Compacta zu erkennen sind. (Fig. 7 cmp.)

In den unter dem Einflusse der Rachitis aufgelagerten Knochenpartien fehlt hingegen die Verkalkung entweder vollständig, oder sie ist in hohem Grade mangelhaft. Gewöhnlich findet man, wenn die Auflagerung bereits eine bedeutende
Höhe erreicht hat, die oberflächlichen Lagen absolut kalkfrei,
während an den tiefer gelegenen Bälkchen die Verkalkung auch
nur sporadisch, in den mehr central gelegenen Theilen derselben
aufzutreten pflegt. Gewöhnlich ist nur der geflechtartige Theil des

10 *

Bälkchens theilweise verkalkt, ihre lamellöse Auflagerung dagegen noch kalkfrei. Jedenfalls bilden die verkalkten Stellen nirgends eine zusammenhängende Masse, wodurch eben auch hier eine sehr geringe Starrheit der aufgelagerten Partien bedingt ist.

Erst viel später, wenn der rachitische Process aufhört und zur Heilung kommt, verkalken auch diese aufgelagerten Partien vollständig. Dann füllen sich aber auch in Folge der allmäligen Involution der krankhaft gebildeten Gefässe die zahlreichen Gefässräume nach und nach mit Lamellensystemen entweder vollständig aus, oder mit Zurücklassung von engen Haversischen Kanälen; diese zahlreichen Lamellensysteme erfahren dann auch eine vollständige Verkalkung, dasselbe geschieht natürlich in der Spongiosa der Diaphysen, und dadurch entsteht dann die bekannte elfenbeinartige Härte und bedeutende Schwere, die Eburneation der rachitischen Knochen in den späteren Lebensjahren.

Was nun das Verhältniss der krankhaften periostalen Auflagerungen zu den physiologischen Appositions- und Resorptionsstellen an der Oberfläche der einzelnen Skelettheile anlangt, so verhält sich die Sache in der Regel so, dass die krankhaft gesteigerte Apposition im Ganzen und Grossen doch zumeist nur an jenen Theilen der Knochenoberfläche stattfindet, welche auch unter normalen Verhältnissen Appositionsflächen sind, und dass andererseits an den Resorptionsstellen in der Regel nicht nur keine osteoïde Auflagerung beobachtet wird, sondern dass im Gegentheile auch die Resorption daselbst eine Steigerung erfährt. Man findet z. B. an solchen Stellen, wo sonst die Einschmelzung der oberflächlichen Knochenschichten nur in einer sanft geschwungenen Linie oder mit kleinen seichten Lacunen stattfindet, vielfach ausgebreitete tiefe Gruben in den verschiedensten Formationen. Es ist auch leicht begreiflich, dass das Vorhandensein von zahlreichen und übermässig ausgedehnten Blutgefässen im Periost, wenn dieses durch die Wachsthumsverhältnisse gegen die Knochenoberfläche gedrängt wird, solche gesteigerte Einschmelzungserscheinungen im Gefolge haben muss.

Indessen kommt es doch auch hin und wieder vor, dass die periostale Apposition mit dem oben geschilderten pathologischen Charakter auch weiter als gewöhnlich, auf einen Theil einer physiologischen Resorptionsfläche übergreift, so dass ein Theil der buchtigen Einschmelzungsgruben mit lockeren Auflagerungen osteoïden und spongiösen Charakters ausgefüllt wird. Abgesehen davon, dass auch unter normalen Verhältnissen eine Resorptionsfläche später wieder zur Appositionsstelle werden kann, mögen auch hier die durch die vermehrte Biegsamkeit und die hin und wieder vorkommenden Einknickungen der Knochenröhre bedingten Veränderungen in den Spannungsverhältnissen des Periosts noch öfter als gewöhnlich einen Wechsel zwischen Apposition und Resorption an derselben Stelle der Knochenoberfläche herbeiführen. So findet man z. B. in jenen Fällen, wo eine winklige Abknickung zwischen Rippenknorpel und knöcherner Rippe stattfindet, noch in grösserer Entfernung von dieser Abknickungsstelle an der pleuralen Seite der knöchernen Rippe, wo sonst immer eine breite Resorptionsstelle auf dem Querschnitte nachweisbar ist, in den Gruben der früheren Resorptionsfläche eine ziemlich mächtige osteoïde Auflagerung, und erst in grösserer Entfernung, gegen das Mittelstück der Rippe hin, wieder wie gewöhnlich die Erscheinungen der oberflächlichen Einschmelzung.

Es bleibt jetzt nur noch die periostale Knorpelbildung bei der Rachitis zu besprechen.

Echten hyalinen Knorpel mit wahrer Knorpelgrundsubstanz (welche keine Carmin-, sondern Hämatoxylinfärbung annimmt) findet man auch hier, genau in derselben Form, wie in den Knickungswinkeln zwischen Chondroepiphyse und Diaphyse, an allen Knickungsstellen der Diaphyse, und zwar wieder ausschliesslich im Innern und in der Tiefe des Knickungswinkels. Er ist als Callusknorpel aufzufassen und als solcher schon vielfach von den Autoren beschrieben worden. Ich fand ihn in den allermeisten Fällen ganz und gar unverkalkt. Auch bei wirklichen completen Fracturen, wie ich sie bei hochgradig rachitischen Diaphysen manchmal beobachtet habe, fand ich ausnahmslos den Knorpel nur an solchen Stellen, in denen eine Reibung der Bruchenden gegeneinander oder gegen das gespannte Periost stattgefunden haben konnte, während ich innerhalb der starr gebliebenen Theile der Diaphysenröhre, selbst in der nächsten Nähe der Bruchstelle, immer nur weiches blutreiches Markgewebe oder osteoïde Bildungen mit leimgebenden Fibrillen, niemals aber wirkliches Knorpelgewebe angetroffen habe *).

Ausserdem sahen wir echten Knorpel im subperichondralen Gewebe einige Male auch an der convexen Seite einer Infractionsstelle, oder auch an der convexen Seite einer starken rachitischen Krümmung, aber immer nur an Radius und Ulna oder an Tibia und Fibula, und zwar nur an solchen Stellen, wo sich die beiden Nachbarknochen in Folge der Infraction oder bedeutend verstärkten Krümmung einander stark genähert hatten oder sich factisch berührten. Am häufigsten fand sich die Knorpelbildung am oberen Dritttheile der Vorderarmknochen. Es war in der Regel keine besonders starke Wucherung, sondern es erwies sich blos die ziemlich bedeutende subperiostale Lage in einiger Ausdehnung als echtes Knorpelgewebe mit schönen runden oder ovalen Zellenhöhlen und netzförmigen Zügen hyaliner (hämatoxylingefärbter) Grundsubstanz.

Eine analoge Beobachtung wurde übrigens schon im Jahre 1742 von Duhamel**) mit folgenden Worten beschrieben: „Man sieht ziemlich oft an den Skeletten von Rachitischen, dass zwei Knochen, welche im natürlichen Zustande in ihrem mittleren Theile getrennt sein sollten, wegen des unregelmässigen Umfanges, den die Knochen Rachitischer annahmen, sich an dieser Stelle berühren, z. B. Cubitus und Radius; an diesen Stellen, wo sich zwei

---

*) In der bereits erwähnten Kritik hat Maas die Behauptung aufgestellt, dass er bei ganz frischen Fracturen auch innerhalb der starren Knochenröhre Knorpel gesehen habe. Dem gegenüber kann ich nur wiederholen, dass ich in keinem, selbst nicht in dem frühesten Stadium spontaner oder artificieller Fracturen eine solche Beobachtung gemacht habe, und dass auch neuere Beobachter mit mir in diesem Punkte vollkommen übereinstimmen. So hat sich Busch (in einem der citirten Vorträge) unseren Angaben vollständig angeschlossen, da er in der innerhalb der Knochenröhre gebildeten Knochenmasse niemals Knorpelinseln gesehen hat; und auch in der jüngsten Zeit haben zwei französische Beobachter, Rigal und Vignal, in einer Studie über die Callusbildung (Archives de phys. normale et path. 1881), ohne von unserer Arbeit Kenntniss gehabt zu haben, ausdrücklich hervorgehoben, dass sie in ihren zahlreichen Thierexperimenten in keinem Stadium Knorpelbildung innerhalb der Markröhre beobachtet haben.

**) Citirt bei Virchow' S. 456.

Knochen gegeneinander gerieben haben, findet man statt des gewöhnlichen Periosts einen dicken festen wirklichen Knorpel, ganz ähnlich dem der Gelenke".

Wie man sieht, hat also Duhamel in ganz zutreffender Weise dasselbe ätiologische Moment, welches wir nahezu in sämmtlichen Fällen physiologischer und pathologischer Knorpelbildung constatiren konnten, nämlich den wechselnden Druck und die Reibung, auch hier schon hervorgehoben. In der That haben wir auch bei der Rachitis eine subperiostale Knorpelbildung ausschliesslich an jenen Stellen gefunden, wo eine gegenseitige Reibung entweder von Bestandtheilen eines und desselben Skelettheiles oder zweier benachbarter Knochen stattgefunden haben konnte. Damit soll aber nicht das Vorkommen von Knorpel auch an anderen Stellen, wo diese Bedingung nicht vorhanden ist, oder wenigstens nicht so klar zu Tage liegt, in Abrede gestellt werden. So hat z. B. Virchow [7] in rachitischen Periostauflagerungen der Schläfebeine, und zwar selbst in tiefer gelegenen Areolen desselben, stellenweise ein helles grosszelliges Knorpelgewebe vorgefunden. Da wir ähnliche Beobachtungen niemals gemacht haben, so steht es uns nicht zu, Vermuthungen anzustellen über die veranlassenden Momente, welche an diesen Stellen die Bildung des Knorpelgewebes herbeigeführt haben mögen.

.

Tafel I.

Fig. 1. Längsschnitt durch das vordere Rippenende eines 8monatlichen menschlichen Fötus. Unvollkommen entkalkt. Vergrösserung 20.

Pl pleurale Seite der Rippe.

A kleinzelliger Knorpel mit allseitiger Zellenvermehrung.

B Proliferationszone, bedeutend vergrössert.

C Zone der Zellenvergrösserung, mässig erhöht.

D Verkalkungszone.

Sp Spongiosa.

kg Querschnitt eines normalen Knorpelgefässkanals im kleinzelligen Knorpel.

kg¹ abnorm vergrösserter Gefässkanal in der Nähe der Proliferationsgrenze, quergeschnitten.

kg² verzweigter Gefässkanal mit einer Abzweigung nach oben und links, einer zweiten nach links und dann nach unten, und einer dritten direct nach unten.

*

mtp diffus metaplastische Ossification des Knorpels in der Umgebung eines absteigenden Gefässkanals.

ost osteoïde Leiste als Fortsetzung eines absteigenden Gefässkanals.

enc, enc Einkerbung (encoche), welche an der rechten pleuralen Seite bis zu einer Abknickung des starren kleinzelligen Knorpels in der erweichten Proliferationszone gesteigert ist.

pst, pst periostale Knochenrinde, welche sich auf dem Durchschnitte als schmale Knochenleiste bis zu der Einkerbung erstreckt.

rsp frühzeitig beginnende oberflächliche Knochenresorption an der pleuralen Seite, wo die periostale Rinde durch Einschmelzung geschwunden ist.

mrg Grenze, bis zu welcher die endostalen Markräume nach aufwärts in die Verkalkungszone fortschreiten.

Fig. 2. **Längsschnitt durch das vordere Rippenende eines 2jährigen rachitischen Kindes. Gänzlich entkalkt. Vergrösserung 20.**

Pl pleurale Seite der Rippe.

A kleinzelliger Knorpel, gefässlos.

B Proliferationszone, wenig vergrössert.

C Säulenzone, sehr bedeutend vergrössert, nach beiden Seiten stark vorgebaucht, die Zellenreihen nach abwärts stark divergirend.

enc Einkerbung, welche auf der Aussenseite der Rippe bei

enc¹ zu einer winkeligen Einknickung des kleinzelligen Rippenknorpels ausartet.

kg kleiner Querschnitt eines in die Proliferationszone horizontal verlaufenden Gefässkanals.

kg¹ ein grösserer solcher Kanal mit zahlreichen Gefässen, welcher eine Abzweigung nach rechts entlang der Proliferationsgrenze und nach abwärts eine schmale osteoïde Leiste entsendet.

gk, gk Gefässkanäle, welche vom Perichondrium in den grosszelligen Knorpel eindringen, und stellenweise durch ihre grosse Zahl eine spongoïde Structur des Knorpels bedingen.

mtp metaplastische Ossification des die Gefässkanäle zunächst umgebenden Knorpels.

mrg, mrg¹ unregelmässige Grenze der nach oben vordringenden endostalen Markräume.

Sp Spongiosa mit vergrösserten Markräumen.

mgf zwei grosse Lumina von Blutgefässen.

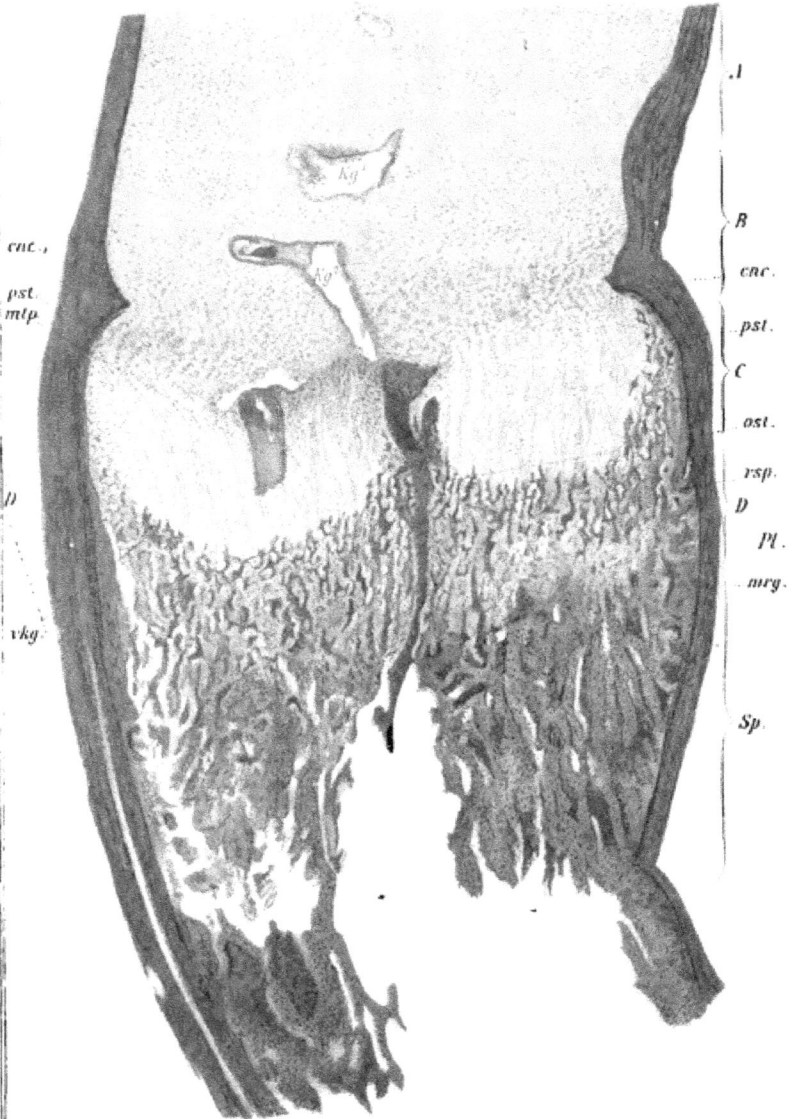

Fig.1.

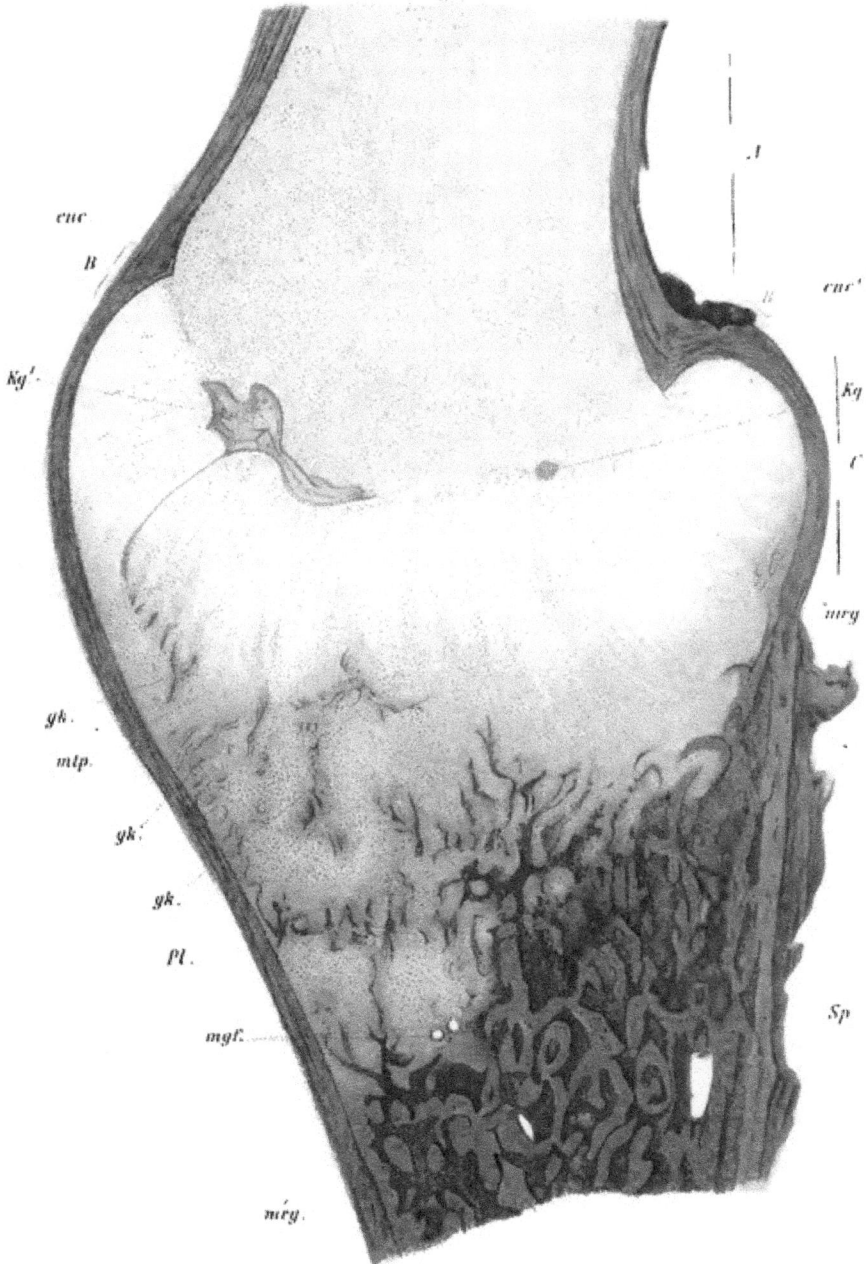

Fig 2.

enc

B

A

B   enc'

Kg'

Kg

C

mrg

gk.

mlp.

gk.

gk.

pl.

mgf.

Sp

mrg.

Tafel II.

Fig. 3. Längsschnitt durch das untere Radiusende eines 14 Monate alten rachitischen Kindes. Vollständig entkalkt. Vergrösserung 15.

A kleinzelliger Knorpel mit Quer- und Schiefschnitten von Gefässkanälen.

B Proliferationszone, mässig erhöht.

C Säulenzone, bedeutend erhöht und besonders nach rechts stark vorgebaucht.

kg quergeschnittene Gefässkanäle, welche die Säulenzone in horizontaler Richtung durchziehen.

kg' Knorpelgefässkanal, welcher oben als rundlicher Querschnitt erscheint, während nach abwärts die von ihm ausgehende osteoïde Platte als schmale Längsleiste getroffen ist, und endlich nach unten wieder der Gefässkanal selbst mit zahlreichen Seitenzweigen in der Schnittfläche erscheint, bis er unten von den vordringenden endostalen Markräumen erreicht wird.

kg² ebenfalls ein quergeschnittener Gefässkanal, der in eine nach abwärts blind endigende osteoïde Leiste übergeht.

kg³ ein Stück des Gefässkanals läuft entlang der Proliferationsgrenze und sendet nach abwärts eine blind endigende Abzweigung.

kg⁴, kg⁵ grosse Gruppen von Gefässkanälen, welche direct aus dem Perichondrium in die Säulenzone eindringen und sich daselbst verzweigen, während der Knorpel in ihrer nächsten Umgebung eine diffuse Metaplasie aufweist.

pch, pch perichondrale Knochenrinde, welche beiderseits bis nahe zur Einkerbung — *enc* — hinaufreicht.

mrg, mrg' Grenze der nach oben vordringenden endostalen Markräume.

Spd spongoïde Substanz.

mgf Lumina von grossen Blutgefässen, welche die Form der Markräume bestimmen.

fmk Mark mit Fettzellen.

gk durchbohrende Kanäle, welche Theile der Compacta in Spongiosa verwandeln.

pk mächtige Knochenauflagerung mit vorwiegend gegen das Wachsthumscentrum der Diaphyse gerichteten Bälkchen.

A

B

hy.²

pch.

C

hy'

nry'

Spd

cnc

hy'

pch.

hy'

nry

ngh'

Spd

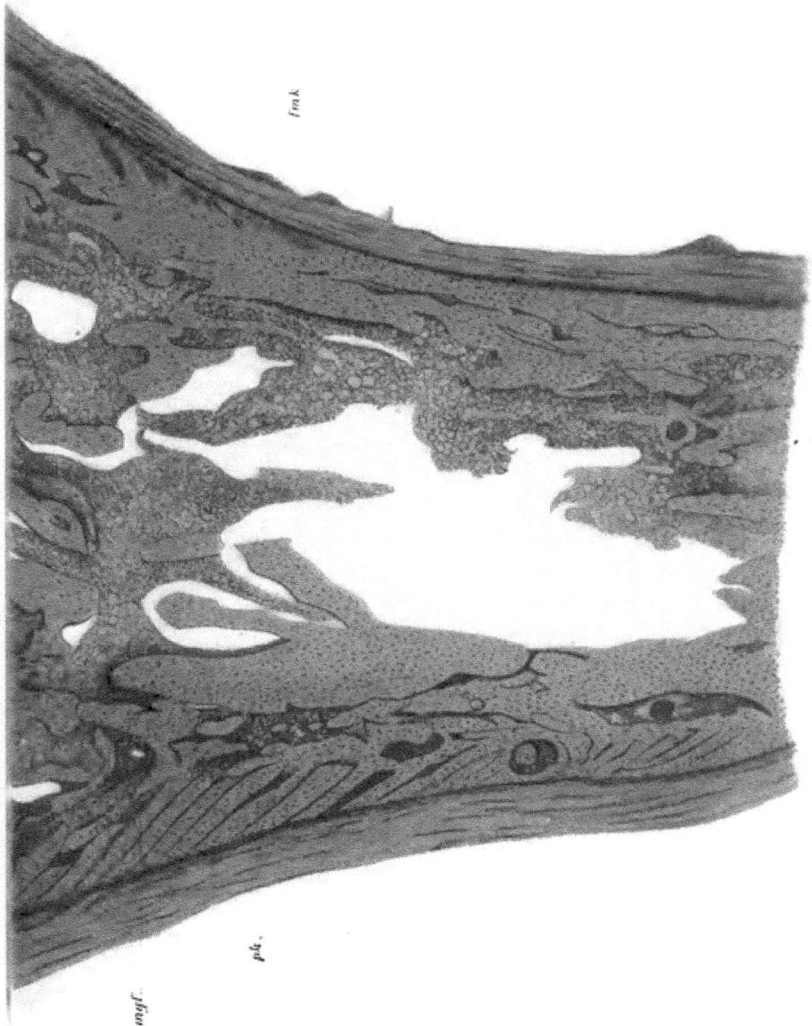

Tafel III.

Fig. 4. Längsschnitt durch das vordere Rippenende eines 18 Monate alten rachitischen Kindes. Vollständige Entkalkung. Vergrösserung 15.

Pl pleurale Seite der Rippe.

A kleinzelliger Knorpel mit zwei Knorpelkanälen.

B Proliferationszone, ziemlich stark erhöht.

C Säulenzone, enorm erhöht, beiderseits stark vorgebaucht und gegen die Spongiosa in einem spitzen Winkel abgeknickt.

kg¹ grosser verzweigter Knorpelgefässkanal an der Proliferationsgrenze, welcher sich in eine kurze osteoïde Leiste nach abwärts fortsetzt.

kg² kleiner, ebenfalls quergetroffener Gefässkanal mit osteoïder Leiste, welche sich auf eine längere Strecke nach abwärts zwischen den Zellensäulen hinzieht.

pg, pg zahlreiche aus dem Perichondrium stammende Gefässkanäle, welche die Säulenzone nach allen Richtungen durchziehen.

pg¹, pg¹ solche mit grösseren quergeschnittenen Blutgefässen.

pg² ebenfalls aus dem Perichondrium stammender Gefässkanal mit weitem Blutgefäss in der Längsansicht. Die Umgebung des Kanals metaplastisch ossificirt.

pst mächtige periostale und perichondrale Auflagerung, welche den Knickungswinkel an der Aussenseite der Rippe ausfüllt und stellenweise als

pkp periostal gebildeter Knorpel im Innern des Knickungswinkels erscheint.

mrg schmale Grenze der endochondral gebildeten Spongiosa gegen die grosszellige Knorpelzone.

Spd spongoïde Anordnung des endochondral gebildeten Knochens.

gf grössere Lumina von Markgefässen.

———❈———

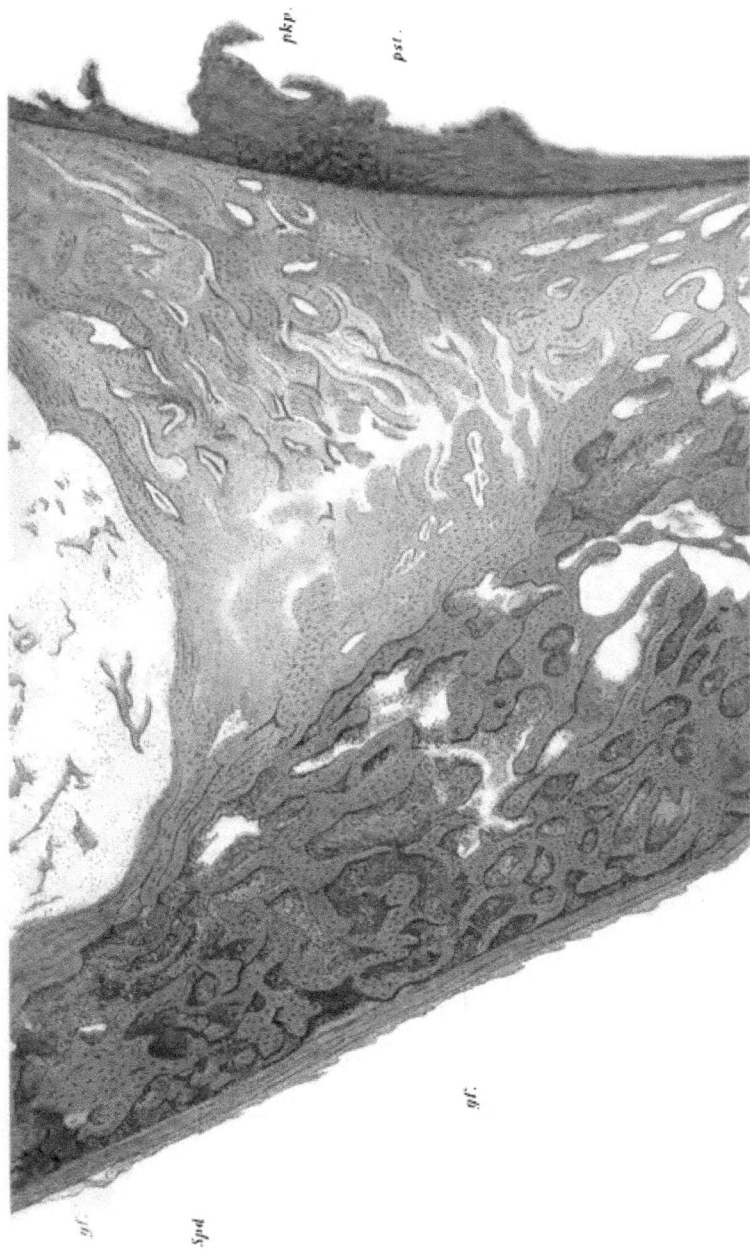

pkp. *pst.*

gf. *Spd.* *gf.* *gf.*

Tafel IV.

Fig. 5. Längsschnitt durch die Knochenknorpelgrenze eines Brustwirbels von einem 18 Monate alten rachitischen Kinde. Nicht entkalkt. (Reichert Ocular I. Objectiv III.)

A kleinzelliger Knorpel.

B Proliferationszone.

C Zone der vergrösserten Knorpelzellen mit verschobenen Zellensäulen.

kg[1] grosser Gefässkanal in der Nähe der Proliferationsgrenze, schief getroffen.

kg[2] der Länge nach getroffener Gefässkanal innerhalb der Säulenzone, in dessen Umgebung die Knorpelverkalkung ausgeblieben ist. Nach unten noch nicht bis zu den endostalen Markräumen vorgedrungen.

vk, vk unregelmässige Knorpelverkalkung.

npl, npl neugebildete unverkalkte lamellöse Auflagerung. Die Richtung der Lamellengrenzen fast überall parallel dem Rande des Markraums.

vkl verkalkte Reste der ursprünglichen lamellösen Knochenstructur. Die Lamellen der verkalkten Theile gehen nirgends in die Lamellen der aufgelagerten rothen Partien über.

x derselbe Einschmelzungsrand durchschneidet verkalktes und unverkalktes Gewebe.

y dieselbe Kittlinie zeigt an ihrer convexen Seite verkalktes und unverkalktes, an ihrer concaven Seite ausschliesslich rothes unverkalktes Knochengewebe.

z ein ringsum von Lacunen begrenzter Rest des verkalkten Knochengewebes, umgeben von neugebildeten kalklosen Lamellen.

Fig. 6. Querschnitt durch eine Rippe eines 43jährigen, an Osteomalacie verstorbenen Weibes. Nicht entkalkt. (Reichert Ocular I. Objectiv IV.)

f: fettreiches Zellgewebe.

pst Periost.

rsp Resorptionsflächen, in denen die einschmelzenden verkalkten Knochenpartien ohne Intervention kalkloser rother Säume an das Markgewebe grenzen.

rsp' eine ebensolche Resorptionsfläche gegen das Periost.

vkl verkalkte Reste des älteren lamellösen Knochengewebes, nach aussen zumeist lacunär begrenzt. Die lamellöse Structur ist an dieser Grenze scharf unterbrochen.

np' neugebildete kalkfreie Auflagerungen, deren Lamellen den Rändern der Markräume parallel gehen, aber nirgends in die Lamellen der verkalkten Theile übergehen.

hvr Ausfüllung eines Haversischen Raumes mit concentrischen unverkalkten Lamellen.

hvr' durch Einschmelzung erweiterter, von concentrischen kalkhaltigen Lamellen umgebener Haversischer Kanal, in welchem sich eine neue unverkalkte Lamellenlage gebildet hat.

blk, blk unverkalkte Bälkchen, durch Resorption von beiden Seiten her verschmälert.

e grosser Einschmelzungsraum, in welchem ausschliesslich unverkalktes Gewebe resorbirt wurde.

y Einschmelzungsgrube, welche gleichzeitig verkalktes und unverkalktes Gewebe betrifft.

fmk Fettmark mit rareficirten Fettzellen.

Fig. 7. Querschnitt durch die Diaphyse der Ulna eines 13 Monate alten rachitischen Kindes. Vollständige Entkalkung. Vergrösserung 20.

pst Periost.

sch', sch², sch³ äussere, mittlere und innere Schicht der periostalen Knochenauflagerung, welche von einander und von der ursprünglichen Knochenrinde durch kluftartige Gefässräume geschieden sind.

gf grosse Gefässlumina, welche die Form der Markräume, sowie auch die Form und Ausdehnung der Spalten zwischen den Auflagerungsschichten bedingen.

cmp ursprüngliche compacte Knochenrinde, welche durch vielfache Einschmelzungen von Seite der Markräume und an der Oberfläche verdünnt und rareficirt wurde.

mkh Markhöhle.

C. Ueberreuter'sche Buchdruckerei (M. Salzer) in Wien.

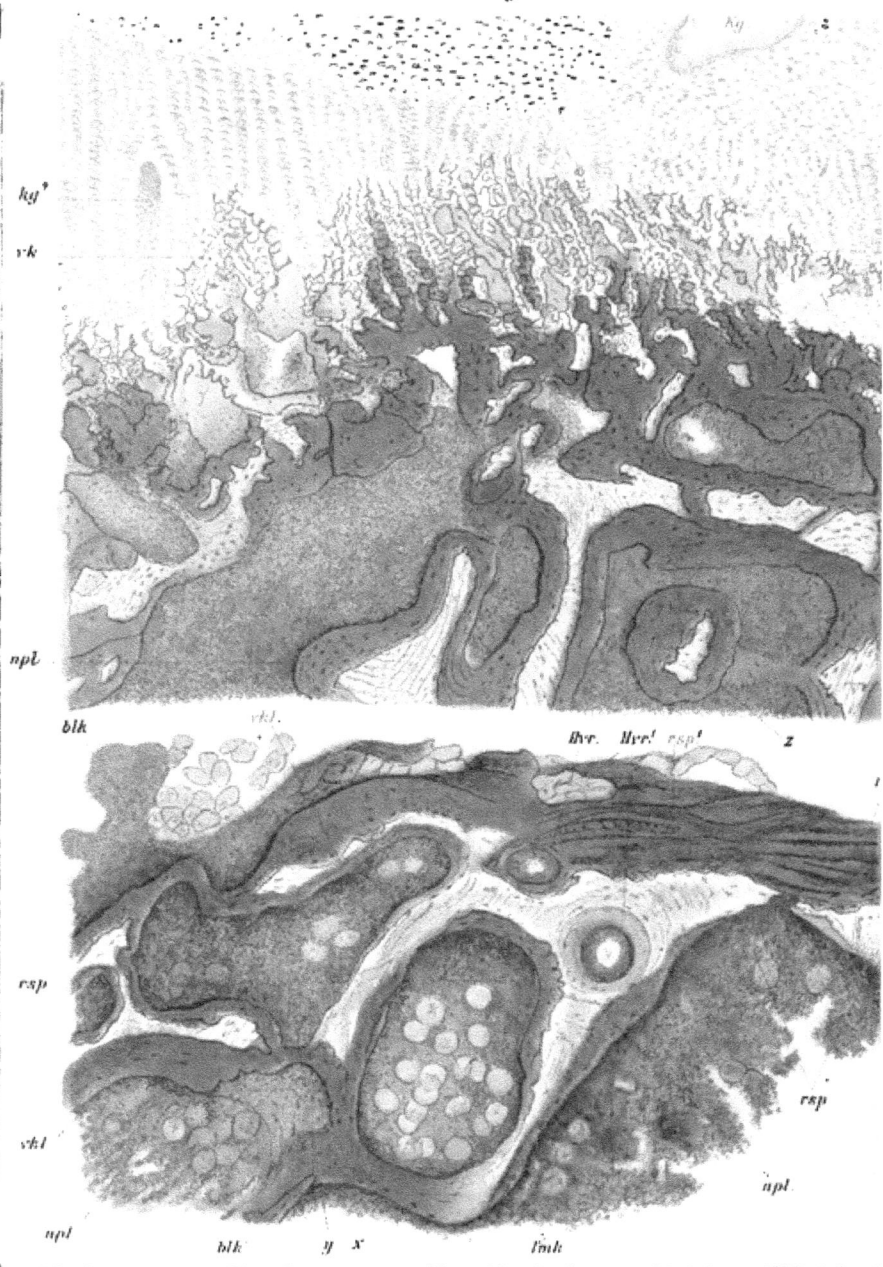

Fig.5.

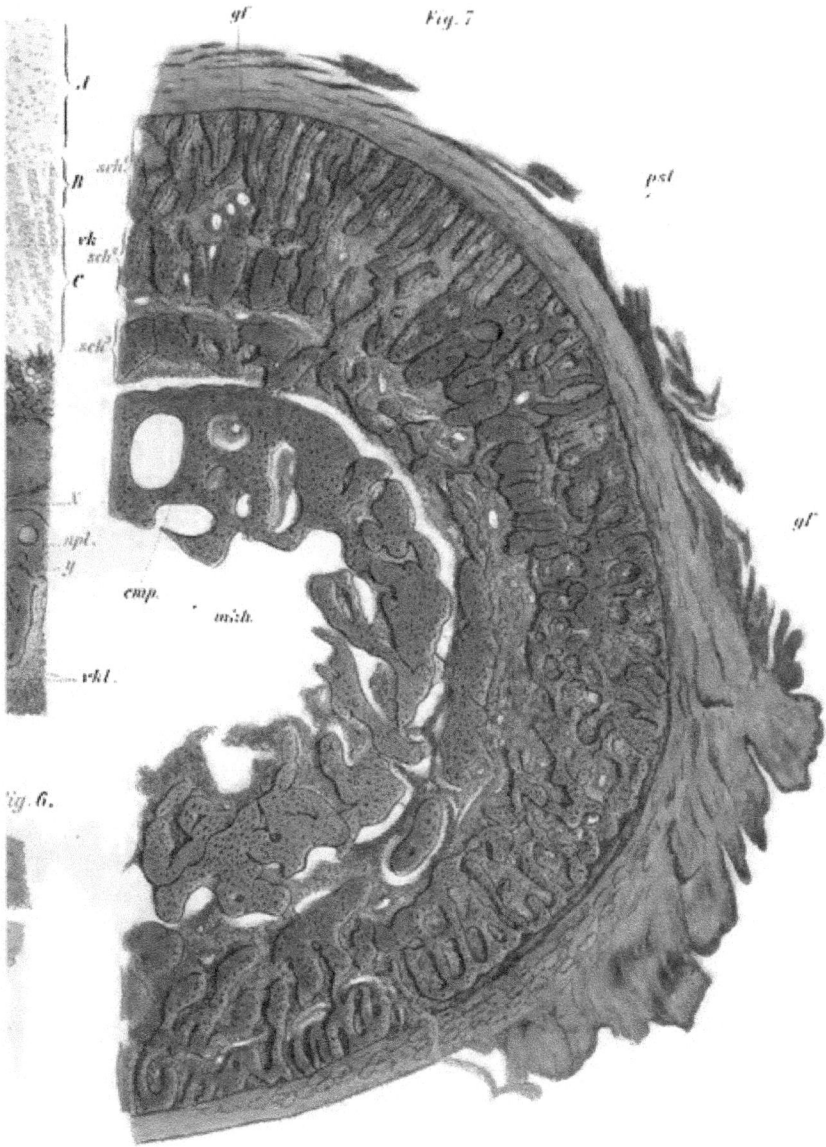

Fig. 7

gl

pst

gl

A

sch.¹

B

vk
sch.²

C

sch.³

X

spt.

y

emp.

msh.

vkl.

Fig. 6.

DIE

NORMALE OSSIFICATION

UND DIE

ERKRANKUNGEN DES KNOCHENSYSTEMS

BEI RACHITIS

UND HEREDITÄRER SYPHILIS

VON

DR. M. KASSOWITZ.

.

II. RACHITIS.

II. ABTHEILUNG.

DIE PATHOGENESE DER RACHITIS.

WIEN 1885.

WILHELM BRAUMÜLLER

K. K. HOF- UND UNIVERSITÄTSBUCHHÄNDLER.

Vorwort.

Mit diesem Hefte schliesst die zweite, die Rachitis behandelnde Abtheilung dieser Arbeit. Mein ursprünglicher Plan ging allerdings dahin, in dem Rahmen der letzteren auch die Symptome der Rachitis, und zwar sowohl die Erscheinungen an den einzelnen Skeletabschnitten, als auch die von ihnen abhängigen functionellen Anomalien ausführlich zu behandeln. Ich bin aber von dieser Idee zurückgekommen, einerseits um diese Arbeit nicht über Gebühr auszudehnen, hauptsächlich aber aus dem Grunde, weil ich dann genöthigt gewesen wäre, die Bearbeitung des dritten Theiles, der sich mit den hereditär-syphilitischen Knochenaffectionen beschäftigen soll, und auf den ich besonderes Gewicht lege, allzulange hinauszuschieben. Ich habe daher den Ausweg gewählt, die Symptomatologie der Rachitis in einer abgesonderten Publication, welche bereits im 19. Bande des Jahrbuchs für Kinderheilkunde begonnen hat, zu behandeln, und werde dadurch in den Stand gesetzt sein, in nicht zu ferner Zeit den dritten Theil dieser Arbeit zu publiciren, und die letztere dadurch ihrem Abschlusse entgegenzubringen.

Inhaltsverzeichniss.

— ◇ —

II. Rachitis.

II. Abtheilung.

Die Pathogenese der Rachitis.

Erstes Kapitel.

Die rachitische Knochenentzündung als Ursache der Kalkarmuth.

Analyse der rachitischen Erscheinungen. Ihre Abhängigkeit von den Vorgängen im Gefässsysteme. Perichondrales, endostales und periostales Gebiet des letzteren. Wesen des rachitischen Processes. Analogie mit anderen vascularisirenden Entzündungen. Locale Kalkarmuth der entzündeten Skelettheile. Eine solche auf experimentellem Wege erzeugt. Folgen der fluxionären Hyperämie in den wachsenden und ausgewachsenen Knochen. Osteomalacie.

Schon bei dem Studium der normalen Ossification und noch mehr bei der Schilderung der histologischen Bilder in den rachitisch afficirten Knochen haben wir Gelegenheit gehabt, die grosse Bedeutung der Vorgänge innerhalb des Gefässsystems für die gesammten Erscheinungen der normalen und pathologischen Ossification hervorzuheben, und auf die innigen Beziehungen hinzuweisen, welche zwischen dem verschiedenen Füllungsgrade der Blutgefässe, ihrer Neubildung und Involution auf der einen Seite und den Processen der Knochenneubildung, der Verkalkung und der Knocheneinschmelzung auf der anderen Seite bestehen. Jetzt aber, wo es sich darum handelt, das Wesen des rachitischen Processes festzustellen, müssen wir es geradezu aussprechen, dass es sich bei der Rachitis in erster Linie um eine abnorme Blutfülle und eine krankhaft gesteigerte Gefässbildung in den ossificirenden Geweben handelt, und dass alle übrigen Erscheinungen nichts Anderes sind als die unmittelbaren oder mittelbaren Folgen dieses abnormen Verhaltens der Blutgefässe in den knochenbildenden Geweben.

Die Beweise für diese Behauptung sind zum grossen Theile schon enthalten in unserer Schilderung des pathologisch-anatomischen

Befundes bei der Rachitis. und obwohl wir uns bei dieser Schilderung die grösste Mühe gegeben haben, ganz objectiv zu bleiben, so
hat sich doch schon aus dieser objectiven Beschreibung die Abhängigkeit der meisten Erscheinungen von den Vorgängen innerhalb
des Gefässsystems ganz von selbst ergeben. Ausschlaggebend für
diese Frage sind aber die folgenden wichtigen Thatsachen, die sich
aus einem genauen Studium rachitischer Objecte in allen möglichen
Stadien der Affection mit Sicherheit ergeben haben:

1. Dass in keinem einzigen Falle, wo man berechtigt war,
das Vorhandensein einer rachitischen Affection vorauszusetzen, eine
auffallende Hyperämie und eine vermehrte Bildung von Blutgefässen in den ossificirenden Geweben (Perichondrium, Knorpel
und Periost) vermisst worden ist.

2. Dass in allen Fällen der Grad der rachitischen Erscheinungen in den Geweben vollkommen gleichen Schritt hielt mit
der Intensität der Veränderungen in den Blutgefässen dieser Gewebe.

3. Dass eine Heilung oder Reparation der rachitischen Veränderungen nur in dem Masse beobachtet wird, als sich die Blutfülle der Knochen vermindert und sich die in übermässiger Anzahl
neugebildeten Blutgefässe wieder involviren.

Ueberblicken wir nun noch einmal die wichtigsten Erscheinungen des rachitischen Processes, so sehen wir, dass dieselben
im Bereiche und unter dem Einflusse dreier von einander ziemlich
unabhängiger Gefässgebiete sich abspielen, nämlich des perichondralen, des endostalen und des periostalen Gefässsystems.

Im Bereiche der perichondralen Gefässe beobachten wir
die Knorpelwucherung und die Knorpelverkalkung. Der
normale Knorpel bezieht das Material zu seinem Wachsthum, zur
Vermehrung seiner Zellen und zum Auswachsen seiner Grundsubstanz aus den spärlichen Gefässen des Perichondriums, und nur
in der Nähe der Ossificationsgrenze, wo der Knorpel das Substrat
für das appositionelle Knochenwachsthum zu liefern hat und daher
plötzlich eine rapide Zellenvermehrung und Zellenvergrösserung in
der Richtung der Längsaxe des Knochens platzgreift, beobachten
wir schon unter normalen Verhältnissen einen bedeutenderen Gefässreichthum des Perichondriums (Bildung einer eigenen Gefässschichte
und einer tieferen Einkerbung derselben in den Knorpel), und an
den energisch wachsenden Knochenenden dringen ausserdem noch

aus dieser Einkerbung des Perichondriums vereinzelte Blutgefässe in den Knorpel vor, um sich dann, der Länge achse des Knochens folgend, in die Zone der vergrösserten Knorpelzellen zu versenken. Dass diese Gefässe wirklich nur ad hoc, nämlich für das vorübergehend gesteigerte Bedürfniss der rapiden Zelltheilung und Zellenvergrösserung an der Knorpelknochengrenze gebildet worden sind, ist daraus mit Sicherheit zu entnehmen, dass sie sich alsbald wieder involviren, sobald das Knorpelwachsthum beendet ist und die Verkalkung des Knorpels beginnt. Mit den Blutgefässen verschwindet dann auch der zellige Inhalt der sie umgebenden Gefässkanäle, und es bleibt an ihrer Stelle nur eine feine Knorpelspalte oder Knorpelnarbe zurück.

Die auffälligste Erscheinung bei der Rachitis ist nun der grosse Gefässreichthum des Perichondriums in der Umgebung der Wucherungsschichten des Knorpels und die enorme Vermehrung und Erweiterung der eigenen Gefässe des Knorpels. Dieselben dringen auch nicht mehr allein an der Einkerbung des Perichondriums über die Proliferationszone, sondern an allen Punkten in der ganzen Umgebung der grosszelligen Knorpelzone in die letztere ein und verzweigen sich in der letzteren regellos nach allen Richtungen des Raumes.

Mit dieser abnormen Blutfülle des Knorpels und seines Perichondriums geht nun in allen Fällen auch eine vermehrte und manchmal colossal gesteigerte Zellenwucherung und weiterhin auch eine Vergrösserung und ins Unendliche fortgesetzte Theilung der zahllosen Tochter- und Enkelzellen einher. Zugleich hat aber auch dieser krankhaft gewucherte und ungemein succulente Knorpel seine normale Starrheit eingebüsst, und wird schon durch den blossen Wachsthumsdruck, noch mehr aber durch die Muskelwirkung und die Körperschwere nach allen Seiten hin wallartig hervorgebauchet.

Gleich den Erscheinungen des Knorpelwachsthums steht auch die Knorpelverkalkung in auffallender Weise unter dem Einflusse der in dem Knorpel vordringenden Blutgefässe, und zwar macht sich dieser Einfluss nach verschiedenen Richtungen hin geltend, je nach dem Stadium, in welchem sich der rachitische Process gerade befindet. Im Beginne des Processes und bei einer mässigen Entwicklung desselben sehen wir nämlich, wie der Knorpel längs der absteigenden Gefässkanäle vorzeitig verkalkt und wie die Verkalkungsgrenze an diesen Stellen als eine spitze Zacke gegen die Proliferationszone emporsteigt.

1*

Die Knorpelverkalkung ist also in diesem Stadium nicht nur nicht vermindert, sondern erstreckt sich über ein grösseres Territorium als unter normalen Verhältnissen; und erst in den vorgeschrittenen Stadien der Erkrankung ist die Knorpelverkalkung vermindert oder auch gänzlich ausgeblieben.

Auch diese auffallende und für die Theorie der Rachitis hochbedeutsame Erscheinung findet ihre Erklärung einzig und allein in dem verschiedenen Verhalten der Blutgefässe während der einzelnen Phasen der rachitischen Erkrankung. Im Anfange haben nämlich auch die krankhaft erweiterten Blutgefässe des Knorpels noch immer die Tendenz, auf einem gewissen Punkte ihrer Entwicklung stehen zu bleiben und sich dann zu involviren. Allerdings ist bei der Rachitis die Involution niemals so vollständig, wie bei dem normalen Vorgange, denn es verwandelt sich immer ein Theil des Inhaltes der abnorm ausgedehnten Gefässkanäle in osteoides Gewebe, welches nun in Form von Leisten und Zapfen den grosszelligen Knorpel durchsetzt. Der grössere Theil des früher von den ausgedehnten Gefässkanälen eingenommenen Raumes muss aber doch noch durch ein supplementäres Wachsthum der unmittelbar angrenzenden Knorpelzellen gedeckt werden. Diese wachsen daher in der unmittelbarsten Nähe der sich involvirenden Gefässkanäle frühzeitig aus und zwischen den ausgewachsenen Knorpelzellen lagern sich auch hier wie überall die Kalksalze in der Grundsubstanz ab. Dass sich dies wirklich so verhält, ist einfach daraus ersichtlich, dass die Knorpelverkalkung auch in den aufsteigenden Zacken niemals zwischen den kleinen, noch in der Proliferation befindlichen, sondern ausschliesslich zwischen solchen Zellen gefunden wird, die bereits nach allen Dimensionen ausgewachsen sind.

In den höheren Graden der Rachitis sind nun die Verhältnisse insoferne geändert, als die Blutgefässe des Knorpels jede Tendenz zur Rückbildung eingebüsst haben. Sie sind im Gegentheile in fortwährender Progression begriffen und senden immer neue Zweigchen in den Knorpel hinein. Dadurch entfällt nun nicht nur ein jeder Grund für ein frühzeitiges Auswachsen der benachbarten Knorpelzellen und für eine vorzeitige Kalkablagerung zwischen denselben, sondern es dauert ganz im Gegentheile das Wachsthum des Knorpels und die Theilung der Knorpelzellen in

Folge der übermässigen Säftezufuhr seitens der zahlreichen ausgedehnten Blutgefässe auch in den tieferen Schichten des Knorpels fort, und es kommt daher überhaupt an vielen Stellen gar nicht zu jener Wachsthumsruhe, die wir als die Grundbedingung der Knorpelverkalkung ansehen müssen. Ausserdem wissen wir aber auch, dass die lebhafte Plasmaströmung in der Nähe ausgedehnter Blutgefässe unter allen Umständen der Ablagerung von Kalksalzen hinderlich ist. Die Knorpelverkalkung bleibt daher in den hohen Graden der Affection endlich ganz aus oder beschränkt sich auf vereinzelte Inseln mit ausgewachsenen Knorpelzellen in einer grösseren Entfernung von den hyperämischen Gefässen.

Gehen wir nun zu den Erscheinungen im Gebiete des endostalen Gefässsystems über, so handelt es sich hier auf der einen Seite um die Markraumbildung und die innere Knochenresorption und auf der anderen Seite um die metaplastische und neoplastische Ossification. Die Markraumbildung und die Knochenresorption sind, wie wir wissen, schon beim normalen Knochenwachsthum unmittelbar abhängig von der Bildung neuer Zweigchen des endostalen Gefässnetzes oder von der Erweiterung einzelner Gefässchen und der dadurch bedingten Zunahme ihrer plasmatischen Strömung. Da nun bei der Rachitis das ganze endostale Gefässnetz in hohem Grade hyperämisch ist und auch die Bildung neuer Gefässsprossen in stürmischer und unregelmässiger Weise erfolgt, so ist damit nothwendiger Weise eine unregelmässige und vorzeitige Markraumbildung und zugleich eine gesteigerte Osteoporose im Innern der spongiösen und compacten Knochensubstanz gegeben. Gleichzeitig ist aber auch die metaplastische und neoplastische Ossification sehr bedeutend modificirt, indem einerseits die Umwandlung der Knorpelgrundsubstanz in leimgebende Knochensubstanz beschleunigt ist und ohne scharfe Grenze fortschreitet, und andererseits die im Innern der Markräume und Einschmelzungsräume neugebildeten Knochentheile nicht nur häufig eine abnorme, lockere, geflechtartige Structur aufweisen, sondern auch unter allen Umständen, so lange die Hyperämie der benachbarten Blutgefässe andauert, entweder kalkarm oder auch gänzlich frei von Kalksalzen verbleiben. Die gesteigerte Einschmelzung der normal verkalkten Knochentheile in Folge der Neubildung und Erweiterung der endostalen Blutgefässe im Vereine mit der Bildung

kalkloser Knochentheile im Inneren der übermässig blutreichen
Knochen bedingen daher zum grossen Theile die bekannten Erscheinungen der rachitischen Knochenerweichung.

Aber auch die Vorgänge im Bereiche des periostalen Gefässsystems haben einen grossen Antheil an der Hervorbringung dieser
auffälligsten und wichtigsten Folge des rachitischen Processes. Denn
auch hier gehen unter normalen Verhältnissen zwei entgegengesetzte
Vorgänge neben einander her, nämlich die Auflagerung neuer
Knochenschichten an den Appositionsstellen und die Einschmelzung
von Knochensubstanz an den Resorptionsstellen der Knochenoberfläche, und auch diese beiden Vorgänge sind durch die krankhafte
Beschaffenheit des periostalen Gefässystems in hohem Grade alterirt. Es findet nämlich an den Appositionsstellen unter dem Einflusse der Gefässhyperämie eine vermehrte Wucherung des
ossificirenden Stratums und daher auch eine vermehrte Knochenneubildung statt, und auch hier besitzen die neugebildeten Knochenschichten eine lockere, geflechtartige, spongiöse Structur und bleiben
in der Nähe der überfüllten Blutgefässe in hohem Grade kalkarm.
An den Resorptionsstellen hingegen ist unter dem Einflusse der
abnorm erweiterten subperiostalen Blutgefässe die Knocheneinn-
schmelzung bedeutend gesteigert, es macht also auch von
aussen her die Rareficirung der normal verkalkten Knochentheile
bedeutende Fortschritte, und es wird also, da auch hier ein Ersatz
nur in Form der mangelhaft verkalkten Knochensubstanz stattfindet, auch durch die Vorgänge im Bereiche des periostalen Gefässgebietes die Verarmung des afficirten Skelettheiles an Kalksalzen
in erheblichem Masse beschleunigt.

Eine weitere, sehr wichtige Folge des hyperämirten Zustandes
im periostalen Gefässysteme und der Neigung der periostalen Blutgefässe zur krankhaften Sprossenbildung ist darin gelegen, dass
diese Hyperämie und krankhaft vermehrte Vascularisation auch
auf die Insertionen der Gelenkskapseln und Gelenksbänder hinübergreift. Darunter leidet nothwendiger Weise die
straffe Faserung dieser fibrösen Gebilde, der ganze ligamentöse
Apparat der Gelenke wird schlaffer, und diese Gelenksschlaffheit
führt wieder in weiterer Folge zu Abweichungen in der Gelenks-
stellung und zu Verbildungen der Gelenksenden, also zu den bekannten Gelenksdeformitäten der rachitischen Kinder.

Es müssen also die sämmtlichen klinisch und anatomisch nachweisbaren Erscheinungen im rachitisch afficirten Skelete, sowie auch die von ihnen abhängigen functionellen Störungen in letzter Instanz auf die krankhaften Vorgänge im Gefässsysteme der Knochen, auf die Erweiterung und gesteigerte Blutfülle, und ganz besonders auf die abnorm vermehrte Gefässneubildung zurückgeführt werden, und wir sind sohin berechtigt, den rachitischen Process als einen chronisch vorlaufenden Entzündungsvorgang aufzufassen, welcher zwar unter allen Umständen in den knochenbildenden Geweben seinen Ausgang nimmt, welcher sich aber im weiteren Verlaufe fast immer auch auf die älteren Partien des betroffenen Skelettheiles und häufig auch auf den benachbarten Gelenksapparat ausbreitet.

Als Attribute der Entzündung beobachten wir bei der Rachitis: erstens die entzündliche Hyperämie und Gefässneubildung; zweitens die dadurch hervorgerufene entzündliche Wucherung des Knorpels und des subperiostalen Gewebes, und drittens die Umwandlung der specifischen Gewebsstructur in der Umgebung der neugebildeten und hyperämischen Blutgefässe in indifferentes Bildungs- oder Markgewebe. Es sind dies genau dieselben Vorgänge, wie wir sie auch in anderen Organen und Geweben bei solchen krankhaften Processen beobachten, über deren entzündliche Natur wohl Niemand in Zweifel sein wird. Ich will hier nur zwei Processe namentlich anführen, nämlich die unter dem Namen Pannus bekannte Keratitis vascularis superficialis, und dann die interstitielle Leberentzündung, wie ich sie speciell bei der toxischen Phosphorwirkung genauer studirt habe. Auch hier finden wir ja nichts Anderes, als eine Blutüberfüllung sämmtlicher Gefässe, eine Neubildung zahlreicher junger Gefässsprossen, und eine damit einhergehende Substitution von jungem indifferentem Bildungsgewebe an die Stelle der eigenartigen Structur des Hornhaut- oder Lebergewebes, wobei wir glücklicherweise die hochnothpeinliche Frage, ob das junge Bildungsgewebe von aussen her einwandert und das ursprüngliche Gewebe verdrängt, oder ob das letztere unter dem Einflusse der entzündlichen Hyperämie sich in indifferentes Gewebe umwandelt, an dieser Stelle unerörtert lassen können. Nur in einer Beziehung unterscheidet sich der uns hier beschäftigende Vorgang von den

genannten parenchymatösen Entzündungen, indem er nämlich immer
in einem energisch wachsenden Gewebe seinen Ausgang nimmt,
in welchem schon der physiologische Wachsthumsprocess eine grössere Blutfülle und eine Neubildung junger Gefässsprossen mit sich
bringt. Auch die Substitution der specifischen Knorpel und Knochenstructur durch junges indifferentes Bildungsgewebe finden wir in
einer allerdings mässigen Ausdehnung bei der Bildung der Markräume und Gefässkanäle im Knorpel und Knochen schon im Rahmen
der physiologischen Ossification. Sowie aber die Blutfülle der
ossificirenden Gewebe und die Gefäss- und Markraumbildung die
Grenzen des Normalen überschreitet, haben wir auch schon den
ausgesprochenen Entzündungsprocess vor uns, der sich dann in
keiner Weise von den entzündlichen Vorgängen in den
entsprechenden Geweben der ausgewachsenen Skelettheile, mögen sie nun durch Trauma oder durch andere krankhafte Reize entstanden sein, unterscheidet. Das Fehlen der
Eiterbildung wird wohl heutzutage Niemanden mehr davon abhalten,
einen krankhaften Process als einen entzündlichen zu bezeichnen.
Wir wissen dass es eine vascularisirende Knorpelentzündung, eine
porosirende Ostitis und eine ossificirende Periostitis ohne Eiterbildung gibt, und der rachitische Process ist eben gar nichts anderes,
als eine Combination dieser entzündlichen Einzelvorgänge in den
das Skelet zusammensetzenden Geweben. Selbst die „condensirende
Ostitis" Volkmann's vermissen wir in unserem Falle nicht, wenn
nach Ablauf der floriden Rachitis sich die Markräume mit dichten
gut verkalkten Knochenlamellen ausfüllen, und dadurch eine
Eburneation der rachitischen Knochen zu Stande kommt; nur
werden wir besser daran thun, diesen Vorgang nicht als Entzündung, sondern als einen Ausgang der Entzündung zu betrachten.

Ebensowenig, wie durch das Fehlen der Eiterung können wir
uns durch den Abgang des Fiebers in unserer Auffassung der
Rachitis als eines chronischen Entzündungsprocesses beirren lassen,
wie dies z. B. Rehn[1]) gethan hat; denn es ist ja ganz sicher,
dass eine grosse Anzahl zweifellos entzündlicher chronischer Processe,
wie die verschiedenen Schleimhautkatarrhe, die Hauteczeme, Psoriasis
u. s. w. trotz ihrer oft enormen Ausbreitung ebenfalls afebril ver-

---

[1]) Gerhardt's Handbuch d. Kinderkrankheiten, III. Bd., 1. S. 85. 1878.

laufen, abgesehen von den unzähligen mehr localisirten Entzündungen aller möglichen Organe und Gewebe, bei denen das Gleiche
der Fall ist. So hat z. B. Cohnheim[1]) ausdrücklich darauf
hingewiesen „dass echte, unzweifelhafte und obendrein recht
schwere acute Entzündungen wie z. B. die Nephritis, ohne alles
Fieber verlaufen". Endlich können wir auch noch auf den in denselben Geweben wie die Rachitis sich abspielenden Process bei den
hereditär syphilitischen Kindern verweisen, welcher ja, wie bekannt,
in manchen Fällen viel stürmischer verläuft und auch viel intensivere Veränderungen hervorruft, wie der rachitische Entzündungsprocess, und dennoch fast niemals eine nennenswerthe Temperatur-
steigerung hervorruft.

Wenn wir zum Ueberflusse noch daran erinnern, dass selbst
nach dem Schema der alten Pathologie bei dem rachitischen Processe weder Tumor, noch Rubor, noch Dolor, und nicht einmal
die Functio laesa vermisst worden, so dürfen wir wohl die Frage
nach der entzündlichen Natur der Rachitis als im positiven Sinne
erledigt betrachten.

Dagegen müssen wir auf eine weitere Frage, ob nämlich
sämmtliche Erscheinungen innerhalb des rachitisch afficirten
Skeletes in den anatomisch nachweisbaren entzündlichen Vorgängen
ihre Erklärung finden, noch einmal näher eingehen, obwohl wir
diese Frage bereits hier im bejahenden Sinne beantwortet haben.
Es handelt sich aber bei dieser Frage hauptsächlich um jene Erscheinung, welche bis jetzt immer und überall in den Vordergrund
gestellt wurde, nämlich um die relative Kalkarmuth der rachitischen Knochen, und diese Frage spitzt sich eigentlich dahin
zu, ob diese Kalkarmuth des rachitischen Skeletes, wie
wir behaupten, einzig und allein in den anatomisch nachweisbaren Vorgängen im Knorpel und Knochen begründet
ist, oder ob man auch fernerhin noch genöthigt sein
wird, mit den bisherigen Rachitistheorien, eine fehlerhafte
Oekonomie der Kalksalze im allgemeinen Stoffwechsel
als die directe Ursache dieser Kalkarmuth anzusehen.

Da wir nun hier bei dem wichtigsten und entscheidendsten
Punkte der ganzen Rachitisfrage angelangt sind, so dürfen wir uns
einer eingehenden Erörterung dieser Frage nicht entziehen.

---

[1]) Vorlesungen über allg. Pathologie. II. Bd., S. 512, 1880.

Die Analyse der anatomisch-histologischen Befunde in den rachitischen Knochen hat uns gelehrt, dass die Kalkarmuth der letzteren durch zwei Factoren bedingt ist, nämlich durch die krankhaft gesteigerte Einschmelzung der ursprünglich normal verkalkten Theile auf der Oberfläche und im Innern der Knochen, und weiterhin durch die mangelhafte oder gänzlich fehlende Verkalkung in jenen Knochentheilen, welche unter dem Einflusse und in der unmittelbarsten Nähe der krankhaft vermehrten und erweiterten Blutgefässe auf der Oberfläche und im Innern der Knochen gebildet wurden.

Diese Vorgänge, welche zur Kalkverarmung der in dieser Weise afficirten Skelettheile führen, sind nun keineswegs ein ausschliessliches Attribut des rachitischen Entzündungsprocesses, sondern es kann eben eine jede entzündliche Osteoporose im Vereine mit der Bildung kalkloser osteoider Wucherungen auf der Oberfläche und im Innern entzündeter Knochen denselben Effect hervorbringen. Insbesondere von den entzündlichen Periostosen ist es ja allgemein bekannt, dass dieselben im Anfange, und überhaupt solange als der entzündliche Zustand und die durch denselben bedingte Blutfülle fortdauert, nicht die gewöhnliche Consistenz des normalen Knochengewebes darbieten, sondern weich und mit dem Messer schneidbar sind, und man kann daraus mit Sicherheit auf das Fehlen der Kalksalze oder auf einen hochgradigen Mangel derselben in diesen Entzündungsprodukten schliessen. Uebrigens habe ich mich auch ganz direct durch die mikroskopische Untersuchung von solchen Anflagerungen oder von intramedullären Knochenneubildungen in den verschiedensten Arten von Knochen- und Beinhautentzündungen, insbesondere bei den durch die grossen Phosphordosen hervorgerufenen entzündlichen Zuständen [1]) und bei den durch die hereditäre Syphilis hervorgerufenen vielgestaltigen periostalen Auflagerungen — und zwar an unentkalkten und mit Karmin gefärbten Präparaten — überzeugen können, dass die in der unmittelbarsten Umgebung von entzündlich erweiterten Blutgefässen oder zwischen den letzteren neugebildeten Bälkchen frei von Kalksalzen geblieben sind. Bei allen diesen Zuständen haben

---

[1]) Siehe: Die Phosphorbehandlung der Rachitis. Zeitschrift f. klin. Medicin, Bd. VII, Heft 2. 1883.

wir natürlich nicht die geringste Berechtigung, und es fällt uns auch gar nicht ein, einen allgemeinen Kalkmangel im Blute und in den Säften zu supponiren, weil es keinem Zweifel unterliegt, dass in diesen Fällen die Kalkarmuth der neugebildeten Knochentheile auf einer ganz localen Ursache, nämlich auf der entzündlichen Blutfülle der ossificirenden Gewebe beruht.

Um aber ganz sicher zu gehen, habe ich es auch noch unternommen, auf experimentellem Wege eine locale Kalkarmuth in einem Theile des wachsenden Skeletes hervorzurufen, und zwar zunächst in der Weise, dass ich eine ganze Extremität eines wachsenden Thieres und somit auch die Knochen derselben in einen Entzündungszustand mässigen Grades versetzte. Ich ging hiebei (auf Anrathen v. Basch's) in der Weise vor, dass ich die ganze Extremität mittelst der Esmarch'schen Ligatur blutleer machte und in diesem Zustande durch mehrere Stunden beliess, worauf ich dann wieder der Blutcirculation freien Lauf gestattete. Diese Procedur wurde nun während der Dauer des Experimentes (welche zwischen 3 Wochen und 3 Monaten betrug) jeden 3. bis 5. Tag wiederholt. Ich ging nämlich, gestützt auf das bekannte Experiment Cohnheim's mit dem umschnürten Kaninchenohr, von der Voraussetzung aus, dass durch die mehrstündige Blutleere die Gefässwände und das umgebende Gewebe in einen krankhaften Zustand versetzt, und nach Wiederherstellung der Circulation für den Diffusionsstrom durchgängiger werden müssen, als früher; und da ich durch das Studium der histologischen Bilder bei den normalen und pathologischen Ossificationsvorgängen zu der Ueberzeugung gelangt war, dass ein verstärkter Diffusionsstrom seitens der ausgedehnten Blutgefässe nicht nur die normale Ablagerung von Kalksalzen in einem grösseren Umkreise um jedes einzelne Blutgefäss verhindert, sondern auch die Einschmelzung bereits verkalkter Knochensubstanz und die Aufnahme der in derselben abgelagerten Kalksalze in die Blutmasse befördert, so konnte ich erwarten, dass auch in den Knochen der in dieser Weise behandelten Extremität. ähnlich wie bei der Rachitis, eine relative Verarmung an Kalksalzen eintreten werde.

Der Erfolg dieser Experimente. welche ich an drei wachsenden Kaninchen und an drei wachsenden Hunden ausführte. entsprach nicht nur meinen Erwartungen in Beziehung auf die Kalkverar-

mung, sondern es wurden auch jedesmal solche Veränderungen
beobachtet, welche, insbesondere in Bezug auf die vermehrte
Knorpel- und Knocheneinschmelzung in Folge der vermehrten
Blutgefässbildung, und in Bezug auf die entzündliche Wucherung
des Knorpels und des Periosts, sehr lebhaft an die bekannten
Bilder bei der Rachitis erinnerten.

Solche Veränderungen fanden sich nicht nur am Femur, wo
die directe mechanische Reizwirkung der elastischen Umschlingung
eine starke Infiltration der Weichtheile und eine excessive periostale
Knochenauflagerung, in einigen Fällen sogar eine periostale Knorpelwucherung hervorgerufen hatte, sondern auch an den Knochen
des Unterschenkels und des Fusses, insbesondere auch an den
Metatarsi und Phalangen, wo sie also nur durch die abnormen
Ernährungsverhältnisse der Gefässwände und der Gewebe überhaupt
hervorgerufen worden sein konnten. In allen Fällen beobachtete
ich an diesen Knochen schon mit freiem Auge eine grössere Blutfülle der meist deutlich verdickten Beinhaut und besonders des
Markgewebes, welches letztere ein dunkelrothes Aussehen angenommen hatte gegenüber der gelblichen Farbe des Markes auf der
normalen Seite. In manchen Fällen konnte ich auch schon mit
freiem Auge eine deutliche Verdickung der Knorpelfugen wahrnehmen. Ausserdem waren die Diaphysen durch eine periostale
Auflagerung verdickt, deren Mächtigkeit je nach der Dauer der
einzelnen Proceduren und des ganzen Experimentes bedeutend
differirte.

Auch unter dem Mikroskope erwiesen sich sämmtliche Theile
des Knochens mehr weniger auffallend hyperämisch, insbesondere
war aber das Knochenmark der Epi- und Diaphysen von weiten
blutgefüllten Strängen durchzogen, während die Fettzellen auf
dieser Seite entweder völlig oder bis auf vereinzelte Ueberbleibsel
aus dem Marke geschwunden waren. Ebenso deutlich liess sich die
verstärkte Knorpelwucherung in der Diaphysenfuge unter dem
Mikroskope nachweisen. Schon der oberflächliche Anblick zeigte
nämlich, dass die Zellensäulen sehr bedeutend erhöht und die Zahl
ihrer Zellen erheblich vermehrt war. Eine Zählung der Zellen ergab z. B. in den Knorpelfugen des Metatarsus bei einem durch
3 Wochen in dieser Weise behandelten Kaninchen auf der gesunden
Seite im Durchschnitte 20 Zellen in einer Zellensäule, auf der

kranken hingegen 50—60 Zellen. Bei einem eben so lange behandelten, im Beginne des Versuches zwei Monate alten Hunde zählte ich in der ganzen Höhe der unteren Knorpelfuge der Tibia auf der gesunden Seite 6, 8—10, auf der kranken 20, 21—26 Zellen übereinander. Der ganze Knorpelstreif der Diaphysenfuge hatte auf der gesunden Seite eine Höhe von 60—80, auf der kranken eine solche von 150—170 Theilstrichen einer Mikrometertheilung.

Ausser diesem Zeichen der verstärkten Knorpelproliferation fand sich auch eine unregelmässig verstärkte Markraumbildung und eine vermehrte Knocheneinschmelzung innerhalb der spongiösen und compacten Knochensubstanz auf der Seite des Experimentes vor. Insbesondere fanden sich neben den normalen schlauchförmigen Markräumen auch einzelne sehr grosse plumpe mit ausgedehnten blutreichen Gefässen versehene Markräume, welche über die Verkalkungsgrenze hinaus in den Knorpel vordrangen. Die periostalen Auflagerungen zeigten unter dem Mikroskope die gewöhnlichen Charaktere entzündlicher Hyperostose, und erwiesen sich auf langsam bis zur Schnittfähigkeit entkalkten Präparaten sehr deutlich als mangelhaft verkalkt, im Vergleiche mit den alten Theilen der compacten Substanz, welche ihrerseits auf der kranken Seite vielfach von durchbohrenden Kanälen und grossen Einschmelzungsräumen durchsetzt war.

Um nun den Einfluss dieser verschiedenen Vorgänge auf den Kalkgehalt der Knochen oder vielmehr auf das Verhältniss der organischen und unorganischen Substanz zu prüfen, wurden die beiderseitigen Unterschenkelknochen der 3 Versuchskaninchen zuerst bei 100° bis zum constanten Gewicht getrocknet und dann verascht[1]). Dabei ergaben sich folgende Zahlen:

---

[1]) Die Knochen wurden bei diesen und den späteren Aschenbestimmungen nicht früher entfettet, wie dies von anderer Seite z. B. von Baginsky u. A. bei der Bestimmung der anorganischen Bestandtheile an gesunden und rachitischen Knochen geübt wurde, weil der Knochen durch die Entfettung an seinen organischen Bestandtheilen verkürzt und das natürliche Verhältniss derselben zu den Mineralbestandtheilen alterirt wird. Die hochgradig rachitischen Knochen sind nämlich oft nahezu fettlos, während normale Knochen gewöhnlich sehr fettreiches Mark enthalten. Wenn man nun den Aschengehalt beider miteinander vergleichen will und früher das Fett mit Aether extrahirt, so wird das Verhältniss nothwendiger Weise ein

Versuchsdauer	Aschenpercent der gesunden Seite	Aschenpercent der kranken Seite
23 Tage	63·666	61·913
30 „	58·546	55·782
45 „	53·856	53·039

Die Differenz war also bei den beiden ersten Thieren eine erhebliche, bei dem dritten eine geringe; aber immerhin ergab sich in allen 3 Fällen eine Verminderung der Mineralsalze auf der Seite der künstlich erzeugten Entzündung. Dass die Differenz bei dem dritten Thiere nur gering war, erschien auf den ersten Anblick ziemlich auffällig, weil gerade in diesem Falle die makroskopisch und mikroskopisch nachweisbaren Veränderungen und insbesondere die periostalen Auflagerungen sehr bedeutend waren. Aber gerade dieser letztere Umstand gibt wieder die Erklärung für die geringere Differenz in diesem einen Falle, weil nämlich diese massigen Auflagerungen zwar arm an Kalksalzen, aber dennoch, besonders in ihren älteren Theilen nicht frei von Kalksalzen und auch nicht in so hohem Grade kalkarm waren, wie z. B. bei den schweren Fällen von Rachitis, und daher der Kalkgehalt diesen Auflagerungen wieder zu Gunsten des Gesammtgehaltes an anorganischen Bestandtheilen in die Wagschale fiel. Dass aber auch in diesem Falle die älteren Theile der compacten Substanz durch die vielfachen Einschmelzungen kalkarm geworden waren, zeigte sich ganz deutlich, wenn man z. B. die correspondirenden Fussknochen der gesunden und kranken Seite in einer und derselben schwachen Entkalkungsflüssigkeit gleich lange beliess; denn es ergab sich sowohl in diesem, als auch in allen anderen Fällen, dass die Knochen der kranken Seite schon zu einer Zeit ganz biegsam geworden waren, wo die entsprechenden gesunden Knochen ihre Starrheit noch vollkommen beibehalten hatten.

Es war also in diesen Experimenten gelungen, einzig und allein durch die Erregung eines entzündlichen Vorganges in den Knochen und ohne irgend eine allgemeine Ernährungsstörung, welche auf den Kalkgehalt der Ernährungssäfte irgend einen Einfluss üben konnte, eine locale Kalkarmuth in einem beschränkten Theile des Skeletes zu erzielen; und dabei war nicht etwa an die Wir-

unrichtiges sein, und zwar zu Ungunsten der organischen Bestandtheile bei den fetthältigen und somit auch der anorganischen bei den fettarmen Knochen.

kung einer local entstandenen Säure zu denken, wie diese noch in
der allerletzten Zeit von Senator für die Rachitis vermuthet
wurde [1]), sondern es waren offenbar ganz dieselben Momente thätig,
welche auch im normalen Knochen die Ablagerung von Kalksalzen
in der unmittelbarsten Umgebung von Blutgefässen verhindern, und
andererseits die Lösung und die Resorption von Kalksalzen bei der
Einschmelzung verkalkter Knochengrundsubstanz in der Umgebung
neugebildeter oder erweiterter Blutgefässe vermitteln. Der Unterschied war blos ein quantitativer, denn es war eben der Diffusionsstrom durch die mangelhaft ernährten Gefässwände gesteigert, und
diese vermehrte Durchlässigkeit hatte sogar zu der Bildung neuer
Gefässbahnen im Knorpel und im Knochen geführt; und da es —
nach unserer ausführlichen Darlegung im ersten Bande dieser Abhandlung — in hohem Grade wahrscheinlich ist, dass unter normalen Verhältnissen die Lösung der Kalksalze bei den äusseren
und inneren Knocheneinschmelzungen einzig und allein durch die
bei jedem Herzstosse aus den Gefässwänden und aus dem alkalischen Blute ausgesandten perivasculären Plasmaströmung vermittelt
sind, so unterliegt es auch nicht der geringsten Schwierigkeit, dieselben Vorgänge bei den entzündlichen Processen im Knochen, also
auch bei der Rachitis in quantitativer Steigerung durch die krankhaft vermehrte perivasculäre Strömung zu erklären, und es erscheint
daher für die entzündeten Gewebe die Intervention einer Säure,
z. B. der Milch-, Ameisen- oder Essigsäure, wie sie Senator auf
Grund einer Analogie mit der leukämischen Milz aufstellen wollte,
nicht nur recht gezwungen, sondern auch ganz und gar überflüssig.

Ich habe aber überdies noch durch ein anderes Experiment
den Nachweis geliefert, dass auch ohne jede Entzündung,
einzig und allein durch eine vermehrte Blutzufuhr zu einem Theile
des Skeletes eine relative Kalkarmuth in demselben herbeigeführt
werden kann. Ich meine damit jene von mir bereits an anderen
Orten [2]) mitgetheilten Versuche, in denen ich an wachsenden
Kaninchen durch Unterbrechung der Nervenleitung eine Lähmung

---

[1]) Artikel: Rachitis in Ziemssen's Handbuch. 13. Band. 2. Auflage 1879.

[2]) Siehe Centralblatt f. d. med. Wissenschaften 1878 Nr. 44. und die
Phosphorbehandlung der Rachitis. l. c.

des vasomotorischen Apparates und dadurch eine einfache fluxionäre Hyperämie in einer ganzen hinteren Extremität
und in ihren knöchernen Theilen herbeigeführt hatte. Auch
hier ergab sich nämlich in allen Fällen ohne Ausnahme nach
einer Dauer des Experimentes zwischen 16 und 80 Tagen eine
oft ziemlich erhebliche Verminderung der anorganischen
Bestandtheile in den Unterschenkelknochen der gelähmten im
Vergleiche mit der gesunden Seite.

Versuchsdauer	Aschenpercent der gesunden Seite	Aschenpercent der gelähmten Seite.
16 Tage	55·38	54·44
17 „	65·64	55·83
17 „	51·42	48·82
18 „	54·45	52·96
35 „	51·37	44·83
80 „	58·13	54·55

In weiteren zwei Fällen, in denen die Nervendurchschneidung
mit mehrtägigem Gesammthunger vor dem Tode combinirt war
(der Zweck dieses Experimentes wird später mitgetheilt werden)
waren ebenfalls die anorganischen Bestandtheile auf der gelähmten
Seite vermindert.

Versuchsdauer	Aschenpercent der gesunden Seite	Aschenpercent der gelähmten Seite
6½ Tage (4½ „ Hunger)	63·61	62·78
22 Tage (5 „ Hunger)	59·17	57·49

Endlich war in 3 Fällen die Nervendurchschneidung mit der
Verabreichung kleiner Phosphordosen combinirt [1]).

Versuchsdauer	Aschenpercent der gesunden Seite	Aschenpercent der gelähmten Seite
12 Tage	54·37	50·99
24 „	53·23	50·87
34 „	59·77	55·92

In allen diesen 11 Fällen war ausserdem noch das absolute
und das specifische Gewicht der Knochen auf der gelähmten Seite

---

[1]) Die Phosphorbehandlung der Rachitis l. c.

constant vermindert; aber ebenso constant wurde auch in allen Fällen, selbst bei jenen mit kürzerer Versuchsdauer, eine deutlich sichtbare und messbare Verlängerung der Knochen auf der gelähmten Seite beobachtet, welche bei den lufttrockenen Unterschenkelknochen zwischen 6—16 Decimillimeter auf eine Gesammtlänge des Knochens von 5—11 Centimeter betrug. Dieselben Resultate waren, wenigstens was die Abnahme des absoluten und specifischen Gewichtes und die Verminderung der Mineralbestandtheile anlangt, zum Theile schon von anderen Experimentatoren, von Schiff[1]) (1854), Milne Edwards[2]) (1860), Mantegazza[3]) (1867), Fasce und Amato[4]) (1867) und Ughetti[5]) (1880) erzielt worden. Nur die gleichzeitige Verlängerung der Knochen war allen diesen Experimentatoren entgangen, und erst nach meiner ersten Mittheilung über dieses wichtige Factum (im Jahre 1878) wurde über die Verlängerung der Knochen nach Nervendurchschneidung auch von Nasse[6]) (1880) berichtet, der auch alle übrigen Erscheinungen in den Knochen beobachtet hatte.

Die Beobachtung der mit der Verminderung der anorganischen Bestandtheile einhergehenden Verlängerung der Knochen ist desshalb von so grosser Bedeutung, weil dieselbe der von den meisten der obgenannten Experimentatoren vertretenen Ansicht, dass die Verringerung des Gewichtes und der Mineralsalze als eine Erscheinung der Atrophie in Folge der Nervendurchschneidung aufzufassen seien, direct widerspricht, denn wir sehen ja ganz im Gegentheile

---

[1]) Recherches sur l'influence des nerfs sur la nutrition des os. Comptes rendus de l'acad. des sciences. Tome 38. p. 1050.

[2]) Annales des sciences naturelles: Zoologie 1860. p. 90.

[3]) Delle alterazioni istologiche prodotte del taglio dei nervi. Gazetta medica italiana lombarda 1867 Nr. 18.

[4]) L'atrofia delle ossa da paralisi. Giornale di scienze naturali etc. Vol. III. Palermo 1867. (Canstatt's Jahresbericht 1867 II. S. 253.)

[5]) Sulle alterazioni dei tessuti da mancata influenza nervosa. Archivio delle scienze mediche. Vol. IV. p. 190.

[6]) Ueber den Einfluss der Nervendurchschneidung auf die Ernährung, insbesondere auf die Form und die Zusammensetzung der Knochen. Pflüger's Archiv. 23. Band S. 361. Dort wird übrigens auch auf eine diesbezügliche Mittheilung Nasse's in der 29. Versammlung deutscher Naturforscher zu Wiesbaden im Jahre 1852 verwiesen, welche aber sowohl mir als den übrigen Experimentatoren unbekannt geblieben war.

mit der grössten Regelmässigkeit eine Hypertrophie, wenigstens in
der Richtung der Längsaxe der Knochen, eintreten. Dagegen lässt
sich der ganze Complex von Erscheinungen, welcher in Folge der
Unterbrechung der Nervenleitung in den Knochen zu Tage tritt,
in ganz ungezwungener Weise auf die fluxionäre Hyperämie zurückführen, welche in Folge der Lähmung des vasomotorischen
Apparates entsteht. Denn dieselbe Hyperämie, welche in den Epiphysenfugen und in geringerem Masse auch in den knorpeligen
Gelenksüberzügen ein vermehrtes Zuströmen von Ernährungsmaterial
und dadurch auch ein beschleunigtes Längenwachsthum mit sich
bringt, führt zu einer vermehrten Einschmelzung von Knochensubstanz auf der Oberfläche und im Innern der Knochen und verzögert zugleich die Ablagerung der Kalksalze in den neugebildeten
Knochentheilen. Die Analogie mit dem rachitischen Processe liegt
auf der Hand, denn auch bei diesem müssen wir ja annehmen,
dass die vermehrte Blut- und Säftezufuhr zugleich eine verstärkte
Wucherung des Knorpels und eine Verminderung des Kalkgehaltes
zur Folge hat, und ein Unterschied besteht eigentlich nur darin,
dass wir es bei unserem Experimente nur mit einer stärkeren Füllung der regelmässig vorhandenen Blutgefässe zu thun haben, während bei der Rachitis — und in geringerem Grade bei dem durch
die locale Blutleere hervorgerufenen Entzündungsprocesse — auch
eine krankhaft gesteigerte Neubildung von Blutgefässen stattfindet,
und dem entsprechend auch viel auffälligere Veränderungen im
Knorpel und im Knochen hervorruft.

Sind wir aber überhaupt berechtigt, eine vermehrte Zellenproliferation und ein gesteigertes Knorpelwachsthum einfach auf die
vermehrte Zufuhr von Blut und von Ernährungssäften zurückzuführen? Dieses Recht haben wir allerdings bis vor Kurzem geglaubt,
ohne Weiteres für uns in Anspruch nehmen zu können, und erst
durch einen Passus in einer sehr instructiven Arbeit von Samuel
über die Trophoneurosen [1]) sind wir darüber belehrt worden, dass
dieses Recht noch keineswegs allseitig anerkannt ist. Samuel,
welcher an jener Stelle die grössere Bedeutung der trophischen
gegenüber dem Einflusse der vasomotorischen Nerven auf die Wachs-
thums- und Ernährungsvorgänge hervorheben will, behauptet näm-

---

[1]) Eulenburg's Realencyclopädie, 14. Bd. S. 60.

lich daselbst, dass die cellulare Ernährung relativ unabhängig sei von der Quantität der Blutzufuhr, von der Anämie und Hyperämie, und dass dementsprechend auch bei collateraler Hyperämie und bei der Sympathicushyperämie die Theile kein vermehrtes Wachsthum aufweisen. Wie stimmt nun aber dieser Satz mit der durch unsere und Nasse's Experimente vollkommen sichergestellten Thatsache überein, dass in Folge der vasomotorischen Hyperämie die noch im Wachsthum begriffenen Knochen zu einem vermehrten Längenwachsthum angeregt werden? Aber auch eine Menge anderer gut beglaubigter Thatsachen widersprechen ganz direct dem negativen Ausspruche von Samuel.

So hören wir von Schiff, Nasse u. A., dass an der gelähmten Extremität die Haare viel stärker wucherten, als auf der gesunden Seite und dasselbe erzählt Ughetti von den Nägeln. Wir erinnern ferner an das bekannte Experiment, wo der auf den Hahnenkamm transplantirte Sporen bedeutend hypertrophirte, und an die neuerlichen Transplantationsversuche von Zahn und Leopold mit embryonalen Knorpelstückchen und embryonalen Extremitäten, welche um so stärker wuchsen, je blutreicher das neue Muttergewebe war. Aber selbst für die Epiphysenfugen, um die es sich für uns hauptsächlich handelt, existiren eine Menge von Thatsachen, welche beweisen, dass auch eine collaterale Hyperämie im Stande ist, eine relative Steigerung des Knorpelwachsthums zu bewirken. Hieher gehören zunächst die zahlreichen Beobachtungen der Chirurgen, von Humphrey, Langenbeck, Bergmann, Dittel, Weinlechner und Schott, Fischer u. A. über ein bedeutend vermehrtes Längenwachsthum in den Knochen solcher Extremitäten, in denen langwierige chronische Entzündungsprocesse sich abspielten. Da es sich in allen diesen Fällen nur um Individuen handelte, welche noch im Wachsthum begriffen waren, so kann man sich absolut nichts Anderes dabei denken, als dass in Folge der collateralen Hyperämie die Knorpelfugen auf der kranken Seite zu einer lebhafteren Zellenwucherung angeregt wurden. Denselben Effect haben Ollier, Bidder, Haab. Maas und Helferich auf experimentellem Wege durch absichtlich angelegte Entzündungsreize in der Nähe der Epiphysenfugen erzielt. Wir sehen also, dass ganz im Gegensatze zu dem Ausspruche Samuel's sowohl die Sympathicushyperämie, als auch die collaterale Hyperämie im Stande ist, eine Steigerung des

2 *

Knorpelwachsthums zu bewirken, und wir halten uns daher
auch für vollkommen berechtigt, die vermehrte Knorpelzellenproliferation bei der Rachitis von der niemals
fehlenden Hyperämie des Perichondriums und von der
abnormen Vascularisation des Knorpels herzuleiten.

Aber auch für die andere Seite der durch die vasomotorische
Fluxion in den Knochen hervorgerufenen Wirkungen, nämlich für
die vermehrte Einschmelzung der Knochensubstanz und für die ver-
zögerte Verkalkung der neugebildeten Knochentheile lassen sich vielfache
Analogien in den klinischen Beobachtungen auffinden. Vor Allem müssen
wir hier auf eine Thatsache aufmerksam machen, die, wie es scheint,
in theoretischer Beziehung bisher noch nicht die genügende Würdigung
gefunden hat, dass nämlich die Osteomalacie, welche bekanntlich
schwangere und häufig gebärende Frauen ganz unverhältnissmässig
häufiger befällt, als die nicht gebärenden Frauen und das männ-
liche Geschlecht, bei den ersteren fast immer in den Beckenknochen ihren Ausgang nimmt und sich erst allmälig von diesen
aus auf die benachbarten und endlich auch auf die entfernteren
Theile des Skeletes verbreitet; während z. B. bei den osteomalacischen
Männern die Affection in den meisten Fällen zunächst den Thorax
und die Wirbelsäule befällt, und die Beckenknochen bei diesen
ganz verschont bleiben können (Volkmann). Diese wichtige Thatsache kann nun meiner Ansicht nach nur in der bedeutenden
Fluxion zu den Beckenorganen während einer jeden
Schwangerschaft ihre Erklärung finden, einer Fluxion, an welcher
nothwendiger Weise auch die zu den Beckenknochen führenden Gefässe participiren müssen. Man bedenke nur, dass die zuführenden
Gefässe des Uterus auf der Höhe der Schwangerschaft vergleichsweise colossale Blutmengen dem Uterus selbst und dem Fötus zu-
führen, und dass diese Blutmengen nothwendiger Weise die nächst
höheren Aeste oder speciell die Beckenarterie passiren müssen,
welche also auf der Höhe der Schwangerschaft in der Zeiteinheit
eine bedeutend grössere Blutmenge befördern muss, als unter gewöhnlichen Verhältnissen. Dieser gesteigerte Blutandrang wird aber
nothwendiger Weise auch den übrigen von der Beckenarterie ver-
sorgten Organen zu Gute kommen, und die Fluxion, welche auch
zu den bekannten Erscheinungen an den äusseren Genitalien u. s. w.
führt, wird sich unbedingt auch auf die Beckenknochen erstrecken,

welche von Zweigchen der A. ileolumbalis und obturatoria versorgt werden.

Freilich die Fluxion allein genügt noch nicht, um eine Osteomalacie der Beckenknochen hervorzurufen. Die Osteomalacie ist ja, wie aus unserer Schilderung des histologischen Befundes in der früheren Abtheilung hervorgeht, ebenfalls ein entzündlicher Vorgang im Knochen, welcher nicht blos eine Hyperämie, sondern auch eine vermehrte Neubildung von Blutgefässen im Knochen und im Knochenmarke in sich begreift. Es muss also ausser der Fluxion jedenfalls auch noch ein anderer Factor mitwirken, umsomehr, als ja bei der überaus grossen Mehrzahl der Frauen auch wiederholte Schwangerschaften noch keine krankhaften Erscheinungen im Knochensystem hervorrufen. Nun wissen wir aber, dass die Osteomalacie in den allermeisten Fällen solche Frauen befällt, welche sich in ungünstigen Lebensverhältnissen befunden haben und aus diesen oder auch aus anderen Gründen einen sehr schlechten allgemeinen Ernährungszustand aufweisen. Ebenso ist es bekannt, dass bei allen krankhaften Vorgängen, welche die allgemeine Ernährung in hohem Grade beeinträchtigen, in der Regel auch das Knochenmark in Mitleidenschaft gezogen wird, und dass speciell bei der Leukämie, der perniciösen Anämie und den verwandten Zuständen hochgradige Veränderungen im Knochenmarke beobachtet wurden, welche mit einer Umwandlung des Fettmarkes in rothes Mark und mit einer oft colossalen Blutüberfüllung der Markgefässe einhergehen. Wenn wir nun bei jenen Frauen, deren Beckenknochen in Folge wiederholter und rasch auf einander folgender Schwangerschaften osteomalacisch wurden, schon von vornherein eine solche Veränderung im Knochenmarke und in den Markgefässen voraussetzen würden, so wäre es dann sehr gut verständlich, wie die nunmehr während einer jeden Schwangerschaft hinzutretende Fluxion zu den Beckenknochen den Anstoss zu einer bedeutenden Steigerung des krankhaften Processes im Knochenmarke und zu einer Ausbreitung des Vascularisationsprocesses auf die compacte Knochensubstanz geben würde. Hat aber einmal in Folge der Ausdehnung und Vermehrung der Blutgefässe eine vermehrte Einschmelzung, eine Osteoporose der harten Knochensubstanz stattgefunden, und haben dadurch die Beckenknochen ihre normale Starrheit und Resistenzfähigkeit eingebüsst, so können auch die mit dem Geburtsacte nothwendig verbundenen

mechanischen Einwirkungen und späterhin auch die Körperlast eine
Gestaltveränderung der Knochen herbeiführen, und ist einmal eine
solche Gestaltveränderung eingeleitet, so findet auch, genau so, wie
bei der rachitischen Knochenerweichung, eine Verschiebung des
inneren und äusseren Gefässnetzes der Knochen gegen die noch
erhaltenen harten Knochentheile statt, und diese Verschiebung hat
nicht nur weitere Knocheneinschmelzungen, sondern auch eine Neubildung kalkloser Knochentheile im Inneren und auf der Oberfläche
der Knochen zur Folge [1]). Durch alle diese Vorgänge wird endlich
jene enorme Erweiterung des Strombettes der Knochen- und Markgefässe herbeigeführt, welche wir auf der Höhe des osteomalacischen
Processes thatsächlich beobachten, und die Erweiterung eines so bedeutenden Gefässgebietes wird dann ihrerseits, in derselben Weise
wie wir dies eben für den schwangeren Uterus auseinandergesetzt
haben, eine collaterale Fluxion zu den unmittelbar benachbarten
Theilen des Skeletes herbeiführen und dadurch eine allmälige Ausdehnung der entzündlichen Knochenerweichung auf immer weitere
Partien des Knochengerüstes vermitteln.

Hier hätten wir also wieder ein Beispiel vor uns, wie die
Fluxion zu einem beschränkten Theile des Skeletes die Ausbildung
einer localen Kalkarmuth zur Folge hat, und auch hier sind die
anatomischen Veränderungen in den Knochen vollkommen ausreichend, um diese Kalkarmuth zu erklären, ohne dass wir genöthigt oder veranlasst wären, zu der Hypothese einer fehlerhaften
Kalkökonomie des Gesammtstoffwechsels unsere Zuflucht zu nehmen.
Diese Hypothese wäre nicht nur ganz und gar überflüssig, sondern
sie liesse sich nicht einmal mit dem localisirten Auftreten der
Kalkverarmung irgendwie in Einklang bringen.

Auch ein anderes ätiologisches Moment der Osteomalacie
müssen wir hier berühren, weil dasselbe gleichfalls geeignet ist,
den Einfluss der Gefässcongestion auf die zur Kalkarmuth führenden
Vorgänge in den Knochen zu illustriren. Ich meine damit das
häufige Vorkommen der Osteomalacie und der mit derselben zusammenhängenden oder ihr vorausgehenden, auf
Osteoporose beruhenden Knochenbrüchigkeit bei den mit

---

[1]) Vergleiche meine Abhandlung: Die Symptome der Rachitis im XXII.
Bande des Jahrbuches für Kinderheilkunde, S. 72 ff. 1884.

chronischen Geisteskrankheiten behafteten Individuen. Merkwürdiger Weise ist dieses wichtige Vorkommniss noch in den jüngsten monographischen Bearbeitungen der Osteomalacie ganz mit Stillschweigen übergangen worden, obwohl dasselbe gerade in den letzten Jahrzehnten sehr lebhaft von den Irrenärzten erörtert wurde, und obwohl schon eine grosse Zahl von Fällen, insbesondere von den Engländern (Davey 1842 und 1858, Mac Intosh 1862, Durham 1864, Clouston, Lindsay, Ormerod, Campbell Brown 1870, Bradley. Hoarder 1871, Moore 1872), aber auch in Deutschland (von Litzmann 1861, Gudden, Laudahn 1872) und in Italien (von Morselli 1876) publicirt worden sind. Die Erklärungen, welche bisher für dieses merkwürdige Zusammentreffen versucht worden, lauten wenig befriedigend. Denn wenn Morselli [1]) die Inactivität als Ursache dieser Knochenveränderungen hinstellen will, so ist damit vor Allem der causale Zusammenhang in keiner Weise aufgeklärt, und ausserdem ist noch dagegen einzuwenden, dass wir bei anderen Kranken, welche aus anderen Gründen durch Jahre an das Bett gefesselt sind, keine solchen Erscheinungen im Skelete beobachteten. Auch die Erklärung von Durham [2]), welcher blos den schlechten Ernährungszustand der Geisteskranken beschuldigt, scheint uns nicht ausreichend, weil wir ja selbst bei bis zum Skelete abgemagerten Phthisikern weder eine Knochenbrüchigkeit noch eine Knochenerweichung beobachten. Allerdings dürfen wir, ebenso wie bei den Phthisikern, auch bei den chronischen Geisteskrankheiten in Folge der Verschlechterung der allgemeinen Ernährungsverhältnisse eine Affection des Knochenmarkes und damit auch eine besondere Disposition zu entzündlichen Vorgängen in den Knochen voraussetzen; aber das eigentliche Mittelglied zwischen den krankhaften Vorgängen im Centralorgane und zwischen der hochgradigeren Knochenaffection dürfte meiner Ansicht nach doch nur in dem Einflusse des Nervensystems auf die vasomotorischen Apparate, also in einer Reizung oder Lähmung der vasomotorischen Centren im Gehirne der Paralytiker gelegen sein. Störungen in der Function der Gefässmuskeln kommen sicherlich bei Geisteskranken häufig vor. So hat man z. B. neben einseitigem Schwitzen auch eine be-

---

[1]) Sulle fratture delle coste e sopra una particolare osteomalacia negli alienati. Rivista sperimentale di freniatria. anno II. 1876. p. 21.

[2]) British medical journal. 26 Juni 1880.

deutende Temperaturdifferenz in den beiden Achselhöhlen beobachtet [1]). Andererseits wissen wir aber, dass die vermehrte Einschmelzung verkalkter Knochensubstanz und die Bildung von kalkarmen Knochengeweben immer nur unter dem Einflusse ausgedehnter
Knochengefässe erfolgen kann. Wenn ich also auch vorläufig noch
nicht im Stande bin, triftige Beweise für die Richtigkeit dieser
Theorie beizubringen, so halte ich doch den oben angedeuteten
Zusammenhang für den wahrscheinlichen und glaube, dass in dieser
Richtung angestellte Untersuchungen zu positiven Resultaten führen
würden.

Kehren wir nun wieder zu unserer ursprünglichen Frage, nach
den Ursachen der Kalkarmuth der rachitischen Knochen zurück, so
können wir als das Resultat unserer Erörterungen die wichtige
Thatsache verzeichnen, dass eine jede Hyperämie im Knochen
und in den knochenbildenden Geweben, sei sie nun eine
einfach fluxionäre oder eine entzündliche, im Stande ist,
eine relative Armuth an anorganischen Bestandtheilen
hervorzurufen. Da aber weder normal noch pathologisch im
lebenden Organismus eine Entkalkung der Knochensubstanz ohne
völlige Einschmelzung der letzteren beobachtet wird; da ferner
niemals eine vermehrte Einschmelzung verkalkter Knochensubstanz
ohne die deutlichsten Zeichen der Hyperämie oder Entzündung vor
sich geht; und da endlich, wie wir später sehen werden, von einer
so hochgradigen Kalkarmuth des allgemeinen Stoffwechsels, wie sie
für das Ausbleiben der Verkalkung in den neugebildeten Knochentheilen erforderlich wäre, absolut nicht die Rede sein kann; so
müssen wir logischer Weise zu dem Resultate gelangen, dass die
Kalkarmuth der rachitischen Knochen einzig und allein
durch den anatomisch nachweisbaren Entzündungsprocess
hervorgerufen wird.

[1]) Mickle, Journal of mental science, July 1877.

Zweites Kapitel.

Appositionelles Knochenwachsthum und Rachitis.

Angriffspunkt der entzündlichen Reize. Syphilis und Phosphor. Folgen des appositionellen Knochenwachsthums. Vertheilung der Ernährungsstätte im wachsenden Knochen. Physiologischer Vascularisationsprocess der ossificirenden Gewebe. Wachsthumsenergie. Früher Beginn der Rachitis. Congenitale Rachitis. Angeborene cretinistische Affection des Skeletes. Spontanheilung der Rachitis. Frühzeitiges Schwinden der Craniotabes.

Sind wir also dahin gelangt, die Gesammtheit der rachitischen Erscheinungen innerhalb des Skeletes und seiner Adnexa als den Ausdruck eines Entzündungsprocesses und als die Consequenzen des letzteren anzusehen, so müssen wir uns weiter fragen:

Welches sind die Reize, die diesen Entzündungsprocess hervorbringen?

Wo sind die Angriffspunkte für diese Reize?

Und warum wirken diese Reize gerade auf die Knochen und hier wieder vorwiegend auf jene Theile der Knochen, in denen das appositionelle Wachsthum vor sich geht?

Die Erörterung der ersteren Frage müssen wir nun vorerst noch in suspenso lassen, da uns die Natur dieser Entzündungsreize — mit wenigen gleich zu bezeichnenden Ausnahmen — noch gänzlich unbekannt ist. Dagegen können wir die zweite Frage, da ein directer Angriff der krankhaften Reize auf die betroffenen Gewebstheile von aussen her völlig ausgeschlossen ist, mit Beruhigung dahin beantworten, dass diese Reize offenbar durch die Blutcirculation zu den Knochen gelangen, und dass sie daher ohne Zweifel vom Blute aus zunächst auf die Gefässwände und die zunächst angrenzenden Gewebe einwirken. Dieser Gedankengang wird noch dadurch unterstützt, dass wir in der That zwei Entzündungsreize kennen,

welche genau an denselben Stellen wie die Rachitis zum Theile
identische, zum Theile analoge Erscheinungen hervorrufen, und bei
denen wir uns absolut nichts anderes denken können, als dass sie
im Blute circuliren und von dort aus ihre entzündungserregende
Thätigkeit an den Appositionsstellen der Knochen entfalten. Diese
beiden Agentien sind das syphilitische Gift und der Phosphor.

Die durch Vererbung auf den Foetus übertragene Syphilis ent-
faltet eine zweifache Wirkung innerhalb des Skeletsystems. Sie
ruft nämlich sehr häufig in den letzten Fötalmonaten und in den
ersten Monaten nach der Geburt ganz eigenthümliche Entzündungs-
erscheinungen an den Appositionsstellen der Knochen hervor, welche
indessen nur in ihren Anfangsstadien einige Aehnlichkeit mit dem
rachitischen Processe haben, in ihrer weiteren Entwicklung aber
durch die grosse Ausdehnung der Einschmelzungsprocesse im Knorpel
und im Knochen weit über die analogen Vorgänge bei der Rachitis
hinausgehen, und in den extremsten Fällen zur Pseudoparalyse und
zur Epiphysenablösung führen. Aber abgesehen von diesen der hereditären Syphilis allein zukommenden Erscheinungen, und gleichviel,
ob die letzteren vorhanden waren oder nicht, werden die hereditär
syphilitischen Kinder mit nur wenigen Ausnahmen rachitisch, und
zwar auch in jenen Fällen, in welchen keine jener allgemein bekannten Schädlichkeiten eingewirkt hat, auf welche wir sonst
gewohnt sind, die Entwicklung der Rachitis zurückzuführen. Es scheint
also, dass das im Blute der hereditär syphilitischen Kinder circulirende schädliche Agens, wenn es auch nicht stark genug ist,
den specifischen syphilitischen Process an den Appositionsstellen
der Knochen hervorzurufen, doch andererseits fast in allen Fällen
ausreicht, um jene entzündliche Reizung an den Blutgefässen der
ossificirenden Gewebe herbeizuführen, welche wir als das Wesen des
rachitischen Processes betrachten.

Ueber die eigenthümliche Wirkung des Phosphors an denselben Stellen des Knochensystems haben wir durch Wegner's [1]
und meine eigenen Experimente [2] Näheres erfahren. Wir können
hier absehen von der condensirenden Wirkung der kleinsten Phosphordosen, obwohl auch diese insoferne lehrreich ist, als sich auch hier

[1] Der Einfluss des Phosphors auf den Organismus. Virchow's Archiv
55. Band 1872.

[2] Die Phosphorbehandlung der Rachitis. l. c.

die Wirkung genau auf dieselben Stellen beschränkt, in denen die rachitischen und die hereditär syphilitischen Veränderungen beobachtet worden. Aber die stärkeren entzündungserregenden Wirkungen grösserer Phosphordosen zeigen uns ganz deutlich, wie ein im Blute circulirender Giftstoff die Gefässe in einen ähnlichen Zustand von Hyperämie und vermehrter Sprossenbildung versetzen und ähnliche Wirkungen in den von diesen Gefässen durchzogenen Geweben hervorrufen kann, wie wir sie bei der Rachitis beobachtet und beschrieben haben.

Da wir also per analogiam annehmen, dass auch die übrigen uns vorerst noch unbekannten rachitiserzeugenden Schädlichkeiten in der ganzen Blutmasse vertheilt sind, so müssen wir uns weiter fragen, worin denn der Grund gelegen sein mag, dass diese Schädlichkeiten so überaus häufig gerade an diesen beschränkten Stellen des Circulationssystems eine auffällige und in ihren Folgen deutlich nachweisbare Wirksamkeit entfalten.

Diese Frage, welche schon Virchow in seiner grossen Rachitisarbeit aufgeworfen hat[1]), ist bis nun ohne Antwort geblieben. Denn wenn Baginsky[2]) den Grund für die überaus häufige Affection der Knochen darin zu finden glaubt, dass die letzteren in dieser Zeit in einem ganz besonders lebhaften Wachsthum begriffen sind, so scheint mir eine solche Motivirung aus dem Grunde unzulänglich, weil dadurch höchstens erklärt werden könnte, warum die Affection gerade in dieser Zeit so leicht zu Stande kommt, während wir nach wie vor vollkommen im Unklaren darüber bleiben, warum dieselben Entzündungsreize in dieser Zeit des lebhaften Wachsthums nicht auch ebenso oft auf die anderen Organe und Gewebe

---

[1]) Der betreffende Passus bei Virchow lautet folgendermassen: „Freilich bleibt uns hier die Schlussfrage offen, wie die gestörten Digestionsverhältnisse oder die sonstige Primäraffection gerade die Localaffection des Knochens hervorbringen? Wir können sie nicht beantworten, so wenig als wir zu sagen wissen, warum ähnliche primäre Störungen unter Umständen Hauteruptionen, Exantheme mit mehr oder weniger ausgesprochenem entzündlichen Charakter hervorbringen. Vielleicht gelingt es hier, gewisse constitutionelle Prädispositionen aufzufinden, welche die Erklärung abgeben; vielleicht zeigt sich eine specifische Störung des Blutes, welche gerade dem Knochen Reize zuträgt, die sein Wachsthum steigern". Virchow's Archiv. 5. Band, S. 489. 1853.
[2]) Verhandlungen des Londoner medic. Congresses. IV., S. 50. 1881.

entzündungserregend wirken, obwohl diese ja zumeist in derselben
Proportion wachsen, wie die ihnen benachbarten Theile des Skelets.

Der Schlüssel zu diesem Räthsel liegt eben anderswo, und
zwar in dem ausschliesslich appositionellen Wachsthumsmodus der Knochen, durch welchen diese von allen anderen
Geweben und Organen des thierischen Organismus ausgezeichnet
sind. Während nämlich die übrigen Gewebe und Organe insgesammt
in der Weise wachsen, dass ihre Gewebselemente sich vergrössern
und neue Elemente zwischen die bereits vorhandenen eingeschoben
werden, ist diese Art des Wachsthums für die bereits erhärteten
Theile des Skeletes wegen ihrer physikalischen Eigenschaften, ihrer
Starrheit, Unausdehnbarkeit und Incompressibilität vollkommen ausgeschlossen, und kann fernerhin eine Volumsvergrösserung dieser
starren Theile nur dadurch zu Stande kommen, dass die noch weich
gebliebenen Gewebe an ihrer Oberfläche rapid anwachsen und sich
nun ihrerseits in hartes Knochengewebe verwandeln. Demgemäss
finden wir auch, so lange die Knochen im Wachsthum begriffen
sind, an der Oberfläche und an den Enden die unverkennbaren und
von allen Histologen in gleicher Weise gedeuteten Zeichen der
Knochenbildung und die vorbereitenden Erscheinungen des appositionellen Wachsthums im Knorpel und im Periost; und im Gegensatze hierzu sehen wir in den erhärteten Knochentheilen, so lange
und so weit sie nicht einer späteren Einschmelzung verfallen, eine
absolute Unveränderlichkeit ihrer Structur, eine absolute Constanz
der bekannten concentrischen Lamellenordnung in den neoplastisch
gebildeten und der radialen Richtung der Knorpelreste in den durch
Metaplasie entstandenen Knochentheilen. Ausserdem kann man sich
aber durch ein genaues Studium der äusseren und inneren Resorptionserscheinungen die sichere Ueberzeugung verschaffen, dass selbst
die geringfügigsten Veränderungen in der äusseren Form und in
der inneren Architektur der Knochen nicht etwa durch Verbiegungen
und Verschiebungen, Verlängerungen und Verkürzungen der harten
Knochentheile, sondern einzig und allein durch eine Combination
von Auflagerung und Einschmelzung der letzteren auf der Oberfläche und in den Markräumen zu Stande kommen. Solche Verschiebungen und Verbiegungen sind nur unter krankhaften Verhältnissen möglich, wenn nämlich, wie bei der Rachitis, die normale Starrheit des Knochengewebes einerseits durch abnorm ge-

steigerte innere und äussere Knocheneinschmelzungen und andererseits durch eine mangelhafte Verkalkung der im Innern und auf der Oberfläche neugebildeten Knochentheile verloren gegangen ist, und dann sehen wir aber auch sofort, wie diese veränderte physikalische Beschaffenheit der Knochen alsbald von auffälligen Verkrümmungen und Verunstaltungen derselben gefolgt ist.

Endlich ist es ja bekannt, dass auch die zahlreichen, mannigfach combinirten Experimente an wachsenden Thieren, die Krappfütterungen, die Ring-, Plättchen- und Markirversuche übereinstimmend das Wachsthum der Knochen durch oberflächliche Apposition und das Fehlen einer jeden Ausdehnung der bereits erhärteten Knochentheile mit Sicherheit dargethan haben. Insbesondere hat sich bei vielen Hunderten von Experimenten immer wieder dasselbe Resultat ergeben, dass selbst bei energisch wachsenden Thieren die in die Diaphysen eingeschlagenen und gut befestigten Marken ihre Distanz immer unverändert beibehalten haben. Man kann also, da in dieser Beziehung die theoretische Deduction und die Gesammtheit der empirischen Thatsachen zu dem identischen Resultate geführt haben, diese Frage vom wissenschaftlichen Standpunkte als erledigt betrachten [1]).

---

[1]) Dieses Urtheil kann in keiner Weise dadurch alterirt werden, dass gerade in der letzten Zeit J. Wolff in einer überaus heftigen Polemik gegen F. Busch (Vergl. Berliner Klin. Wochenschrift, 1884) das expansive Knochenwachsthum neben dem appositionellen aufrecht erhalten wollte. Wenn man aber bedenkt, dass derselbe Autor viele Jahre hindurch mit derselben Heftigkeit seine nunmehr aufgegebene Theorie von dem ausschliesslich expansiven Wachsthum der Knochen allen berechtigten Einwänden gegenüber verfochten hat, dass er also die einem jeden Anfänger in der Histologie geläufigen Erscheinungen des appositionellen Wachsthums im Knorpel und im Periost (die Bildung der Knorpelzellensäulen und ihre fortschreitende Verkalkung, die Entstehung der primären Markräume und die Ossificationserscheinungen in ihrer Umgebung, die periostale Neubildung von geflechtartigem Gerüste und die Ausfüllung derselben mit neugebildeten Lamellensystemen u. s. w.) entweder niemals gesehen hatte, oder es über sich gewinnen konnte, alle diese wohlbekannten Thatsachen seiner, wie er jetzt selbst zugibt, unrichtigen theoretischen Schlussfolgerung zu Liebe einfach zu ignoriren, so wird man auch der jetzigen Phase seiner Ansichten über diesen Gegenstand eine um so mässigere Bedeutung beilegen können, als J. Wolff auch jetzt noch mit grosser Consequenz seine ursprüngliche Taktik beobachtet, die gewichtigen Argumente, welche für das ausschliesslich appo-

Die Folge dieser ganz exceptionellen Art des Wachsthums ist
nun eine überaus grosse Empfindlichkeit jener räumlich beschränkten
Theile der Knochen, in denen ihr gesammtes Wachsthum vor sich
geht, gegenüber allen im Blute circulirenden krankhaften Agentien
oder Entzündungsreizen. Denn während der ganze bereits erhärtete
Theil eines Knochens nur jenes relativ geringe Quantum von Ernährungsmaterial für sich in Anspruch nimmt, welches zu seiner
Erhaltung nöthig ist, muss die Gesammtheit jener Ernährungssäfte,
welche für das Wachsthum, also zum Aufbau der neuen Gewebe,
bestimmt sind, ausschliesslich nach den Appositionsstellen, also bei
dem Röhrenknochen in erster Linie zu dem proliferirenden Knorpel
und dann auch zu der subperiostalen Wucherungsschichte dirigirt
werden; es besteht also während der Zeit des lebhaftesten
Wachsthums schon unter normalen Verhältnissen eine
bedeutende Fluxion zu den Appositionsstellen, welche auch,
wie wir wissen, in dem histologischen Bilde des wachsenden
Knochens einen prägnanten Ausdruck findet. Dadurch werden nothwendiger Weise alle krankhaften Reize, welche in der Blut- und
Säftemasse des wachsenden Organismus circuliren, den ossificirenden
Geweben an der Oberfläche der bereits erhärteten Knochentheile
in viel grösserer Menge zugeführt werden, und werden daselbst
ihre krankmachende Wirkung in viel intensiverem Masse äussern,
als in allen übrigen Organen und Geweben, in welchen sich das
Blut, die Ernährungssäfte und die etwa in ihnen enthaltenen
Schädlichkeiten ziemlich gleichmässig über ihre ganze Ausdehnung
verbreiten.

Dazu kommt noch als zweites wichtiges Moment die ge-
häufte Bildung junger Blutgefässe an den Appositionsstellen
der wachsenden Knochen. Eine solche findet, wie wir gesehen
haben, sowohl im lebhaft proliferirenden Knorpel, als auch ganz
besonders bei der Bildung der primären Markräume im verkalkten
Knorpel statt, und auch bei der periostalen Ossification müssen
offenbar fortwährend junge Gefässchen in der subperiostalen
Wucherungsschichte gebildet werden, weil wir ja sehen, dass die

---

sitionelle Wachsthum der Knochen sprechen, nicht etwa zu erörtern und zu
bekämpfen, sondern mit Stillschweigen zu übergehen. (Vergleiche übrigens
über diesen Gegenstand die einschlägigen Kapitel in der „normalen Ossification").

neuen Bälkchen und Lamellensysteme immer im Umkreise neuer Gefässchen abgelagert werden. Nun soll damit keineswegs behauptet werden, dass die Bildung neuer Blutbahnen dem wachsenden Knochen allein zukommt; im Gegentheile können wir uns ein intensives Wachsthum eines Gewebes gar nicht vorstellen ohne eine fortwährende Neubildung von Gefässzweigchen und Anastomosen, weil ja das Gefässnetz eines ausgewachsenen Organs nicht etwa die geometrische Vergrösserung des fötalen oder kindlichen Netzes darstellt, sondern offenbar fortwährend durch neue Blutbahnen verlängert und erweitert wird. Während sich aber diese Gefässneubildung sonst überall auf die ganze Ausdehnung der Gewebe vertheilt, ist sie im wachsenden Knochen auf jene beschränkten Räumlichkeiten zusammengedrängt, in denen die Zellproliferation und Markraumbildung zum Bedarfe des appositionellen Längenwachsthums und die subperiostale Wucherung für das Dickenwachsthum der Röhrenknochen und für das Randwachsthum der Schädelknochen vor sich geht; und es ist auch begreiflich, dass es an solchen Stellen nur eines verhältnissmässig geringen Austosses bedürfen wird, um den physiologischen Vascularisationsprocess zu einer pathologischen Höhe zu steigern. Die zarten Wandungen der jungen Gefässe sind natürlich nicht so geeignet, den etwa im Blute circulirenden entzündlichen Reizen zu widerstehen, wie die derberen und complicirter gebauten Wände der älteren Gefässe, und überdies hat uns die histologische Untersuchung gelehrt, dass ein Theil dieser Gefässe und gerade diejenigen, welche sich in besonders grosser Menge bilden, nämlich die Gefässe der primären Markräume in der Nähe der Knorpelossificationsgrenze, durch einige Zeit gar keine differenzirten Wandungen besitzen, weil sie nämlich der Kanalisirung des bei der Einschmelzung des Knorpels freigewordenen Protoplasmas ihre Entstehung verdanken. Ein im Blute circulirendes schädliches Agens kann also hier ganz direct auf das reizempfängliche Protoplasma einwirken [1]).

---

[1]) Meine Angaben über die Bildung von rothen Blutkörperchen in den geschlossenen Knorpelzellen in der Nähe der Ossificationsgrenze sind seither durch eine eingehende, direct auf diesen Punkt gerichtete Untersuchung von Baierl im histologischen Institute in München vollkommen bestätigt worden. (Archiv für mikr. Anatomie, 23. Band, S. 30. 1883.)

Alle diese Momente zusammengenommen führen also dahin, dass gerade die Appositionsstellen am Knochen in besonderem Masse geeignet werden für die Einwirkung im Blute circulirender Schädlichkeiten, und wir können schon jetzt, bevor wir noch auf die Natur dieser hämatogenen Entzündungsreize näher eingegangen sind, den Satz aussprechen, dass es sicher keine Rachitis gäbe, wenn die Knochen, gleich den übrigen Geweben, in ihrer ganzen Masse sich ausdehnen und anwachsen könnten; und gerade die Existenz der Rachitis und das überaus häufige Vorkommen von Entzündungsprocessen an jenen Stellen, welche wir als die Appositionsstellen der Knochen bezeichnen müssen, wäre im Stande, uns einen neuen schlagenden Beweis für das appositionelle Wachsthum der Knochen zu liefern — wenn es eines solchen Beweises noch bedürfte.

Mit der theoretischen Annahme, dass die überaus grosse Reizempfänglichkeit der wachsenden Knochen durch ihren eigenthümlichen Wachsthumsmodus bedingt sei, stimmen auch viele Thatsachen überein, die wir sowohl dem anatomischen Studium, als auch der klinischen Beobachtung der Rachitis entnehmen. So hat uns die anatomische Untersuchung rachitischer Knochen gelehrt, dass nicht etwa das Knorpel- und Knochengewebe als Ganzes dem entzündlichen Processe anheimfallen, dass wir also nicht berechtigt sind, dem Knorpel- und Knochengewebe als solchen eine besondere Reizempfänglichkeit zuzuschreiben, sondern dass, zum mindesten in den Anfangsstadien des Processes, immer nur jene Theile befallen werden, in denen das appositionelle Wachsthum vor sich geht. Von besonderem Interesse ist hier die schon in der vorigen Abtheilung hervorgehobene Thatsache, dass der gleichmässig nach allen Seiten wachsende Theil des Rippenknorpels und der Chondroepiphysen, also derjenige Theil, welcher sich in der Art seines Wachsthums noch nicht von den übrigen Geweben unterscheidet, selbst an der intensivsten Ausbildung des rachitischen Processes nicht den geringsten Antheil nimmt. Ebenso sehen wir aber auch, dass der krankhafte Process niemals von jenen Stellen seinen Ausgang nimmt, in denen das Wachsthum schon beendet ist, sondern dass diese fertigen Theile, und insbesondere die von den afficirten Appositionsstellen entfernteren Partien bei einem mässigen Verlaufe der Affection entweder völlig normal bleiben, oder nur in der

Weise an dem Process Antheil nehmen, dass dieser von den Appositionsstellen oder von den äusseren Resorptionsstellen her nach und nach, und niemals sprungweise, sondern immer nur per continuitatem, auch auf die älteren Theile des Knochens übergreift. Während man also ziemlich häufig die Appositionsstellen allein, ohne die älteren Theile, afficirt findet, ist niemals das Umgekehrte der Fall, und man findet daher in den wachsenden Knochen niemals die älteren Knochentheile rachitisch afficirt, bei völlig normalem Verhalten ihrer Appositionsstellen[1]).

Ein weiteres Argument für die Richtigkeit unserer Annahme, dass die besondere Reizempfänglichkeit des Knochensystems während der Zeit des intensivsten Wachsthums nur mit dem appositionellen Wachsthum der Knochen zusammenhängt, liefert uns die allbekannte Thatsache, dass die rachitische Affection zunächst und in vielen Fällen ausschliesslich jene Knochenenden befällt, in denen eine besonders ausgiebige und massige Apposition neuer Knochentheile stattfindet, in denen also alle jene Verhältnisse, welche die besondere Reizempfänglichkeit der ossificirenden Gewebe herbeiführen, nothwendiger Weise eine besondere Steigerung erfahren. Wie wir bei dem Studium der normalen Ossification gesehen haben, geht die Apposition nicht nur an den verschiedenen Knochenenden überhaupt, sondern selbst an den beiden Enden eines und desselben Knochens mit sehr verschiedener Energie von statten. Am auffälligsten ist aber dieser Unterschied an dem vorderen und hinteren Ende der Rippe, weil hier der grösste Theil des Längenwachsthums an dem Sternalende erfolgt, und die Apposition am hinteren Ende, wie man an der geringen Höhe der Knorpelwucherungszone und dem wenig steilen Verlaufe der Haversischen Kanäle ersehen kann. nur sehr langsam vor sich geht. Die Folge davon ist. dass der rachitische Process an den vorderen Rippenenden fast in keinem einzigen Falle, wo überhaupt eine solche Affection des Skeletes besteht. vermisst wird, dass also die Anschwellung der vorderen Rippenenden (der Rosenkranz) und die dazu gehörigen mikroskopisch nachweisbaren Erscheinungen der Rachitis zu den regelmässigsten

---

[1]) Vergl. meine Abhandlung: Rachitis und Osteomalacie, im Jahrbuche für Kinderheilk. XIX. Bd. S. 455.

und fast immer auch zu den frühesten Manifestationen der Rachitis
gehören; während gerade im Gegentheile die Affection der hinteren
Rippenenden nur sehr selten beobachtet wird, und die Veränderungen
an dieser Stelle selbst in der allerschwersten Form der Erkrankung
einen mässigen Grad fast niemals überschreiten. Dasselbe Verhältniss herrscht, wenn auch nicht gerade in derselben scharfen
Ausprägung, zwischen den energisch wachsenden distalen Enden der
Vorderarmknochen und den langsam wachsenden cubitalen Enden,
und auch am Schädel finden wir etwas Aehnliches an den Scheitel-
beinen. Hier ist nämlich das Randwachsthum an dem Sagittalrande
viel energischer als an der Schläfennaht, und dementsprechend findet
man auch bei jeder nur halbwegs ausgebildeten Schädelrachitis die
Sagittalnaht weich und nachgiebig, während dieselben Erscheinungen
an der Temporalnaht nur selten und in schweren Fällen beobachtet
werden. Dass alle diese Erscheinungen mit einem expansiven Wachsthum der Knochen in ihrer ganzen Ausdehnung absolut nicht in
Einklang zu bringen wären, braucht nicht erst besonders ausgeführt
zu werden.

Aber ebenso wie die Orte der energischesten Knochenapposition ganz besonders von der Rachitis bevorzugt erscheinen,
ebenso sehen wir auch, dass es die Zeit des intensivsten
Appositionswachsthums ist, in welcher der der Rachitis zu
Grunde liegende entzündliche Vorgang nahezu ausschliesslich beginnt. Noch bezeichnender ist aber die Thatsache, dass der bereits
vorhandene Process in den späteren Jahren, wenn die Intensität
des Knochenwachsthums geringer geworden ist, mit allen von ihm
abhängigen Erscheinungen im Knorpel und im Knochen fast in allen
Fällen ganz spontan verschwindet, und nur die bereits gesetzten
Verbildungen und Gestaltveränderungen der erhärteten Knochen
zurückbleiben.

Leider besitzen wir bis jetzt noch keine genügenden und auf
grossen Zahlen basirenden Angaben über die Wachsthumsverhältnisse während des Fötallebens und in den ersten Lebensjahren. Indessen geht aus verschiedenen diesbezüglichen Angaben, die ich bei
Ahlfeld [1]), Hesse [2]), Russow [3]) und Baginsky [4]) vorgefunden

[1]) Archiv für Gynäkologie, 2. Bd. S. 361. [2]) Daselbst, 17. Bd. S. 150.
[3]) Jahrbuch für Kinderheilkunde, 16. Band. [4]) Rachitis. Tübingen 1882.

habe, und aus einzelnen eigenen Messungen doch das Eine mit
Sicherheit hervor, dass nicht nur das relative, sondern sogar das
absolute Wachsthum im letzten Trimester des Fötallebens bedeutend
stärker ist, als in den gleich langen Zeiträumen des ersten Lebensjahres, und dass mit jedem solchen dreimonatlichen Abschnitte bis
zum Ende des ersten Lebensjahres das absolute und das relative
Wachsthum rapid abfällt, um sich dann während des zweiten
Lebensjahres mit geringen Schwankungen so ziemlich auf gleicher
Höhe zu erhalten. Fassen wir aber nur das relative Wachsthum
ins Auge, welches ja für das früher charakterisirte eigenthümliche
Verhältniss der Vertheilung der Ernährungssäfte in den Knochen
massgebend ist, so sehen wir, dass dieses in den letzten 3 Fötalmonaten und in den ersten 3 Lebensmonaten ganz enorm über die
späteren Zahlen überwiegt, indem es von circa 40°/₀ in den drei
letzten Fötalmonaten (auf die Anfangslänge dieses Zeitraumes berechnet) im ersten Trimester post partum schon auf 20° ₀, im
zweiten auf 10°/₀ und im dritten und vierten Trimester gar schon
auf 4—5°/₀ herabsinkt.

Diese Zahlen scheinen nun allerdings in einem gewissen
Widerspruche zu stehen mit den Angaben der meisten Autoren
über die Zeit, in welcher die Rachitis beginnt. Namentlich
die älteren Autoren sprechen häufig von dem Ausbruche der
Rachitis im zweiten oder gar im dritten Lebensjahre, und wollen
einen früheren Beginn als eine Ausnahme ansehen. Aber schon die
Entdeckung der Craniotabes — die wohl jetzt von Jedermann als
eine Theilerscheinung der Rachitis aufgefasst wird — durch
Elsässer hat uns darüber belehrt, wie häufig der Beginn der
rachitischen Erkrankung in eine frühere Lebensperiode fällt, und in
der That wird die Ausbruchszeit der Rachitis von den neueren
Autoren immer näher gegen die Geburt hin zurückverlegt. Aber
noch immer ist es, wie ich glaube, nicht allgemein genug anerkannt, dass in der überwiegenden Mehrzahl der Fälle die
Rachitis in einer sehr frühen Periode der Entwicklung
beginnt, insbesondere halten die meisten Autoren die congenitale
Rachitis noch immer irrthümlicher Weise für ein seltenes Vorkommniss, was aber, wie ich sofort ausführen werde, nach meinen
Erfahrungen keineswegs der Fall ist.

Freilich muss man sich, um in der Frage der congenitalen

Rachitis klar zu sehen, definitiv von dem sehr verbreiteten Irrthume lossagen, als ob eine angeborene Mikromelie mit hochgradigen congenitalen Verbildungen des Skeletes immer auch mit einer
angeborenen oder fötalen Rachitis identisch wäre. In diesem Irrthum haben sich Ritter, Scharlau, Winkler, Kehrer, Urtel,
Fischer u. A. thatsächlich bei ihren Publicationen über fötale
Rachitis befunden.

Alle diese Fälle haben nämlich das Eine mit einander gemein,
dass nach Angabe der Autoren die knöchernen Theile des Skeletes
trotz der hochgradigen Verbildungen entweder die normale oder
zumeist sogar eine die Norm übersteigende Härte aufwiesen,
so dass man sich genöthigt sah, diese Fälle als schon in utero ab-
gelaufene und in das Stadium der Eburneation übergegangene
Rachitiden aufzufassen. Diese Deutung ist nun schon aus dem einfachen Grunde sehr schwer aufrecht zu erhalten, weil wir auch
extra uterum niemals eine zu Verkrümmungen und hochgradigen
Verbildungen führende Rachitis innerhalb weniger Monate entstehen
und in das Stadium der Eburneation übergehen sehen, sondern
dieser Verlauf sich im günstigen Falle über ein Jahr, gewöhnlich
aber über mehrere Jahre erstreckt. Nun ist aber durch die hochwichtige Arbeit von Eberth [1]) zweifellos nachgewiesen worden,
dass die in Rede stehende Affection des Skeletes nicht nur mit der
Rachitis gar nichts gemein hat, sondern sich in vielen Beziehungen
als das gerade Widerspiel der Rachitis erweist. Auch ich habe Gelegenheit gehabt, durch die histologische Untersuchung solcher
Specimina mich zu überzeugen:

1. Dass in solchen Fällen nicht nur keine pathologisch gesteigerte Knorpelwucherung besteht oder bestanden hat, sondern
dass auch die normale Knorpelwucherung nahezu vollständig ausbleibt, dass demzufolge die endochondrale Ossification auf ein
Minimum reducirt ist, und dass aus dem Missverhältnisse zwischen
dem zurückbleibenden Längenwachsthum und dem fortdauernden
periostalen Dickenwachsthum die Kürze der Knochen und ihre Verbildungen resultiren.

2. Dass die periostale Knochenauflagerung nicht nur normal

---

[1]) Die fötale Rachitis und die Beziehungen derselben zu dem Cretinismus. Leipzig 1878.

verkalkt, sondern auch von Haus aus sehr schwach vascularisirt und daher mit engen Haversischen Kanälen ausgestattet ist, und dass sich in dieser Weise die ungewöhnliche Härte dieser Knochen erklären lässt.

Von diesen relativ seltenen Vorkommnissen, welche einfach als cretinistische Affection des Skeletes aufzufassen sind, muss also hier gänzlich abgesehen werden, und wenn wir von congenitaler Rachitis sprechen, so meinen wir damit die schon bei der Geburt entwickelten bekannten makroskopischen, und insbesondere auch die mikroskopischen Zeichen der gewöhnlichen rachitischen Affection.

Darüber, dass selbst auffälligere rachitische Verbildungen des Skeletes angeboren sein können, hat uns schon Bednar[1]) auf Grund seiner reichen Erfahrung belehrt. Er sah nämlich im Wiener Findelhause sehr oft angeborene Rachitis mit seitlich eingedrücktem Brustkorbe, Anschwellung der Rippenenden, leichter Verkrümmung der grossen Röhrenknochen, weiten Fontanellen und Interstitialmembranen u. s. w. Und dennoch hatte er noch keine Ahnung von der wirklichen Häufigkeit der angeborenen Rachitis in diesem seinem Beobachtungsmaterial. Die richtige Vorstellung hierüber kann man erst erlangen, wenn man sich, wie ich es gethan habe, der Mühe unterzieht, bei einer grossen Anzahl von Frühgeburten, reifen Todtgeburten und bald nach der Geburt verstorbenen Kindern die histologische Untersuchung der Knochen, und zwar der Prädilectionsstellen der Rachitis, am besten der vorderen Rippenenden vorzunehmen. Dabei hat sich mir nun die überraschende Thatsache ergeben, dass ein grosser Theil dieser Rippen schon bei der Betrachtung mit freiem Auge und bei der Betastung eine deutliche Anschwellung an der Knorpelinsertion wahrnehmen liess und auf dem Durchschnitte eine deutliche Hyperämie und Verbreiterung der Knorpelwucherungszone und eine unregelmässige Verkalkungsgrenze darbot. Noch deutlicher zeigte aber die mikroskopische Untersuchung, dass an diesem Skelettheile und in diesem Beobachtungsmateriale (dasselbe stammte ausschliesslich aus der hiesigen Gebär- und Findelanstalt) der normale Befund entschieden zu den Ausnahmen gehört.

---

[1]) Die Krankheiten der Neugeborenen und Säuglinge. IV. Band. S. 35. 1853.

Ich untersuchte in dieser Weise 36 Frühgeburten vom sechsten
Fötalmonate aufwärts (darunter 12 macerirte, aber ohne irgend
einen Anhaltspunkt, der auf hereditäre Syphilis deuten konnte),
dann 28 reife Todtgeburten oder unmittelbar nach der Geburt ver-
storbene Kinder, und 28 Kindesleichen aus den ersten drei Lebensmonaten, also zusammen 92 Individuen. Von den 36 Frühgeburten
zeigten nur 4 einen normalen oder fast normalen Befund; bei 10
anderen waren vollkommen ausgeprägte rachitische Erscheinungen
vorhanden; Vermehrung der Blutgefässe im Wucherungsknorpel,
osteoide Bildungen in den Knorpelkanälen, verstärkte Knorpelwucherung, zackige Verkalkungslinie u. s. w. In 22 Fällen waren
aber diese Erscheinungen schon so bedeutend verstärkt, dass man
einen weiter fortgeschrittenen rachitischen Process annehmen musste.
Die macerirten Fötus boten zumeist die stärkere Ausbildung des
Processes dar. Von den Todtgeburten und bald nach der Geburt
Verstorbenen waren nur 3 normal, 14 hatten mässige und 12 intensivere Affectionen. Von den 1—3monatlichen Kindern waren wieder
nur 2 normal, 8 waren nur mässig und 10 intensiver afficirt,
während 8 dieser Fälle sich so präsentirten, wie die hochgradig
afficirten Individuen in den späteren Lebensperioden, so dass auch
schon die knopfförmige Vorwölbung der Knochenknorpelverbindung
und die Zeichen der verstärkten Einschmelzung und der Neubildung
kalkloser Theile im Inneren der älteren Partien der knöchernen
Rippe in sehr auffallendem Masse sichtbar waren.

Wenn man sich also auch vollkommen gegenwärtig hält, dass
man es hier mit einem besonders deteriorirten Material zu thun
hat, indem dasselbe sich nicht nur aus dem ärmsten Theile der
Bevölkerung recrutirt, sondern von diesem offenbar auch noch die
schwächsten und am wenigsten lebens- und widerstandsfähigen
Individuen umfasst, so geht doch aus diesen Untersuchungen im
Allgemeinen hervor, dass der Beginn der rachitischen
Affection ungemein häufig in die intrauterine Periode
fällt, und gar nicht selten schon mehrere Monate vor der Reife
die Zeichen dieser Krankheit vollkommen ausgeprägt erscheinen
(unter den Frühgeburten befanden sich auch einige 6—7monatliche,
welche schon deutlich rachitisch waren). Allerdings müssen wir
auch auf der anderen Seite zugeben, dass ein so früher Anfang
bei den überlebenden Kindern, wenn man die Gesammtheit der

Rachitiker ins Auge fasst, wohl kaum zur Regel gehören wird, weil man ja häufig neugeborne Kinder mit ganz normalen Rippen und Schädelknochen findet, welche erst einige Monate später deutliche Zeichen von Rachitis darbieten. Aber diese Erfahrung steht keineswegs im Widerspruche mit der Thatsache, dass das relative Wachsthum in den letzten Fötalmonaten viel bedeutender ist, als in den ersten Lebensmonaten, denn es ist hier zu bedenken, dass die in dem raschen appositionellen Knochenwachsthum gelegene Disposition zur Erkrankung, die specifische Reizempfänglichkeit der Appositionsstellen, zwar in den letzten Fötalmonaten grösser ist, als postfötal, dass aber offenbar die Schädlichkeiten und die krankhaften Reize innerhalb des Uterus seltener und in geringerem Masse einwirken, wie extrauterin; worauf wir übrigens in einem späteren Theile dieser Abhandlung noch einmal zurückkommen werden.

Aus der grossen Häufigkeit der congenitalen Rachitis folgt schon mit Nothwendigkeit, dass die Affection auch in den ersten Lebensmonaten überaus häufig sein muss. Auch dafür finden wir schon zahlreiche Anhaltspunkte in den Mittheilungen früherer Beobachter. Virchow sah schon im Aufange der 2. Lebenswoche den vollkommen ausgebildeten Rosenkranz und die Unregelmässigkeit der Ossificationsgrenze. Nach Ritter[1]) übersteigt die Menge der Rachitiker im ersten Lebensjahre die Gesammtmenge derselben in allen anderen Altersstufen, und von der Gesammtzahl der erstjährigen fällt wieder mehr als ein Drittheil auf das erste Halbjahr. Auch Friedleben[2]) sah sehr häufig schon in den ersten Lebenswochen eine mässige Anschwellung der Costalknorpel und weiche Stellen an den Hinterhaupt- und Seitenwandbeinen, ja selbst ein blutreiches Osteophyt an den Stirnund Seitenwandbeinen; nur hält er alle diese Erscheinungen für normale Vorkommnisse. Damit kann man sich nun sicherlich nicht einverstanden erklären. Im normalen Zustande geht die knorpelige Rippe ohne Niveauverschiedenheit in die knöcherne Rippe über, so

---

[1]) Die Pathologie und Therapie der Rachitis. Berlin 1880.
[2]) Beiträge zur Kenntniss der physikalischen und chemischen Constitution wachsender und rachitischer Knochen. Jahrbuch f. Kinderheilkunde. 3. Band 1860.

dass man durch das Tastgefühl die Grenze gar nicht unterscheiden
kann. Sowie sich an dieser Grenze eine Vorwölbung bemerklich
macht, findet man auf dem Durchschnitte auch schon ohne Ausnahme die charakteristischen Zeichen der rachitischen Erkrankung.
Dasselbe gilt auch von den weichen Stellen in der Continuität der
Schädelknochen, und ebenso auch von den nachgiebigen Nahträndern. An diesen Stellen findet man nicht nur eine bedeutende
Verminderung oder auch ein gänzliches Fehlen der Kalksalze, sondern es zeigen die weichen Partien an den Nahträndern auch eine
ganz abnorme, lockere, osteoide Structur, und in den weichen
Stellen der Continuität findet man die deutlichsten Zeichen der
vermehrten Einschmelzung der verkalkten Textur und der Neubildung von kalklosem Knochengewebe. Es ist also in keiner Weise
gerechtfertigt, diese weitgehenden Veränderungen als physiologische
Erscheinungen aufzufassen[1]).

Aber trotzdem schon aus diesen Angaben der Autoren mit
Sicherheit zu entnehmen ist, dass die rachitischen Erscheinungen
häufig schon in den ersten Lebensmonaten deutlich ausgeprägt
sind, hat man dennoch bis jetzt noch nicht die richtige Vorstellung
von der ausserordentlichen Häufigkeit der frühzeitig entwickelten
Rachitis. Ich habe nämlich, um in dieser Frage ganz klar zu
sehen, längere Zeit hindurch in meinem grossen ambulatorischen
Materiale sämmtliche Kinder unter 3 Jahren, welche aus irgend
einem Grunde vorgestellt wurden, ganz genau auf die rachitischen
Veränderungen des Skeletes untersucht, und alle darauf bezüglichen Beobachtungen genau notirt. Zugleich habe ich aber zu
statistischen Zwecken vier Intensitätsgrade der Rachitis
unterschieden, und zwar nach folgenden Grundsätzen:

Erster Grad: Deutliche Schädelerweichung mässigen Grades.
Deutliche Anschwellung der vorderen Rippenenden und der carpalen
Enden der Vorderarmknochen.

Zweiter Grad: Hochgradige Craniotabes. Knopfförmige Auftreibung an den vorderen Rippenenden und sehr auffällige Verdickung an anderen Diaphysenenden.

---

[1]) In der allerletzten Zeit ist diese Auffassung Friedleben's auch
durch Bohn entschieden bekämpft worden. Siehe Tageblatt der Magdeburger
Naturforscherversammlung 1884. S. 352.

Dritter Grad: Deutliche Formveränderungen des Schädels, des Thorax, der Wirbelsäule, und an den Diaphysen der Extremitäten.

Vierter Grad: Biegsamkeit sämmtlicher Knochen und bedeutende Gelenksschlaffheit. Infractionen an den Rippen und an anderen Röhrenknochen. Hochgradige Verbildungen des Thorax, der Wirbelsäule und der Extremitäten.

Die Vertheilung dieser vier Grade der Erkrankung in den einzelnen Zeitabschnitten der 3 ersten Lebensjahre, und die Häufigkeit der Rachitis überhaupt bei den im Ambulatorium vorgestellten Kindern ergibt sich nun aus der folgenden Tabelle, welche 1000 der Reihe nach vorgestellte Kinder unter 3 Jahren umfasst[1]):

	Normal	I. Grad der Rachitis	II. Grad der Rachitis	III. Grad der Rachitis	IV. Grad der Rachitis	Summe	Verhältniss der Rachitischen in %
I. Semester	42	103	79	14	1	239	82·5
II. „	25	65	88	75	13	266	90·6
III. „	10	32	71	64	13	190	94·8
IV. „	13	23	55	54	19	164	92·1
V. u. VI. „	15	15	34	59	18	141	89·4
Summe . .	105	238	327	266	64	1000	89·5

Aus dieser Tabelle ist also zu ersehen:

1. Dass von 1000 Kindern unter 3 Jahren 895, also 89·5% deutliche und sichere Zeichen der Rachitis darboten, und nur 10·5% derselben wegen Mangels im Leben nachweisbarer Erscheinungen als frei von Rachitis angesehen werden konnten.

2. Dass auch von den 239 Kindern des ersten Halbjahres nur 42 keine deutlichen Zeichen der Rachitis darboten, dass also das Verhältniss von 17·5% gesunden, zu 82·5% Rachitischen in diesem Zeitabschnitte sich nur wenig von dem Verhältnisse der Gesammtzahl unterscheidet.

---

[1]) Diese Fälle wurden im Jahre 1879 aufgenommen, also zu einer Zeit, wo noch nicht in Folge der Phosphorbehandlung ein ungewöhnlicher Andrang rachitischer Kinder, und damit auch eine Alteration der natürlichen Verhältnisse eingetreten war.

3. Dass allerdings, wie nicht anders denkbar, sich die Eintheilung nach der Intensität der Krankheit in dem ersten Lebensjahre anders präsentirt, als später, indem hier die Affectionen ersten
und zweiten Grades bedeutend überwiegen, dass aber doch auch
die schweren und allerschwersten Formen schon im ersten Semester
in einigen Exemplaren vertreten waren.

Ausserdem gibt uns aber auch die Vertheilung der im ersten
Semester stehenden Kinder nach den einzelnen Monaten einige
wichtige Anhaltspunkte über den Zeitpunkt des Beginnes der
rachitischen Erkrankung.

Monat	Normal	I. Grad der Rachitis	II. Grad der Rachitis	III. Grad der Rachitis	IV. Grad der Rachitis	Summe	Verhältniss der Rachitischen in %
1.—2.	12	12	3	—	—	27	55·6
3.—4.	19	45	22	1	—	87	78·2
5.—6.	11	46	54	13	1	125	91·2
Summe . .	42	103	79	14	1	239	82·5

Diese Tabelle zeigt uns also, dass nur in dem ersten 2monat-
lichen Abschnitte sich noch ein relativ günstiges Verhältniss
darbietet, indem nämlich nahezu an der Hälfte dieser Kinder noch
kein deutliches Zeichen von Rachitis nachgewiesen war, während
allerdings auch in den ersten zwei Monaten mehr als die
Hälfte schon sicher rachitisch waren. Aber im 3.—4. Lebensmonate haben wir schon 78·2% und im 5.—6. Monate gar schon
91·2% Rachitische, und ein erhebliches Percent derselben war auch
schon zu hohem Grade der Erkrankung vorgeschritten.

Hält man nun die Ergebnisse dieser Statistik mit den früher
mitgetheilten Resultaten der histologischen Untersuchung zusammen, so ergibt sich daraus nicht nur mit voller Sicherheit, dass
die Rachitis überaus häufig schon vor der Geburt und in den
ersten Lebensmonaten beginnt, sondern wir können daraus auch
den weitergehenden Schluss ziehen, dass in den allermeisten,
wenn nicht in allen Fällen der Beginn der Krankheit in
diese frühe Periode fällt. Mir ist es wenigstens, trotzdem ich
durch eine Reihe von Jahren bei allen im Ambulatorium vorgestellten Kindern die auf die Beschaffenheit des Skeletes bezüg-

lichen Daten genau notirt und alle diese Kinder auch bei ihrem
späteren Erscheinen in Evidenz gehalten habe, dennoch niemals
gelungen, in einem Falle mit Sicherheit zu constatiren, dass ein
Kind, welches innerhalb des ersten Halbjahres vollkommen frei
von Rachitis befunden worden war, in einer späteren Periode
Zeichen von Rachitis dargeboten hätte. Der gewöhnliche Gang war
vielmehr bei den durch längere Zeit beobachteten Kindern der,
dass schon im ersten Halbjahre deutliche rachitische Erscheinungen
vorhanden waren, und dass diese entweder im zweiten Halbjahre
oder etwas später wieder verschwanden, oder dass sie sich allmälig
verstärkten, oder endlich, dass bisher in mässiger Intensität vorhandene Symptome sich plötzlich zu sehr bedeutender Intensität
entwickelten. Eine solche Recrudescenz oder plötzliche Verschlimme-
rung der rachitischen Erscheinungen, welche, wie wir sehen werden,
fast immer auf eine bestimmte Schädlichkeit oder auf einen
Complex von schädlichen Einflüssen zurückgeführt werden kann,
wird nun von den Eltern gewöhnlich als der erste Ausbruch der
Rachitis angesehen, und in diesem Sinne lauten natürlich auch ihre
Angaben gegenüber dem Arzte. Ich selbst war zu wiederholtem Male
in der Lage, die Unrichtigkeit solcher Angaben durch die in meinem
Protokolle vorhandenen Notizen aus einer früheren Periode direct
nachzuweisen. So wurde von einem im Frühjahre vorgestellten
$2^1/_2$ jährigen Kinde mit bedeutenden Verbildungen des Skeletes
und hochgradiger Schlottrigkeit der Gelenke behauptet, dass es im
letzten Winter, also im Beginne des 3. Lebensjahres rachitisch
geworden sei. Dasselbe Kind war aber schon ein Jahr früher, in
dem Alter von $1^1/_4$ Jahren in meinem Protokolle mit dem zweiten
Grade der Rachitis und sehr bedeutender Auftreibung der vorderen
Rippenenden notirt. Nur auf solche irrige Aussagen der Eltern
oder Pflegerinnen kann es meiner Ansicht nach zurückgeführt werden, wenn auch von Aerzten der Beginn der Erkrankung in das
zweite oder dritte Lebensjahr oder gar in eine noch spätere Periode
verlegt worden ist[1]). Ein so verspäteter Beginn der Rachitis könnte

---

[1]) Nach Guerin (Die Rachitis übersetzt von Weber, Nordhausen 1847)
erkrankt die Mehrzahl der rachitischen Kinder im 2.—3. Jahre, eine geringere Anzahl aber auch noch im 4.—12. Lebensjahre. Nach Senator (l. c.)
kommt die Rachitis am gewöhnlichsten zwischen dem 6.—30. Lebensmonate
zum Ausbruch. Nach D'Espine und Picot (Grundriss der Kinderkrankheiten,

nur in dem Falle angenommen worden, wenn das frühere normale
Verhalten des Skeletes durch eine genaue ärztliche Untersuchung
sichergestellt worden wäre, und das ist meines Wissens bis jetzt
noch nicht geschehen. Das was man bisher, ausschliesslich auf die
Laienangaben hin, als den Ausbruch der Rachitis bezeichnet hat,
bezieht sich wohl in den allermeisten Fällen auf das Sichtbar-
werden oder auf das auffälligere Hervortreten von rachitischen
Verbildungen oder auf die hochgradigen Functionsstörungen, also
auf den Uebergang aus unserem ersten und zweiten Stadium in das
dritte und vierte; und in der That sehen wir auch in unserer
obigen Tabelle, dass das Verhältniss der schweren Fälle sowohl
zu der Gesammtzahl der Kinder, als auch zu der der Rachitiker
in den aufeinanderfolgenden halbjährigen Zeiträumen fortwährend
im Steigen begriffen ist. Wenn wir nur die Fälle dritten und
vierten Grades berücksichtigen wollten, so ergäben sich folgende
Zahlen:

	Zahl der Kinder	darunter schwer rachitisch	in Percenten
I. Semester	239	15	6·5
II. „	266	90	33·8
III. „	190	77	40·5
IV. „	164	73	44·5
V. u. VI. „	141	77	54·6

Würden wir also nur die hochentwickelten Grade der Krankheit als Rachitis auffassen, wie dies von den Laien thatsächlich
ohne Ausnahme geschieht, so würden wir allerdings im Verlaufe
der ersten 3 Lebensjahre eine fortwährende Zunahme der Rachitisfälle herausbringen, und wir würden dann ebenfalls zu der Annahme gelangen, dass sehr viele Rachitisfälle erst im 2. oder 3.
Lebensjahre beginnen, während dies sowohl nach unseren directen
Beobachtungen, als auch nach den Resultaten der Statistik entweder
niemals oder nur ganz ausnahmsweise der Fall ist.

Nach alledem findet also unsere theoretische Voraussetzung,
dass die Reizempfänglichkeit der ossificirenden Gewebe
an den Appositionsstellen in einem geraden Verhält-

Deutsch von Ehrenhaus. Leipzig 1878) entsteht sie nur ausnahmsweise in den
ersten Lebensmonaten und nach dem 3. Lebensjahre, am gewöhnlichsten im
18.—20. Lebensmonate, u. s. w.

nisse zu der Intensität des appositionellen Wachsthums stehen müsse, auch in den Thatsachen ihre volle Bestätigung, indem nämlich der Beginn der rachitischen Erkrankung fast immer in die Periode des intensivsten Wachsthums, also in die letzten Fötalmonate und in die ersten Lebensmonate fällt.

Von noch grösserer Beweiskraft für die Richtigkeit unserer theoretischen Auffassung ist aber eine andere, der klinischen Erfahrung entnommene Thatsache, nämlich die Spontanheilung der Rachitis in Folge der abnehmenden Energie des appositionellen Wachsthums.

Dass eine solche Spontanheilung in der überwiegenden Mehrzahl aller Rachitisfälle wirklich eintritt, folgt auf der einen Seite aus der colossalen Häufigkeit der Rachitis bei den Kindern der ärmeren Bevölkerung in den ersten 3 oder 4 Lebensjahren, und auf der anderen Seite aus der relativen Seltenheit der floriden Rachitis, also der Knochenerweichung, der Gelenksschlaffheit und der daraus resultirenden Functionsstörungen nach dem 4. Lebensjahre, wobei noch zu berücksichtigen kommt, dass in diesen Klassen der Bevölkerung in der Regel gar keine oder nur sehr geringe und zumeist unwirksame therapeutische und hygienische Massnahmen gegen die Krankheit ins Feld geführt werden. Die Thatsache der Spontanheilung sowohl, als auch der Zusammenhang derselben mit der nachlassenden Energie der Apposition ergibt sich in ganz auffallender Weise aus der folgenden Tabelle, in welcher neben der Eintheilung von 1000 schweren Rachitisfällen (III. und IV. Grades) in die einzelnen Jahrgänge, die Grössen des relativen Wachsthums nach Zeising[1]) verzeichnet sind:

Lebensjahr	Schwere Rachitis (III. und IV. Grad)	Relatives Wachsthum
1.	247	56·0
2.	370	14·1
3.	240	10·0
4.	106	7·9
5.	32	5·7
6.	4	6·0
7.	1	5·5

[1]) Gerhardt's Handbuch der Kinderkrankheiten I. Bd. S. 71.

Während wir also die schweren Fälle von Rachitis im 1., 2.
und 3. Lebensjahre noch in grosser Anzahl notiren, ist die Zahl derselben im 4. Lebensjahre schon bedeutend herabgesunken, und im
5.—7. Jahre verschwinden dieselben nahezu vollständig. Auf der
anderen Seite sehen wir aber, dass die im 1. Lebensjahre mehr
als die Hälfte der Anfangslänge betragende Apposition in der
Längsrichtung sich allmälig im Verlaufe der ersten 5 Jahre so
bedeutend verringert, dass sie im 5.—7. Lebensjahre nur ungefähr
$\frac{1}{20}$ der Anfangslänge beträgt. Durch diese bedeutende Herabsetzung
der Appositionsenergie werden aber alle jene Bedingungen, welche
der erhöhten Reizempfänglichkeit der apponirenden Gewebe während
der letzten Fötalmonate und im ersten Lebensjahre zu Grunde gelegen sind, zum grössten Theile wieder beseitigt. Die Vertheilung
des Blutes und der Ernährungssäfte in den einzelnen Skelettheilen,
welche durch das unbedeutende Oberflächenwachsthum nur mehr
wenig beeinflusst wird, nähert sich wieder denjenigen der übrigen
Organe, und durch die mikroskopische Untersuchung der Ossifications-
grenzen in diesem späteren Stadium des Wachsthums kann man
sich überzeugen, dass die Knorpelzellenproliferation und die Höhe
der Zellensäulen schon bedeutend reducirt sind, dass die Vascularisation der Proliferationszone durch eigene perichondrale Gefäss-
ramificationen aufgehört hat, und dass auch die in den verkalkten
Knorpel vordringenden Markräume nur schwach gefüllte Blutgefässe
enthalten, dafür aber um so reichlicher mit Fettzellen ausgefüllt
sind. Damit sind also die Gründe für die grössere Reizempfänglichkeit der ossificirenden Gewebe und der Knochen überhaupt
grösstentheils geschwunden, und wir begreifen daher sehr gut, dass
unter diesen gründlich geänderten Verhältnissen nicht mehr so wie
früher schon ganz geringe Schädlichkeiten hinreichen, um an diesen
Stellen eine entzündliche Reizung hervorzurufen, sondern dass
nunmehr dieselben Schädlichkeiten nicht einmal mehr ausreichen
werden, den schon bestehenden Process zu unterhalten. So erklärt
sich also die Thatsache, dass sich in den Stadien des ver-
langsamten Appositionswachsthums nicht nur niemals
eine rachitische Affection in einem bisher gesunden
Kinde neu herausbildet, sondern dass auch eine bereits
vorhandene und selbst eine sehr hoch entwickelte Rachitis sich ganz spontan wieder involvirt.

Freilich liesse diese durch die klinische Beobachtung sichergestellte Thatsache auch noch eine andere Erklärung zu, denn
man könnte sagen, dass die Rachitis in den späteren Jahren deshalb verschwindet, und dass sich deshalb keine neue rachitische
Affection des Skeletes herausbildet, weil jene Schädlichkeiten,
welche den Entzündungsprocess hervorrufen, um diese Zeit nicht
mehr vorhanden sind. Die Möglichkeit, dass auch dieser Factor in
Rechnung kommen mag, lässt sich natürlich nicht ganz in Abrede
stellen, insbesondere so lange wir diese Schädlichkeiten nicht ganz
genau kennen, und wir werden diese Möglichkeit auch später nicht
absolut verneinen können, wenn wir die Natur der Schädlichkeiten
einer eingehenden Erörterung unterzogen haben werden. Aber
schon die Prüfung der Wachsthumsverhältnisse und des Verlaufes
der rachitischen Affection in den verschiedenen Abtheilungen des
Skeletes gibt uns einen sicheren Anhaltspunkt dafür, dass das
Verschwinden der Schädlichkeiten nur einen sehr geringen Antheil hat an der Spontanheilung der Rachitis.

Das, was wir früher über den Verlauf der Rachitis und über
die Vertheilung der schweren Rachitisfälle auf die einzelnen Lebensjahre gesagt haben, gilt nur für das Gesammtbild der Krankheit,
und nicht für den Verlauf der Affection in den einzelnen Theilen
des Skeletes. Es ist nämlich schon von anderer Seite vielfach
darauf aufmerksam gemacht worden, dass die Affection nicht gleichzeitig und in gleicher Stärke das ganze Skelet ergreift, und es
sind auch über die Reihenfolge der Erkrankung in den einzelnen
Abschnitten des Skeletes zahlreiche, wenn auch nicht immer übereinstimmende Angaben der Autoren zu verzeichnen. Für unsere
Zwecke genügt es aber, einen bestimmten Skeletabschnitt besonders hervorzuheben, weil die Affection desselben thatsächlich mit
der des übrigen Skeletes nicht ganz parallel geht. Es ist dies
der Schädel und die rachitische Affection der Schädelknochen.

Diese Affection, welche sich in einer Weichheit der Naht-
ränder, dann in weiterer Folge in dem Weichwerden einzelner Stellen
in der Continuität der Schädelknochen, und endlich auch in einem
Stillstand in der Verknöcherung der Fontanellmembranen äussert.
ist in den ersten Lebensmonaten eine überaus häufige Erscheinung
und ist auch schon, wie ich mich an der grossen Sammlung fötaler
Schädel im hiesigen anatomischen Museum überzeugen konnte. in

den letzten Fötalmonaten sehr häufig ausgebildet. Verfolgt man
aber das Vorkommen der Craniotabes in den einzelnen Semestern
der ersten Lebensjahre, so findet man, dass die Häufigkeit derselben
alsbald rapid abnimmt, und zwar schon zu einer Zeit, wo im
Gegentheile die Zahl der schweren Rachitisfälle noch im Steigen
begriffen ist. Dies ist sehr deutlich aus der folgenden Tabelle ersichtlich, in der auf der einen Seite die bei 1000 nacheinander erschienenen Kindern beobachteten Fälle von Craniotabes nach den
einzelnen Semestern, in denen sie zur Beobachtung kamen, einge-
theilt sind, und auf der anderen Seite aus der vorletzten Tabelle
die Verhältnisszahlen der schweren Rachitis zu der Zahl der vorgestellten Kinder reproducirt werden.

	Craniotabes in %	Schwere Rachitis in %
I. Semester	25·5	6·5
II. „	16·4	33·8
III. „	4·4	40·5
IV. „	1·2	44·5
V. u. VI. Semester	0·7	54·6

Die Craniotabes ist also im ersten Halbjahr am häufigsten,
wird dann im 2. Semester schon erheblich seltener, sinkt im 3. und
4. Semester auf eine geringe Zahl herab und kommt im 3. Lebensjahre nur noch sporadisch vor. Nach dem 3. Jahre habe ich sie
überhaupt noch nicht beobachtet, während ich allerdings ein Offen-
bleiben der Fontanelle bei einzelnen schwer Rachitischen auch nach
dem 3. Lebensjahre gesehen habe. Während aber die Craniotabes
immer seltener wird, steigt im Gegentheile die Zahl der schweren
Rachitisfälle immer höher an, d. h. also, dass in derselben Zeit,
in welcher die Craniotabes verschwindet, ein grosser
Theil der leichten Rachitisfälle sich in mittelschwere
und sehr schwere verwandelt. Ebenso lehrt auch die individuelle Beobachtung, dass in sehr vielen Fällen die Craniotabes
spontan heilt, während die Rachitis des Thorax, der Wirbelsäule
und der Extremitäten sich fortwährend verschlimmert. Damit ist
aber auf das Klarste bewiesen, dass nicht etwa das Verschwinden
der krankhaften Reize für die Heilung der Craniotabes verantwortlich
zu machen ist, da in derselben Zeit die übrigen Skelettheile offenbar von denselben Reizen sehr schwer betroffen werden, sondern

dass ein anderer Grund für das verschiedene Verhalten des Schädels auf der einen und des übrigen Skeletes auf der anderen Seite vorhanden sein muss; und dieser Grund liegt offenbar darin, dass die Wachsthumsenergie der Schädelknochen nicht parallel geht mit derjenigen in den übrigen Theilen des Skelets.

Den besten Massstab für das fortschreitende Schädelwachsthum gibt uns die Messung des grossen Schädelumfanges, weil die Zunahme des letzteren ausschliesslich auf dem Randwachsthum der Schädelknochen beruht. Ich habe nun durch Messungen an vielen Hunderten von nicht rachitischen Kindern (die ich bei einer anderen Gelegenheit im Detail publiciren werde) das Fortschreiten des Schädelwachsthums in den 3 ersten Lebensjahren verfolgt, und bin dabei zu den folgenden Resultaten gelangt, denen ich wieder die Zahlen Zeising's für das relative Längenwachsthum des ganzen Individuums gegenüberstelle.

	Schädelumfang im Beginne des Jahres	am Ende des Jahres	Absolute Zunahme des Schädelumfanges	Relative Zunahme des Schädelumfanges	Relative Längenzunahme (nach Zeising)
I. Jahr	34·6	44·1	9·5	27·4%	56·0%
II. „	44·1	46·9	2·8	6·3%	14·1%
III. „	46·9	47·9	1·0	2·1%	10·0%

Wir sehen also zunächst, dass das relative Wachsthum des Schädelumfanges nach der Geburt viel weniger energisch ist, als das relative Wachsthum des ganzen Kindes in der Längendimension, und wir müssen daher die Thatsache, dass die durch die Untersuchung in vivo nachweisbaren Veränderungen im Schädel dennoch so häufig sind, auf die eigenthümlichen Verhältnisse der Schädelknochen und speciell auf die Dünnheit derselben zurückführen. Zugleich aber entnehmen wir aus diesen Zahlen, dass die Energie des Schädelwachsthums im 2. und besonders im 3. Lebensjahre viel rascher abnimmt, als die Energie des Längenwachsthums. Während z. B. die letztere im 3. Jahre noch 10% beträgt, ist sie für den Schädel schon auf eine ganz unbedeutende Grösse, nämlich auf 2% herabgesunken; und wir dürfen uns daher gar nicht wundern, wenn die Craniotabes im 3. Lebensjahre nahezu völlig verschwunden ist, während in den übrigen Skeletabschnitten

die rachitische Affection gerade um diese Zeit häufig erst ihre
höchste Blüthe erreicht.

Alle diese Beobachtungen und Thatsachen bestätigen also
vollständig unsere theoretische Voraussetzung, dass die grosse
Vulnerabilität der ossificirenden Gewebe in den letzten Fötalmonaten
und in den ersten Lebensjahren in dem den Knochen eigenthümlichen appositionellen Wachsthumsmodus und in der bedeutenden
Energie des appositionellen Knochenwachsthums in dieser Lebensperiode ihre Begründung findet. Wir wissen also jetzt, warum im
Blute intensiv wachsender Individuen vorhandene Reize gerade an
den Appositionsstellen der Knochen so häufig sichtbare Veränderungen
herbeiführen. Nunmehr handelt es sich aber darum, die Natur
dieser Reize näher zu ergründen, und damit wollen wir uns in den
nun folgenden Kapiteln beschäftigen.

Drittes Kapitel.

Nutritive Schädlichkeiten.

Rachitis bei Armen und Wohlhabenden. Brustnahrung. Protrahirte Lactation. Auffütterung. Ernährungszustand der rachitischen Kinder. Verdauung. Sommerdiarrhöen.

Da wir nur geringe Aussicht haben, durch eine chemische oder mikroskopische Untersuchung des Blutes rachitischer Kinder die Natur jener entzündungserregenden Reize genauer zu erforschen, deren Vorhandensein im Blute wir anzunehmen genöthigt sind, so bleibt uns nichts übrig, als zu untersuchen, unter welchen Umständen sich der rachitische Entzündungsprocess entwickelt, und welcher Art die uns bekannten schädlichen Einwirkungen sind, welche die Entstehung dieser krankhaften Affection begünstigen. Vielleicht wird es uns dann möglich sein, aus diesen Verhältnissen einen Schluss zu ziehen auf die localen Vorgänge bei der entzündlichen Reizung in den ossificirenden Geweben.

Die Schädlichkeiten können auf den kindlichen Organismus schon vor der Geburt eingewirkt haben, sowohl durch Vererbung, als durch die Vermittlung der schwangeren Mutter: oder sie entfalten ihre Wirkung erst im extrauterinen Leben. Wenn wir uns nun zunächst mit den letzteren befassen und Nachschau halten, unter welchen äusseren Verhältnissen sich die Rachitis entwickelt, so fällt uns zunächst eine Thatsache auf, welche in dieser Beziehung alle anderen weit zu überragen scheint, dass nämlich die Rachitis in ganz unverhältnissmässiger Häufigkeit die Kinder der ärmeren Bevölkerungsclassen befällt. Diese Thatsache geht schon deutlich genug aus den früher mitgetheilten Zahlen hervor, in welchen sich die grosse Häufigkeit der Rachitis bei den die öffentlichen Ambulatorien frequentirenden Kindern ausgedrückt hat. Wir haben nämlich gesehen, dass von 1000 Kindern

4°

unter 3 Jahren nur 105, also wenig über 10%. keine deutlich
nachweisbaren Zeichen der Rachitis dargeboten haben, während
895 ganz zweifellos mit Rachitis behaftet waren; und zwar zeigten
von diesen nur 565 die beiden niederen Grade der Affection,
während bei 330, also ungefähr einem Drittheil aller Kinder unter
3 Jahren, schon Verbildungen des Skeletes platzgegriffen hatten.
Dieselben Verhältnisse haben sich auch bei mehrfacher Wiederholung
solcher statistischer Aufnahmen mit nur geringen Schwankungen
wiederholt, aber niemals ist die Zahl der Rachitischen unter 80%
der vorgestellten Kinder (unter 3 Jahren) herabgesunken. Nach
Allem, was ich gesehen und gehört habe, habe ich auch nicht die
geringste Veranlassung, anzunehmen, dass diese Verhältnisse bei
uns in Wien ungünstiger sind, als in anderen grossen Städten
Mitteleuropas, und wenn andere Autoren, wie Küttner [1]) für
Dresden, Gee [2]) und Macnamara [3]) für London, Baginsky [4]) für
Berlin bedeutend geringere Zahlen angeben, so ist dies wohl nur
darauf zurückzuführen, dass sie die leichten Grade der Erkrankung
(mässige Craniotabes und Rippenauftreibungen) noch nicht in ihre
Statistik aufgenommen haben [5]).

Freilich drücken die enorm hohen Zahlen, die wir durch die
Untersuchung der im Ambulatorium vorgestellten Kinder gewonnen
haben, nicht das wahre Verhältniss der Rachitis bei der Gesammtzahl der Kinder der ärmeren Classen aus, weil wir es doch hier
zumeist mit kranken oder kränklichen Kindern zu thun haben, und
weil wir später sehen werden, dass die verschiedensten krankhaften
Zustände bei den Kindern die Entstehung der rachitischen Knochenaffection begünstigen. Als Corollar habe ich daher die zur öffentlichen Impfung überbrachten Kinder ebenfalls in grösseren Zahlen
(400) genau auf den Stand ihrer Ossification untersucht, und habe
dann allerdings bedeutend günstigere Zahlen erhalten (siehe die

[1]) Journal für Kinderkrankheiten, 27. Band 1856.
[2]) St. Bartolomew Hospital reports IV. 1868.
[3]) Lectures on diseases of the bones. London 1881. S. 160.
[4]) Rachitis. Tübingen 1880.
[5]) Dagegen berichtet Unruh aus der Dresdner Kinderheilanstalt
(Festschrift zur 50jährigen Jubelfeier 1884), dass der grössere Theil der
an der Poliklinik behandelten jungen Kinder die Symptome der bestehenden
oder überstandenen Rachitis an sich tragen.

folgende Tabelle.) Da aber bei uns leider noch kein allgemeiner Impfzwang besteht, so geben uns diese Zahlen wieder nicht die richtigen Verhältnisse an, weil die Mütter bei uns zumeist nur die gesunden und wohlgenährten Kinder spontan vacciniren lassen. Die richtigen Zahlen dürften also wohl zwischen diesen beiden Resultaten gelegen sein, und zwar, wie ich aus guten Gründen annehmen möchte, näher zu den ungünstigen.

Um nun einen Anhaltspunkt zu gewinnen für den Einfluss, welchen die Armuth auf die Häufigkeit der Rachitis und insbesondere auf die Ausbildung der schweren Form dieser Krankheit ausübt, habe ich vor einigen Jahren (ebenfalls vor der Einführung der Phosphortherapie) der Reihe nach 100 Kinder unter 3 Jahren aus meiner Privatpraxis in Bezug auf den Zustand ihrer Knochen genau untersucht. Alle diese Kinder gehörten solchen Familien an, in denen in Hinsicht auf Wohnung, Ernährung u. s. w. die besten Verhältnisse obwalteten. Es ergaben sich nun auch hier ganz überraschende Resultate, welche ebenfalls in der nun folgenden Tabelle aufgenommen sind.

	Kranken-Ambulatorium	Impfkinder	Privatpraxis
Normal	10·5	26·2	41·0
I. Grad der Rachitis	23·8	44·8	34·0
II. „ „ „	32·7	21·5	20·0
III. „ „ „	26·6	7·5	5·0
IV. „ „ „	6·4	—	—

Der Vergleich zwischen der ersten und dritten Colonne ergibt nun nicht nur in Hinsicht auf die Zahl der Rachitischen einen sehr bedeutenden Unterschied, sondern eine noch viel einschneidendere Divergenz in Bezug auf die Intensität der rachitischen Affection, denn während von den Kindern des Ambulatoriums gerade ein Drittheil (33%) mit den schweren und schwersten Graden der Affection belastet waren, konnte ich unter 100 Kindern der Privatpraxis nur 5 Fälle in den dritten Grad und kein einziges in den vierten Grad einreihen, und auch in diesen 5 Fällen waren die Verbildungen keine sehr hochgradigen, und beschränkten sich 4mal auf die Unterschenkel, während Thorax und Wirbelsäule nur in einem Falle in auffallenderem Masse verbildet waren. Wenn sich also auch aus diesen Zahlen die unerwartete

Thatsache ergibt, dass auch bei den Kindern wohlhabender Eltern sich die Rachitis ungemein häufig in ihren Anfängen oder in einer mässigen Entwicklung vorfindet, so sehen wir doch, dass hier die Krankheit fast in allen Fällen auf einer niederen oder mittleren Stufe der Entwicklung stehen bleibt, und dass sie — wenigstens in meinem Beobachtungskreise — niemals zu den extremsten Graden gelangt. Es werden also durch die Armuth offenbar Bedingungen geschaffen, welche nicht nur die Entstehung des rachitischen Processes befördern, sondern auch ganz besonders der Weiterentwicklung derselben zu höheren Intensitätsgraden günstig sein müssen.

Wenn wir nun diesen Bedingungen näher an den Leib rücken wollen, so müssen wir nothwendiger Weise alle Momente der Reihe nach ins Auge fassen, welche überhaupt den Gesundheitszustand und das Gedeihen der Kinder in günstigem und in ungünstigem Sinne beeinflussen, und in erster Linie gelangen wir hier natürlicher Weise zu der Frage der Ernährung, weil wir ja wissen, dass fast alle bisherigen Rachitistheorien das Wesen der Rachitis in einer fehlerhaften Beschaffenheit der Nahrungsmittel oder in einer unvollständigen Verwerthung derselben im kindlichen Organismus gesehen haben. In der That ist es ja von vorneherein in hohem Grade wahrscheinlich, dass eine fehlerhafte Ernährung in der Zeit des lebhaftesten Wachsthums die Entstehung der Rachitis begünstigen wird, weil ja das gesammte Wachsthum und daher auch die Bildung neuer Knochentheile in hohem Grade unter dem Einflusse der Nahrungszufuhr und der Assimilation der Nährstoffe stehen müssen. Aber gerade weil man in dieser Beziehung bisher fast nur von theoretischen und aprioristischen Voraussetzungen ausgegangen ist, war es unbedingt geboten, einmal ganz objectiv und ohne Rücksicht auf jede Theorie, auf Grund eines grösseren Beobachtungsmaterials den Einfluss der Ernährung auf die Entstehung und Weiterentwicklung der Rachitis festzustellen.

Zu diesem Zwecke habe ich in meinem Ambulatorium durch längere Zeit bei sämmtlichen überbrachten Kindern unter drei Jahren (und zwar bei nahezu 2000 Kindern) die folgenden Daten aufgenommen:

1) Ob Rachitis vorhanden und in welchem Grade (nach der obigen Eintheilung).

2) Ob das Kind an der Mutterbrust (oder bei einer fremden Amme) gestillt wurde und wie lange.

3) In welchem Ernährungszustande sich das Kind bei der ersten Vorstellung befand [1]).

Die wichtigste Frage lautet natürlich, ob das Kind an der Brust oder künstlich genährt wurde, weil wir damit einen ziemlich verlässlichen Anhaltspunkt über die Art der Ernährung gerade in jener Zeit gewinnen, in welcher, wie wir gesehen haben, die krankhafte Affection der Knochen fast immer ihren Ausgang nimmt. Denn über die Art der Ernährung nach der Säuglingsperiode lässt sich ja in grösseren Zahlen unmöglich etwas Sicheres constatiren.

Aus der hier folgenden Tabelle ist nun vor Allem die eine überraschende und erfreuliche Thatsache zu entnehmen, dass in unserer ärmeren Bevölkerung die Kinder in den allermeisten Fällen von den Müttern selbst, und zwar durch ziemlich lange Zeit gestillt werden. Es waren nämlich nur 22·0°/₀ der Kinder gänzlich ohne Brustnahrung geblieben, und selbst wenn man diejenigen, welche nur 3 Monate oder noch kürzere Zeit gesäugt wurden, von der Zahl der Brustkinder in Abzug bringt, so bleiben noch immer 71·8°/₀ übrig, welche als Brustkinder betrachtet werden müssen. Ja, es wird sich sogar aus dieser Tabelle ergeben, dass das lange Stillen bei diesen Frauen relativ häufig ist, weil nur 51·2°/₀ der Kinder weniger als ein Jahr, dagegen 20·7°/₀ über ein Jahr, und eine gewisse Zahl sogar nahe an 2 Jahre bei der Brust belassen wurden. Freilich bekommen die Kinder meistens vom zweiten Trimester angefangen auch eine Beinahrung, und in manchen Fällen mag wohl der Vortheil der Brustnahrung dadurch zum Theile wieder verloren gehen, aber im Grossen und Ganzen kann man wohl sagen, dass sich in Folge dieser löblichen Gewohnheit die Ernährung der Kinder im ersten Lebensjahre doch mehr der naturgemässen nähert, und in der That ist auch, wie aus einer späteren Tabelle zu ersehen sein wird, das Resultat in Bezug auf die Gesammternährung keineswegs

---

[1]) Wägungen sind in einem Ambulatorium in so grosser Anzahl nicht ausführbar, und hätten übrigens für unsere Zwecke nicht einmal den richtigen Massstab abgegeben, weil ja ein grosses schlecht genährtes Kind schwerer sein kann, als ein kleines gut genährtes. Wir mussten uns daher darauf beschränken, den Ernährungszustand als „sehr gut“, „gut“, „mittelmässig“, „schlecht“ und „sehr schlecht“ zu bezeichnen.

ein ungünstiges zu nennen. Leider war es auch nicht thunlich, den
Zeitpunkt, bis zu welchem die Brust allein gegeben wurde und die
Art der Beinahrung in grösseren Zahlen zu eruiren, weil die An-
gaben hierüber in hohem Grade unzuverlässig sind. Ich habe mich
daher darauf beschränkt, die Dauer der Lactation zu notiren, weil
in Bezug auf diesen Punkt eine absichtliche oder unabsichtliche
Fälschung nicht befürchtet zu werden braucht, und daher diese
Daten im Grossen und Ganzen ziemlich zuverlässig sein dürften.
Die diesbezüglichen Verhältnisse ergeben sich nun aus der neben-
stehenden Tabelle (S. 57).

Wenn wir nun den Einfluss der Brustnahrung und der künstlichen Auffütterung auf die Rachitis, wie er sich aus diesen Zahlen
ergibt, analysiren, so ist derselbe allerdings insoferne ganz zweifellos, als diejenigen Kinder, welche gar nicht bei der Brust waren,
oder denen sie schon in den ersten 3 Monaten entzogen worden
ist, erstens im Ganzen seltener frei von Rachitis blieben, als die
Brustkinder (8·4% gegen 17·7%); zweitens ist bei den rachitischen Brustkindern speciell der erste Grad häufiger vertreten, als
unter den Päppelkindern (28·4% gegen 24·3%); und drittens wird
dem entsprechend der zweite und dritte Grad bei den Brustkindern
seltener angetroffen, als bei den künstlich genährten (28·7 und
20·0% gegen 39·3 und 23·7%). Aber andererseits ist es doch
wieder in hohem Grade bemerkenswerth, dass diese Differenzen
nicht so bedeutend sind, als man von vorneherein erwarten sollte.
Jedenfalls ist schon die blosse Thatsache, dass von 1362 länger als
3 Monate gestillten Brustkindern 1120, also 78·8% rachitisch und
733, also über die Hälfte mit den höheren Graden der Krankheit
(2.—4. Grad) behaftet waren, und dass anderseits wieder von den
künstlich genährten Kindern ein nicht ganz geringer Percentsatz
von der Knochenaffection ganz verschont geblieben ist, allein hin-
reichend, um zu beweisen, dass man sich einem schweren Irrthume
hingeben würde, wenn man die künstliche Ernährung der Kinder
als den alleinigen Grund der Rachitis hinstellen würde [1].

_____

[1] Als Ergänzung zu der obigen Tabelle muss ich auch noch constatiren, dass von den 100 Kindern aus der Privatpraxis, welche in Bezug auf
die Beschaffenheit ihres Knochensystems untersucht worden waren, sämmtliche
bis auf 5 entweder von ihren Müttern (26) oder von Ammen (69) genährt

Dauer der Lactation	Keine Zeichen von Rachitis	Rachitisch				Summe
		I. Grad	II. Grad	III. Grad	IV. Grad	
Nicht gestillt	33	102	173	96	14	418
1—3 Monate	12	28	37	31	8	116
Zusammen	**45** (8·4%)	**130** (24·3%)	**210** (39·3%)	**127** (23·7%)	**22** (4·1%)	**534**
4—6 Monate	9	44	44	45	12	154
7—9 Monate	35	58	73	51	14	231
10—12 Monate	61	104	85	61	21	332
4—12 Monate	**105** (14·6%)	**206** (28·7%)	**202** (28·2%)	**157** (21·6%)	**47** (6·6%)	**717**
13—18 Monate	82	99	82	85	19	367
19—24 Monate	4	5	8	8	1	31
über 2 Jahre	2	—	—	—	—	2
über 1 Jahr	**88** (22·2%)	**104** (26·3%)	**90** (22·7%)	**93** (23·5%)	**20** (5·0%)	**395**
Unbestimmt, aber über 3 Mon.	49	77	100	23	1	250
Ueber 3 Monate summirt	**242** (17·7%)	**387** (28·4%)	**392** (28·7%)	**273** (20·0%)	**68** (4·9%)	**1362**
Summe	**287** (15·1%)	**517** (27·3%)	**602** (31·7%)	**400** (22·0%)	**90** (4·8%)	**1896**

Zugleich ist aber auch aus dieser Tabelle ersichtlich, dass der ungünstige Einfluss der zu lange fortgesetzten Lac-

wurden, dass also auch hier in der grossen Mehrzahl die Rachitis sich bei einer den strengsten Anforderungen entsprechenden Ernährungsmethode entwickelt hat.

tation auf die Knochenentwicklung sehr stark überschätzt worden ist, wenn er auch vielleicht nicht ganz ausgeschlossen werden darf [1]).

Die Zahl der rachitisfreien Kinder ist sogar in unserer Tabelle bei den lange gestillten verhältnissmässig grösser, als bei denjenigen, welche nicht über ein Jahr gestillt worden sind (22·2 gegen 15·9%) und ist überhaupt bei jenen die allergünstigste, und durch einen eigenthümlichen Zufall waren sogar die einzigen 2 Kinder, welche über 2 Jahre gestillt worden waren, bei der Untersuchung ganz frei von jeder rachitischen Erscheinung befunden worden; ebenso war auch die Zahl der mit den leichteren Formen behafteten Kinder bei den lange gestillten kleiner, als bei der mittleren Dauer der Lactation, und nur die schwereren Fälle (der dritte Grad) war bei den ersteren häufiger als bei den letzteren (23·5 gegen 18·6%). Es geht also aus diesen Zahlen nicht mit Sicherheit hervor, dass die Verlängerung der Lactation zur Rachitis der Kinder führt, während andererseits im Hinblicke auf die Kleinheit der Zahlen der übermässig lange gestillten, gegenüber der grossen Masse der Rachitischen, dieses ätiologische Moment in jedem Falle als sehr unerheblich bezeichnet werden muss.

Das wichtigste Resultat dieser Statistik bleibt aber immerhin, dass die Ernährung an der Mutterbrust durchaus keinen Schutz vor der Rachitis gewährt. Man wird nun vielleicht einwenden, dass sich möglicher Weise die Mütter dieser Kinder selbst in so schlechten Ernährungsverhältnissen befunden haben, dass die von ihnen gelieferte Nahrung nicht im Stande war, eine normale Entwicklung der Kinder zu vermitteln. Dieser Einwand ist aber sicher nur für eine verhältnissmässig geringe Zahl unserer Fälle stichhaltig. Denn abgesehen von den Kindern wohlhabender Eltern, welche entweder von ihren gut genährten Müttern oder von ausgesuchten Ammen genährt wurden und dennoch rachitisch geworden sind, war auch bei den Müttern der in das Ambulatorium gebrachten Kinder nur in wenigen Fällen der Ernährungszustand ein so schlechter, dass man von vornherein keinen günstigen Einfluss ihrer Milch auf das Gedeihen der Kinder erwarten durfte. In der weitaus überwiegenden

---

[1]) Gerhardt (Lehrbuch der Kinderkrankheiten, 2. Auflage 1871, S. 181) führt das häufige Auftreten der Rachitis im 2. Lebensjahre zum Theile auf das zu lange Stillen zurück.

Zahl befanden sich die Mütter in einem guten oder mittleren Ernährungszustande, und dasselbe war auch, wie aus der folgenden
Tabelle zu ersehen ist, bei einer grossen Zahl der Kinder, und
zwar sowohl der rachitischen als der nicht rachitischen, der Fall.

Ernährungszu-stand der Kinder	Keine Zeichen von Rachitis	Rachitisch				Summe
		I. Grad	II. Grad	III. Grad	IV. Grad	
Sehr gut . .	29	38	44	15		126
Gut	85	149	151	68	4	457
Mittelmässig	66	128	160	114	16	484
Schlecht . .	27	70	93	74	31	295
Sehr schlecht	3	10	14	14	15	56
Summe	210	395	462	285	66	1418

Wir sehen also, dass von 1418 Kindern, bei denen der Ernährungszustand notirt worden war, sich 583 in einem guten oder selbst
ausgezeichneten Ernährungszustande befanden; 484 waren mittelmässig, und nur 351 schlecht oder sehr schlecht genährt, und es
ist schon daraus allein mit Sicherheit zu entnehmen, dass auch gut
genährte Kinder in grosser Anzahl an Rachitis erkranken. Noch
übersichtlicher gestalten sich die Zahlen aber in der folgenden
Tabelle, in denen sie alle in Percenten berechnet sind.

Ernährungszu-stand der Kinder	Keine Zeichen von Rachitis	Rachitisch				Summe
		I. Grad	II. Grad	III. Grad	IV. Grad	
Sehr gut . .	22·2	30·1	34·9	11·1	--	8·8
Gut	18·6	32·6	33·0	14·8	0·8	32·3
Mittelmässig	13·6	26·4	33·0	23·5	3·3	34·2
Schlecht . .	9·4	23·7	31·5	25·0	10·5	20·8
Sehr schlecht	5·3	17·8	25·0	25·0	26·7	3·9
Summe	14·8 [1]	27·8	32·7	20·1	4·6	100·0

[1] Dass sich in dieser und in der vorigen Tabelle das Verhältniss der

Auch in dieser Tabelle ist ein Zusammenhang des Ernährungszustandes der Kinder mit der Rachitis nicht zu verkennen. Wir sehen
nämlich, dass sich nur die Verhältnisszahlen der mittelmässig genährten Kinder denen der Gesammtsumme, und zwar in einer
höchst auffallenden Weise, nähern, dass aber bei den ausgezeichnet und gut genährten Kindern das Verhältniss der
Nichtrachitischen und der Rachitischen I. Grades das mittlere Verhältniss bedeutend übersteigt, und dass hier das Verhältniss für den
III. und IV. Grad sehr stark unter das Mittel herabsinkt, während
für den II. Grad nur geringe Abweichungen zu constatiren sind.
Umgekehrt sehen wir, wie bei den schlecht und sehr schlecht
genährten Kindern das Verhältniss für die Rachitisfreien und für
den leichtesten Grad der Erkrankung sehr stark herabgedrückt wird,
und wie hier die Zahlen für die schweren Rachitisfälle und insbesondere für den IV. Grad die Mittelzahlen und in noch auffallenderem Maasse die Zahlen der gut genährten Kinder überschreiten[1]).
Einen besonders auffallenden Sprung sehen wir bezüglich der allerschwersten Fälle von Rachitis bei den sehr schlecht genährten
Kindern (26·7 gegen 3·3%, bei den mittelmässig genährten), und
dürfte diese plötzliche Steigerung zum Theile wenigstens darauf
zurückzuführen sein, dass ein so hoher Grad von Rachitis, wie er
unter dieser Classe subsumirt worden ist, auch wieder umgekehrt
einen ungünstigen Einfluss auf den Ernährungszustand ausübt, so
dass in diesen Fällen nicht allein die schlechte Ernährung die Entstehung und Weiterentwicklung der Rachitis befördert, sondern
häufig auch umgekehrt die schwere rachitische Erkrankung die Ver-
schlimmerung des Ernährungszustandes verschuldet.

Nichtrachitischen günstiger stellt, als in der ersten Tabelle, (14·8 und 15·1
gegen 10·5%), dürfte darin seinen Grund haben, dass die Notizen über die
Ernährung und den Ernährungszustand bei den Rachitischen hin und
wieder in der Eile ausgeblieben waren, während dies bei der grossen Aufmerksamkeit, die wir immer auf die relativ seltenen Nichtrachitischen
verwendet haben, bei den letzteren kaum jemals der Fall gewesen ist.

[1]) Die hohe Percentzahl, mit welcher die sehr schlecht genährten
Kinder an allen Graden der Rachitis participiren, spricht gegen die Behauptung Heubner's, dass gerade ganz elende und atrophische Kinder gewöhnlich nicht rachitisch werden (Tageblatt der Magdeburger Naturforscherversammlung S. 243).

So klar aber auch aus diesen Zahlen hervorgeht, dass eine schlechte Ernährung der Entstehung der Rachitis einen ziemlich mächtigen Vorschub leistet, ebenso sicher ist es, dass dieses Moment weder als das einzige, noch als das wichtigste in der Aetiologie der Rachitis hingestellt werden darf. So sehen wir z. B. dass von 126 ausgezeichnet genährten Kindern, d. h. von solchen, welche uns durch ihr blühendes Aussehen und durch ihre vollen Formen besonders auffielen, nur 29, also 22·2%, ganz frei von allen rachitischen Erscheinungen befunden wurden, während 38 mit leichteren aber ganz zweifellosen, 44 mit weiter ausgebildeten Erscheinungen behaftet waren, und 15 es sogar schon zu Verbildungen und Verkrümmungen des Skeletes gebracht hatten. Auch von den sehr zahlreichen (457) gut genährten Kindern waren nur 18·6% frei von Rachitis, dagegen waren sie in 81·4% sicher rachitisch, und 48·6% hatten sogar schon einen höheren Grad der Krankheit (II.—IV.) erreicht. Daraus können wir aber nicht allein den sicheren Schluss ziehen, dass in diesen Fällen die Rachitis durch andere Momente, als durch schlechte Ernährungsverhältnisse oder durch den Mangel des für den Aufbau des kindlichen Organismus erforderlichen Ernährungsmaterials herbeigeführt worden sein muss, weil ja dieses selbe Material im Stande war, einen guten oder sogar blühenden Ernährungszustand der Kinder herbeizuführen; sondern wir sind auch berechtigt anzunehmen, dass höchst wahrscheinlich auch in den anderen Fällen, in denen die Kinder mittelmässig oder schlecht genährt waren, die schlechte Ernährung nicht als der einzige Grund der Rachitis beschuldigt werden darf.

Ebenso klar geht aber auch aus den Zahlen hervor, dass ein schlechter Ernährungszustand der Kinder nicht nothwendiger Weise schon eine krankhafte Knochenbildung in ihrem Gefolge haben muss, weil auch von den schlecht und sehr schlecht genährten Kindern noch immer eine gewisse Anzahl (9·1 und 5·3%) ganz frei von jeder Knochenaffection geblieben, und ein noch grösserer Theil derselben (nämlich 23·7 und 17·8%) nur mit den leichten Graden der Rachitis behaftet war.

Ausserdem wäre hier noch in Betracht zu ziehen, wie sich bei den rachitischen Kindern die Verdauung verhalten hat, und es wäre gewiss von grossem Interesse, wenn man in einer grösseren

Anzahl von Fällen ziffermässig eruiren könnte, ob die Verdauung des Kindes während der Entwicklung der Rachitis häufig oder gar, wie von mancher Seite behauptet wird, immer gestört war. Leider stösst aber eine solche statistische Aufnahme bei der Unzuverlässigkeit der anamnestischen Angaben von Seite der Mütter und Pflegerinnen auf unüberwindbare Schwierigkeiten, denn es ist ja in den meisten Fällen kaum möglich, über den momentanen Stand der Verdauung und über die Beschaffenheit der Entleerungen verlässliche Auskunft zu erlangen, viel weniger aber über den Verlauf während der ganzen Lebenszeit des Kindes. Jedenfalls ist in dieser Beziehung ein Rückschluss aus dem objectiven Befunde, aus dem bei der ersten Vorstellung vorhandenen Ernährungszustande des Kindes von grösserem Werthe, denn von den ausgezeichnet und gut genährten Kindern können wir wohl mit ziemlicher Sicherheit voraussetzen, dass sie ihre Nahrungsmittel gut verdauen und assimiliren. Aber auch die directe Beobachtung in zahlreichen Fällen der Privatpraxis haben mir die Gewissheit verschafft, dass die Rachitis sich sehr häufig bei völlig normaler Verdauung entwickeln und selbst bedeutende Fortschritte machen kann. Es ist dies eine Thatsache, die auch von zahlreichen anderen Beobachtern, und selbst von solchen, welche aus theoretischen Gründen die Ernährungsstörungen in der Aetiologie der Rachitis weit in den Vordergrund stellen, wie Trousseau[1]), Elsässer[2]), Ritter[3]), Henoch[4]), Cantani[5]) u. A. mit voller Bestimmtheit constatirt worden ist. Wenn dem gegenüber Gerhardt[6]) den Satz ausgesprochen hat, dass dem Beginne der rachitischen Erkrankung fast in allen Fällen ein chronischer Darmkatarrh vorausgeht, und wenn Baginsky[7]) behauptet, dass es keine Rachitis gibt ohne erhebliche Störungen der Digestion, so muss ich

---

[1]) Ueber Wesen, Entwicklung und Behandlung der Rachitis. Journ. f. Kinderkr. XI. Bd. 1848.

[2]) Der weiche Hinterkopf. Stuttgart und Tübingen 1843.

[3]) Die Pathologie und Therapie der Rachitis. Berlin 1863.

[4]) Vorlesungen über Kinderkrankheiten. Berlin 1881.

[5]) Specielle Pathologie und Therapie der Stoffwechselkrankheiten. IV. Band. Leipzig 1884.

[6]) Lehrbuch der Kinderkrankheiten. II. Aufl. 1871.

[7]) Rachitis. Tübingen 1880.

dem sowohl auf Grund der obigen statistischen Daten über den Ernährungszustand der rachitischen Kinder, als auch auf Grund zahlreicher lange fortgesetzter Einzelbeobachtungen in der Privatpraxis, sowie endlich im Hinblicke auf die grosse Häufigkeit der angeborenen Rachitis, in Uebereinstimmung mit den früher genannten Autoren direct widersprechen.

Mit Rücksicht auf die grosse Wichtigkeit dieser Frage für die Theorie der Rachitis halte ich es nicht für überflüssig, wenigstens einen Fall aus meiner Praxis mitzutheilen, insbesondere da derselbe auch in anderer Beziehung, nämlich für die später zu erörternde Frage der Vererbung, von einiger Bedeutung ist.

Es handelt sich um das zweite Kind eines Collegen, dessen erstes Kind ohne bekannte Veranlassung am Ende der Schwangerschaft todtgeboren wurde. Beide Eltern sind gesund und kräftig. Indessen erzählt die Mutter, dass sie in ihrer Kindheit an einer ziemlich bedeutenden und hartnäckigen Rachitis gelitten habe, wegen welcher sie noch in ihrem 4. Lebensjahre in ein Seebad geschickt wurde. Das Kind, um das es sich hier handelt, war schon bei der Geburt sehr kräftig (3300 Gramm schwer), bekam sofort eine sehr gute Amme, und gedieh unter vollkommen normaler Verdauung, wie sich aus den folgenden Gewichtszunahmen ergeben wird, ausserordentlich gut, so dass es immer das Aussehen eines besonders blühenden Kindes darbot. Auch die Wohnungsverhältnisse waren durchaus günstig zu nennen. Trotzdem fand ich bei der ersten Untersuchung am Anfange des 3. Lebensmonats schon ziemlich ausgedehnte weiche Stellen am Hinterhaupt und verdickte Rippenenden, und im 4. Monate war der rachitische Rosenkranz ausgebildet. Dabei litt das Kind an hochgradiger Schlaflosigkeit. Trotz fortgesetzter Salzbäder (Phosphor habe ich damals noch nicht angewendet) waren im 11. Monate auch schon die Tibien, ohne dass jemals Stehversuche gemacht worden waren, deutlich verbogen, und später mussten wegen Genu varum rachiticum orthopädische Apparate angewendet werden. Dabei war die Verdauung immer normal, der allgemeine Ernährungszustand aber geradezu ein glänzender zu nennen. (Gewicht am Ende des 11. Monats 10.390 Gramm.)

Monatliche Gewichtszunahme.

1. Monat	+	775	
2. „	+	615	
3. „	+	990	(Craniotabes)
4. „	+	1110	(Rosenkranz)
5. „	+	840	
6. „	+	960	
7. „	+	10	(vaccinirt mit sehr starker Reaction)
8. „	+	590	
9. „	—	140	(Delactation)
10. „	+	370	
11. „	+	1070	(Krümmung der Unterschenkel).

Die Rachitis hat sich also in diesem Falle bei guter Verdauung und bei sonstigem Gedeihen des Kindes entwickelt. Auch die beiden folgenden Kinder desselben Elternpaares waren trotz eines sehr bedeutenden Anfangsgewichtes und trotz der Ernährung bei der Ammenbrust schon in den ersten Lebensmonaten deutlich rachitisch.

Auch eine andere Behauptung Baginsky's, dass nämlich die Sommerdiarrhöen der Kinder in einem erheblichen Percentsatz unaufhaltsam zur Rachitis führen, vermag ich nicht in ihrem vollen Umfange zu bestätigen. Allerdings habe auch ich häufig genug die Erfahrung gemacht, dass die Erscheinungen der Rachitis nach einem heftigen und besonders nach einem anhaltenden Darmkatarrh in auffälligem Maasse zu Tage getreten sind. In den wenigsten Fällen ist es mir aber wahrscheinlich gewesen, dass die Rachitis durch den Darmkatarrh hervorgerufen worden ist, vielmehr habe ich fast in allen Fällen, in denen ich die Kinder vor der Darmaffection gesehen hatte, schon früher deutliche Zeichen der Rachitis an denselben wahrgenommen, so dass durch den Darmkatarrh höchstens eine Steigerung des Knochenprocesses bedingt worden war. Diese Wirkung hat aber, wie wir später sehen werden, die Erkrankung der Verdauungsorgane mit zahlreichen anderen Krankheiten des kindlichen Alters gemein. Ich finde aber in meinem Beobachtungsmateriale auch ganz directe Anzeichen dafür, dass die Wirkung der Sommerdiarrhöen und der Darmkatarrhe überhaupt auf die Entstehung der Rachitis von Baginsky enorm überschätzt worden ist. Wenn ich nämlich die Frequenzzahlen für die schweren Fälle von

Rachitis, d. i. nämlich für jene Fälle, welche direct wegen dieser Krankheit in das Ambulatorium gebracht wurden, in den letzten Jahren einer Prüfung unterziehe, so zeigt sich in jedem einzelnen Jahre mit erstaunlicher Regelmässigkeit eine sehr bedeutende Herabsetzung dieser Zahlen in der zweiten Jahreshälfte, und zwar äussert sich diese Herabminderung sowohl in den absoluten Zahlen, wo sie häufig die Hälfte und noch mehr beträgt, als auch in dem Verhältnisse zu der gesammten Frequenz.

		Frequenz	Rachitis	Verhältniss in %
1877 { I.	Semester	1376 } 2588	127 } 191	9·2 } 7·3
{ II.	„	1212	64	5·2
1878 { I.	„	1610 } 2912	152 } 235	9·4 } 8·7
{ II.	„	1302	83	6·3
1879 { I.	„	1527 } 2910	177 } 251	11·5 } 7·6
{ II.	„	1383	74	5·3
1880 { I.	„	1704 } 3126	153 } 236	8·9 } 7·6
{ II.	„	1422	83	5·8
1881 { I.	„	1698 } 3289	249 } 414	14·6 } 12·6
{ II.	„	1591	165	10·3
1882 { I.	„	2339 } 3710	356 } 528	14·9 } 14·2
{ II.	„	1371	172	12·5
1883 { I.	„	2266 } 3770	599 } 879	26·4 } 23·3
{ II.	„	1504	280	18·6

Dieses merkwürdige Verhältniss ist so constant, dass es nicht einmal durch die seit dem Jahre 1881 colossal gesteigerte Frequenz, welche auf die seither eingeführte Phosphorbehandlung zurückzuführen ist, alterirt werden konnte. Nun unterliegt es gar keinem Zweifel, dass gerade die zweite Hälfte des Jahres unter dem Einflusse der Sommerdiarrhöe stehen müsste, und dass daher, wenn die Rachitis wirklich so häufig durch die Sommerdiarrhöen hervorgerufen werden würde, wie dies von Baginsky behauptet wird, die Zahl der Rachitisfälle nothwendiger Weise in der zweiten Jahreshälfte, besonders aber in den letzten Monaten des Jahres eine bedeutende Steigerung erfahren würde. Dass auch das letztere nicht der Fall ist, zeigt uns die folgende Tabelle, in welcher die Zahlen für die Darmkatarrhe und für Rachitis in den einzelnen Monaten verzeichnet sind.

	1881		1882		1883	
	Darm-katarrh	Rachitis	Darm-katarrh	Rachitis	Darm-katarrh	Rachitis
I.	3	27	8	91	11	75
II.	17	32	8	39	7	57
III.	11	46	8	74	12	61
IV.	23	45	7	57	16	114
V.	19	57	19	46	16	108
VI.	33	42	20	49	23	154
VII.	50	45	45	54	81	79
VIII.	68	46	36	32	51	80
IX.	27	18	23	25	27	38
X.	17	13	13	16	18	41
XI.	8	17	15	22	9	23
XII.	7	16	10	23	4	19

Wir sehen also, dass zwar mit grosser Regelmässigkeit im Juli und August die Zahl der Darmkatarrhe bedeutend ansteigt, dass aber in den darauffolgenden Monaten die Rachitiszahlen nicht nur nicht grösser werden, sondern dass sie sich ganz im Gegentheile constant vermindern; und wir schliessen daraus, dass der Einfluss desjenigen Factors, dem wir diese bedeutende Herabminderung zu danken haben, und mit dem wir uns alsbald beschäftigen werden, mächtig genug ist, um eine etwaige Wirkung der Sommerdiarrhöen im entgegengesetzten Sinne vollständig zu eliminiren.

Hier wäre auch noch zu erwähnen, dass man, wie dies auch von anderen Beobachtern angegeben wird, bei schwer rachitischen Kindern ziemlich häufig die Auskunft erhält, dass dieselben niemals an Diarrhöe, wohl aber an hartnäckiger Stuhlverstopfung leiden. Auch diese Thatsache ist den Rachitistheorien, welche auf einer mangelhaften Ausnützung der Ingesta im Darmcanale basiren, keineswegs günstig.

Wenn wir endlich noch daran erinnern, wie ungemein häufig der Beginn der Rachitis in die letzten Fötalmonate fällt, wo von Verdauungsstörungen füglich nicht gesprochen werden kann, so lautet das Facit unserer Untersuchung dahin, dass ein Einfluss der Ernährungsvorgänge auf die Entstehung und Weiterentwicklung der Rachitis ohne Zweifel besteht und auch ziffermässig nachgewiesen werden kann, dass dieser Einfluss aber keineswegs so dominirend ist, als dass man berechtigt wäre, die Anomalien in der Aufnahme und in der Verwerthung der Nahrungsmittel in den Verdauungsorganen als die alleinige, oder auch nur als die hauptsächliche Ursache der Rachitis anzusehen.

Viertes Kapitel.

Respiratorische und andere Schädlichkeiten. Vererbung.

Hygiene der Wohnräume. Arm und Reich. Sommer und Winter, Stadt und Land. Klima. Acute und chronische Krankheiten. Milz- und Leberschwellungen. Syphilis. Vererbung. Angeborene Disposition. Zwillinge. Frühgeburten. Spätgeborene Kinder. Alter und Gesundheitszustand der Eltern. Geschlecht der Kinder.

Eine zweite, sehr wichtige Gruppe von Schädlichkeiten, welche sicherlich eine grosse Rolle in der Pathogenese der Rachitis spielt, ist diejenige, welche man vielleicht — im Gegensatze zu den bisher erörterten Anomalien der Digestion — am besten als die respiratorischen Noxen bezeichnen könnte. Gerade die Kinder der ärmeren Classen sind solchen Schädlichkeiten, insbesondere der fortgesetzten Einathmung verdorbener und verunreinigter Luft, in hohem Grade ausgesetzt, und ich kann mich dem Gedanken nicht verschliessen, dass gerade in diesen Umständen der vorwiegendste Grund für das grosse Missverhältniss in der Häufigkeit dieser Krankheit bei den ärmeren Volksclassen gegenüber den Wohlhabenden gelegen ist, ein Missverhältniss, welches eine der markantesten Erscheinungen in der ganzen Lehre von der Rachitis bildet, und welches, wie wir gesehen haben, in den Verhältnissen der Ernährung keineswegs genügend begründet erscheint. Denn gerade in den ersten Lebensmonaten, in welchen die Rachitis nach unseren Erfahrungen fast immer ihren Anfang nimmt, werden ja, wie wir wissen, bei uns in Wien die grosse Mehrzahl der Kinder auch in den ärmeren Bevölkerungsschichten an der Mutterbrust, und zwar zumeist ganz ausschliesslich an dieser genährt, weil die Beinahrung in der Regel erst später — nach dem 1. Trimester — gegeben wird. Dagegen ist der Abstand zwischen den wohlhabenden und ärmeren Classen in Bezug auf den Genuss von Licht und Luft,

in Bezug auf die Reinlichkeit der Wohnung, der Bekleidung, der
Leib- und Bettwäsche, und endlich in Bezug auf die Hautpflege
ein ganz enormer, und alle diese Momente wirken nun bei den
Kindern der Armen direct oder indirect auf die hochwichtige
Function des Gasaustausches in den Lungen in ungünstiger
Weise ein.

Ich müsste nur Allbekanntes wiederholen, wenn ich die kläg-
lichen Wohnungsverhältnisse der grossstädtischen Arbeiter und
niederen Handwerker schildern wollte, welche eben das stärkste
Contingent für die Ambulatorien und Kinderspitäler liefern. Die
ganze mit Kindern oft in überreichem Masse „gesegnete" Familie
bewohnt zumeist einen einzigen Wohnraum, an welchen sich im
günstigen Falle noch eine Küche und ein „Cabinet" (einfenstriges
Zimmer) anschliesst. Aber auch in den letzteren Fällen ist meistens
nicht viel gewonnen, weil häufig noch Gesellen, Lehrlinge, Dienst-
boten und selbst Fremde, denen man ein Bett vermiethet hat,
Aufnahme finden müssen. Häufig wird in dem Wohnzimmer auch
gekocht, oder es wird zugleich ein Handwerk ausgeübt, was auch
nicht gerade zur Verbesserung der Luft in demselben beiträgt.
Die Fenster werden in der kälteren Jahreszeit theils aus Sparsam-
keit, theils aus unverständiger Furcht vor der Erkältung der kleinen
Kinder entweder gar nicht oder nur auf Minuten geöffnet. Wer
solche Räume zu betreten Gelegenheit hat, weiss, welche schreck-
liche Luft dem Eintretenden entgegendringt. Das kleine hilflose
Kind, um welches es sich hier handelt, ist aber noch viel ärger
daran, denn es liegt in seiner Wiege oder seinem Bettchen von oft
sehr zweifelhafter Beschaffenheit tief vergraben, die beschmutzten
Windeln werden von der beschäftigten Mutter oder Pflegerin nur
selten gewechselt und noch viel seltener und fast immer mangelhaft gewaschen, und die Kinderärzte wissen nur zu gut, welche
Düfte sich beim Aufwickeln eines solchen Kindes verbreiten. Das
Kind aber athmet viele Monate hindurch ohne Unterbrechung diese
seine Specialatmosphäre ein, mit welcher verglichen die gemein-
same Athmosphäre der Wohnung fast begehrenswerth erscheinen muss.

Dies sind nun jedenfalls Verhältnisse, wie man sie in wohlhabenden Familien niemals, oder vielleicht in Folge der über-
triebenen Furcht einzelner Mütter vor Erkältung und frischer Luft
manchmal in der allerentferntesten Andeutung vorfindet, und wenn

wir nun Gründe hätten, anzunehmen, dass diese Schädlichkeiten im Stande sind, Rachitis zu erzeugen, so wäre damit allerdings ein schwerwiegendes Moment für die Erklärung der überaus grossen Häufigkeit und Schwere der rachitischen Affection in den ärmeren Bevölkerungsschichten gegenüber den Wohlhabenden gegeben.

Die Vermuthung, dass in dem Einathmen verdorbener Luft möglicher Weise ein sehr wichtiges ätiologisches Moment für die Rachitis gelegen sei, wurde schon von vielen Autoren ausgesprochen, und einige von ihnen, wie z. B. Elsässer und Ritter, haben sogar diese Schädlichkeit in die erste Linie gestellt und ihr den Vorrang vor den Störungen der Verdauung eingeräumt. Dieser Ansicht muss ich mich nun auf Grund meines reichen Beobachtungsmateriales ganz entschieden anschliessen. Abgesehen von dem eben erörterten Verhältnisse zwischen den Armen und Wohlhabenden bestimmt mich zu dieser Ansicht hauptsächlich der ungemein charakteristische Einfluss der Jahreszeiten auf die Häufigkeit der schweren Rachitisfälle, wie er in den beiden letzten Tabellen seinen Ausdruck gefunden hat. In der That verschwindet ja ein grosser Theil jener Uebelstände in den Wohnungen der weniger Bemittelten und Armen mit dem Eintritte der günstigen Jahreszeit, sobald nämlich die Leute im Stande sind, tagsüber und sogar des Nachts die Fenster offen zu halten, sobald auch die ganz kleinen Kinder mehrere Stunden des Tages ins Freie gebracht werden und die etwas älteren Kinder den ganzen Tag auf der Gasse verleben. Dieser Umschwung, welcher bei uns etwa im April oder Mai vor sich geht, und bis in den October hinein in Wirksamkeit bleiben kann, äussert sich nun sofort in den nächsten Monaten in einer rapiden Abnahme der schweren Rachitisfälle, und die Nachwirkung dieser günstigen Verhältnisse erstreckt sich auch noch auf den ganzen Herbst; und erst von Neujahr angefangen sehen wir wieder eine bedeutende Zunahme der schweren Fälle der rachitischen Affection. Diese günstige Wendung in den Sommermonaten wird offenbar durch zwei Factoren herbeigeführt, nämlich einerseits durch die Spontanheilung der mittelschweren und durch die Besserung der schweren Fälle, noch mehr aber, wie ich glaube, dadurch, dass in dieser Zeit die leichteren Fälle gar nicht oder nur unter den allerungünstigsten Verhältnissen jenen höheren Grad erreichen, wegen dessen fast ausschliesslich die ärztliche Hilfe in Anspruch genommen wird. Es wäre in hohem Grade erwünscht, wenn auch von anderen Anstalten und an anderen Orten ähnliche Vergleiche in Bezug auf die Häufigkeit der Rachitis in den verschiedenen Jahreszeiten angestellt würden, und wenn die von mir gefundene Thatsache, deren Bedeutung für die Aetiologie der Rachitis nicht zu unterschätzen ist, dadurch zu allgemeinerer Anerkennung gelangen würde.

Bei den Kindern der Wohlhabenden ist ein so durchgreifender Unterschied zwischen Winter und Sommer in Bezug auf die Rachitis natürlich nicht aufzufinden, weil hier die durch die schlechte Jahreszeit bedingten Schädlichkeiten nur in sehr geringem Masse zur Geltung kommen können, und weil überhaupt die auffälligen rachitischen Störungen im Ganzen nur selten beobachtet werden. Wenn also auch aus diesen Gründen die statistische Methode hier nicht in Anwendung gezogen werden kann, so zeigt uns doch die individuelle Beobachtung auch hier ganz bestimmt einen günstigen Einfluss des Sommers und des Landaufenthaltes (welchen keine nur irgendwie besser situirte Wiener Familie ihren Kindern vorenthält) auf den Verlauf einer etwa vorhandenen rachitischen Affection, und man darf daher ex juvantibus den Schluss ziehen, dass auch bei diesen Kindern der Aufenthalt in der volkreichen Stadt und in den Winterwohnungen in einem, wenn auch nur mässigen Grade als Schädlichkeit eingewirkt hat.

Sehr wichtig für unsere Frage wäre auch eine genaue statistische Aufnahme über die Häufigkeit der Rachitis in kleineren Städten und Ortschaften oder bei den Landbewohnern im Vergleiche zu den Bewohnern der Grossstädte. Leider fehlt uns aber hiezu eine jede Handhabe. Meine eigenen individuellen Beobachtungen auf Reisen, sowie auch eine Umfrage bei Collegen auf dem Lande würde allerdings dafür sprechen, dass auf dem flachen Lande selbst bei der ärmeren Classe die Rachitis nicht jene erschreckende In- und Extensität erreicht, wie hier in Wien und in anderen Grossstädten Mitteleuropas. Dagegen habe ich in einigen hochgelegenen Gebirgsdörfern bei den Kindern der armen Häusler ganz erschreckende Exemplare von Rachitis gesehen, z. B. in einem Dorfe auf der Höhe des Predilpasses (etwa 1100 Meter über der Meeresfläche) zwei 6—8jährige Kinder mit den schwersten Verkrümmungen behaftet und unfähig, sich selbst auf den Beinen zu halten. Der Sommer ist eben in diesen rauhen Gegenden noch viel

kürzer als bei uns in der Ebene, und die armen Kinder verleben
daher den grössten Theil des Jahres in ihren jämmerlichen Be-
hausungen.

Auch die von allen Beobachtern übereinstimmend gemeldete
Thatsache, dass die Rachitis, je weiter südlich man geht,
immer seltener wird und in der heissen Zone auf ein
Minimum reducirt wird, ist von grosser Bedeutung für die uns
eben beschäftigende Frage. So besitzen wir z. B. aus Athen aus
der jüngsten Zeit zwei Mittheilungen, die ich deshalb voranstellen
will, weil sie direct von fachmännischer Seite herrühren, und weil
beide darin übereinstimmen, dass daselbst die Rachitis auch bei
der armen Bevölkerung ungemein selten ist. So berichtet Dr.
Maccas, Secretär der medicinischen Gesellschaft in Athen, an
Rehn [1]), dass unter 1500 Kindern, die in einem Jahre an der
dortigen Poliklinik behandelt wurden, nur 1—2 typische Fälle von
Rachitis constatirt werden können. Auch der Kinderarzt Ziemis [2])
bestätigt, dass die Rachitis in Athen zu den seltenen Krankheiten
gehört, und führt diese Thatsache auf die räumlich grossen und
bequemen Wohnungen der Athener zurück. In analoger Weise hat
Magitot [3]) beobachtet, dass die Rachitis bei den Cabylen Algeriens
ungemein selten ist, und auch andere französische Aerzte haben
diese Angabe bestätigt. Derselbe Autor citirt auch Humboldt und
Russ de Lavison, nach welchen die Rachitis auf den Antillen,
in Peru und in Mexico nicht beobachtet wird. Auch in Brasilien
soll die Krankheit nach den Berichten eines dortigen Arztes an
West [4]) gänzlich unbekannt sein. Dem widersprechen aber die
Daten, die mir auf meine diesbezügliche Anfrage von Professor
Moncorvo in Rio de Janeiro zugekommen sind, nach welchen die
Rachitis speciell in dieser Hauptstadt ziemlich häufig, wenn auch
nicht in der In- und Extensität wie in den grossen mitteleuropäischen
Städten vorkommen soll. Dagegen stimmen die Berichte aus Britisch-
Indien darin überein, dass die Rachitis dort viel seltener ist, als
in Europa. Nach Macnamara [5]) ist sie besonders bei den Natives

---

[1]) l. c. S. 45.
[2]) Archiv für Kinderheilkunde, V. Band, S. 344.
[3]) Gaz. hebdom. 1883 Nr. 16.
[4]) Berichte des Londoner Congresses 1881, IV. Band, S. 59.
[5]) l. c.

sehr selten, und fehlt unter den Armen, welche Tag und Nacht im
Freien zubringen, gänzlich. Dasselbe berichtete auch Spencer
Watson in der pathologischen Gesellschaft in London [1]) und fügte
noch hinzu, dass die Rachitis dort nur bei den Soldatenkindern in
den feuchten Districten, wo sie lange in den Hütten eingeschlossen
bleiben, vorkommt. Wahrscheinlich bedürfen alle diese Berichte insoferne einer Rectification, als nur die schweren Rachitisfälle viel seltener und an manchen Orten auch gar nicht vorkommen. Aber das Eine
scheint doch aus allen diesen Aussagen mit Sicherheit hervorzugehen, dass die Intensität und die Extensität der Krankheit in den
tropischen und subtropischen Gegenden bedeutend herabgemindert
ist, und dies wird uns auch gar nicht unwahrscheinlich vorkommen,
wenn wir bedenken, dass diejenigen Vortheile, welche uns unser
rasch vorübergehender Sommer bringt, den Kindern jener Länder,
in denen ewiger Frühling oder ewiger Sommer herrscht, das ganze
Jahr hindurch und in viel ausgiebigerem Masse zu Gute kommen,
weil sie ja, wie wir aus Indien hören, sich Tag und Nacht im
Freien aufhalten können. Eine andere Erklärung dieser höchst auffälligen Erscheinung scheint uns kaum möglich, denn wir können
uns unmöglich vorstellen, dass z. B. die Ernährungsstörungen bei
den Kindern der heissen Zone um so Vieles seltener sein sollen,
während es im Gegentheile ziemlich sichergestellt ist. dass andere
Momente, von denen wir wissen, dass sie die Entwicklung der
Rachitis befördern (wie z. B. die Syphilis) in diesen Ländern eine
grössere Verbreitung haben, als bei uns.

Nach alldem scheint mir also die grosse Bedeutung
der respiratorischen Noxen für die Entstehung und die
Weiterentwicklung der Rachitis vollkommen erwiesen
zu sein.

Ueber eine dritte Gruppe von Rachitis erzeugenden Schädlichkeiten sind nahezu alle Beobachter einig. Es wird nämlich von
allen Seiten zugestanden, dass die verschiedensten schweren Erkrankungen, welche ein Kind in der kritischen Periode des lebhaftesten Wachsthums betreffen, häufig recht bald von auffälligeren
rachitischen Erscheinungen gefolgt sind. Auch ich habe hierfür im
Verlaufe der Jahre ziemlich zahlreiche positive Anhaltspunkte ge-

---

[1]) Medical Times and Gazette 1880 Nr. 1587, 1590 und 1592.

wonnen. Insbesondere bei den acuten Krankheiten ist der causale
Zusammenhang oft ganz unzweideutig, denn wenn man z. B. beobachtet, dass ein Kind, welches schon allein gehen konnte, nach
dem vollkommenen und normalen Ablaufe einer schweren Lungen-
entzündung durch lange Zeit gar nicht mehr im Stande ist, zu
stehen, und seit dieser Zeit auch andere auffällige Erscheinungen
der schweren Rachitis, Krümmungen der Wirbelsäule, Schlottrigkeit
der Gelenke u. s. w. darbietet; so kann ein solcher Zusammenhang
nicht gut bezweifelt werden. Nur glaube ich auch hier, dass in den
seltensten Fällen die Rachitis durch jene acute Erkrankung hervorgerufen wurde, sondern es hat wohl fast immer eine vorhandene
rachitische Affection den Anstoss zu einer rapiden und energischeren
Entwicklung erhalten; denn einerseits wissen wir ja, wie überaus
häufig die leichteren und mittleren Grade der Krankheit schon in
dem ersten Halbjahre entwickelt sind; dann hat mich auch die
directe Beobachtung in einzelnen solchen Fällen gelehrt, dass schon
vor der acuten Krankheit ein mässiger Grad der Rachitis vorhanden
war; und endlich habe ich noch niemals beobachtet, wie ein früher
nicht rachitisches Kind in Folge einer acuten Krankheit rachitisch
wurde, und wenn auch ein solcher. Fall theoretisch nicht ausgeschlossen werden kann, so handelt es sich doch in den allermeisten
Fällen sicher nur um die Steigerung einer bereits vorhandenen, oder
um die Recrudescenz einer bereits in spontaner Heilung begriffenen
Affection.

Von den acuten Krankheiten kommen in dieser Beziehung
hauptsächlich die schweren Affectionen der Respirationsorgane (ins-
besonders die Pneumonie und der Keuchhusten), dann die acuten
Exantheme (vorzüglich Variola und Morbillen, weniger die Scar-
latina), und endlich der acute Darmkatarrh in Betracht, und es
dürften diese verschiedenen Kategorien in dieser Beziehung als
ziemlich gleichwerthig zu betrachten sein.

Weniger klar ist das Verhältniss zwischen den chronischen
Krankheiten und der Rachitis. Es ist allerdings ganz sicher, dass
chronische Krankheiten, welche den allgemeinen Ernährungszustand
herabsetzen, besonders häufig mit Rachitis combinirt sind, und dass
die mit diesen Zuständen behafteten Kinder namentlich viel häufiger
von den schweren Formen der Rachitis heimgesucht sind, als die sonst
gesunden Kinder. Deshalb findet man auch häufig bei schwer ra-

chitischen Kindern hochgradige Anämie, Leukocythämie, ferner Leber- und Milztumoren, Anschwellungen der Lymphdrüsen, seltener Verkäsung der Lymphdrüsen und Caries der Knochen. Ganz besonders häufig leiden aber rachitische Kinder an chronischen Katarrhen der Bronchien, hin und wieder auch an chronischen Infiltrationen der Lunge, und endlich findet man bei schwer rachitischen Kindern manchmal auch chronischen Darmkatarrh, wenn auch nicht so oft, wie die chronische Obstipation.

Andererseits ist die Häufigkeit dieser Combinationen und Complicationen von mancher Seite sehr stark übertrieben worden. So haben insbesondere englische Autoren die Leber- und Milzschwellung für eine regelmässige Erscheinung bei der Rachitis erklärt, und einige wollen sie sogar als eine mit der Knochenaffection gleichwerthige Erscheinung aufgefasst wissen. [1]) Dies ist nun nach meinen Beobachtungen, die mit denjenigen von Trousseau, Virchow [2]), Henoch u. A. übereinstimmen, ganz sicher unrichtig, weil ich nicht nur bei den unzähligen leichteren und mittelschweren Fällen nur äusserst selten eine Vergrösserung dieser Organe beobachtet habe, sondern eine solche auch bei den schwersten Fällen, sowohl in vivo als auch bei der Nekroskopie häufig gänzlich vermisst wurde. Es ist dabei auch noch in Betracht zu ziehen, dass bei hochgradiger rachitischer Thoraxverengerung die Leber und Milz in Folge ihrer Dislocation nach abwärts häufig auch bei völlig normaler Ausdehnung leicht palpirt werden können. Auch die Lymphdrüsenschwellungen sind bei den schwer Rachitischen keineswegs so häufig, dass man daraus irgend einen weitergehenden Schluss auf eine Verwandtschaft zwischen Rachitis und Scrophulose ziehen könnte, wie dies besonders früher (z. B. bei Hufeland, Schönlein u. A.) häufig geschehen ist.

Was nun die in einzelnen Fällen allerdings beobachtete Coincidenz zwischen den Affectionen der blutbereitenden Organe und der Rachitis anlangt, so sind eben verschiedene Möglichkeiten in Betracht zu ziehen. Die eine Möglichkeit wäre die, dass sich diese Zustände primär herausgebildet haben, und dass sie dann die

---

[1]) Vergleiche die Discussion in der pathological Society. Medical Times and Gazette. 1880. Nr. 1587—1592.

[2]) Das normale Knochenwachsthum und die rachitische Störung des letzteren. Virchow's Archiv. 5. Band 1853.

Entstehung oder Weiterentwicklung der Rachitis ebenso begünstigt
haben, wie dies auch durch andere acute und chronische Krankheiten
geschehen kann und sicher auch häufig genug geschieht. Es wäre
aber auch möglich, dass die schwer rachitischen Kinder durch die
dauernden Respirationshindernisse, durch die Jahre lang aufge-
zwungene Unbeweglichkeit und den fortgesetzten Aufenthalt in
schlecht ventilirten Räumlichkeiten so herabkommen, dass sich erst
secundär jene allgemeinen Constitutionsanomalien, jene krankhafte
Beschaffenheit des Lymphsystems und der mit der Blutbereitung
in Zusammenhang stehenden Organe hinzugesellen. Endlich können
aber dieselben Noxen, welche die Rachitis hervorrufen, auch in
der Leber, Milz und in den Lymphdrüsen krankhafte Veränderungen
hervorrufen und eine fehlerhafte Beschaffenheit des Blutes zur Folge
haben. Ich für meine Person möchte entschieden der letzteren Combination den Vorzug geben, ohne jedoch die Möglichkeit auszu-
schliessen, dass auch die beiden anderen Momente allein oder in
Verbindung mit der letzteren in Wirksamkeit sind.

Jedenfalls kann aber der vielfach verbreiteten Ansicht gegenüber, dass die rachitische Knochenaffection nothwendiger Weise mit
schweren oder wenigstens auffälligeren Störungen der allgemeinen
Ernährung und der Blutbildung einhergehen müsse, nicht nachdrücklich genug darauf hingewiesen werden, dass dies durchaus
nicht der Fall ist, und dass die rachitischen Veränderungen im
Skelete überaus häufig bei anscheinend normalem Verhalten des
übrigen Organismus, bei blühender Ernährung, bei guter Färbung
der Haut und der Schleimhäute beobachtet wird. Insbesondere muss
dies gegenüber einer neuen Theorie von Cantani (l. c.) hervorgehoben werden, nach welcher die Rachitis als eine Kalkarmuth des
Gesammtorganismus aufgefasst werden müsste, welche sich ebenso
wie im Skelete auch in allen übrigen Organen und Geweben geltend
machen soll. Diese Theorie muss nun meiner Ansicht nach als auf
willkürlichen und falschen Prämissen beruhend, ganz entschieden
bekämpft werden. Denn die Behauptung von der Kalkarmuth
der nicht verknöcherten Gewebe der Rachitischen beruht
sich nicht etwa auf chemischen Analysen der letzteren, sondern auf
die angebliche Kalkarmuth des Blutes und der Ernährungssäfte,
und auch diese ist nicht etwa auf chemischem Wege nachgewiesen,
sondern sie wird wieder nur aus der thatsächlichen Kalkarmuth der

rachitischen Knochen erschlossen, von welcher eben irrthümlicher
Weise angenommen wird, dass sie durch die Kalkarmuth des
Blutes und der Säfte herbeigeführt wird. Auf diesem Fehlschlusse
wird aber sofort weiter gebaut, und aus der supponirten Kalkarmuth der Ernährungssäfte — die aber, wie wir später zeigen
werden, auch bei schwer Rachitischen sicherlich nicht besteht —
wird ohne weiteres geschlossen, dass bei jenen Rachitikern, bei
denen der allgemeine Ernährungszustand und die Blutbereitung von
der Norm abweichen, diese Anomalie ebenfalls auf einer Kalkarmuth des Blutes und der Gewebselemente beruhen. Da wir aber
gesehen haben, dass die Kalkarmuth der Knochen einzig und allein
durch den localen Entzündungsprocess und seine Folgen zu Stande
kommt, und da wir später zeigen werden, dass auch in den Säften
der hochgradig Rachitischen genügende Mengen von Kalksalzen
circuliren, um in der kürzesten Zeit das ganze weichgebliebene
Skelet nicht nur in der gewöhnlichen Weise, sondern weit über
das normale Mass hinaus zu imprägniren, so scheint uns die Halt-
losigkeit dieser neuen Theorie vollkommen erwiesen, und wir können
nicht nachdrücklich genug vor diesem neuen Schlagworte vom allgemeinen „Atitanismus" warnen, weil dasselbe nur geeignet wäre,
eine neuerliche Verwirrung in der Rachitisfrage hervorzurufen, und
uns von dem einzig richtigen Wege, nämlich von dem anatomischen
und klinischen Studium derselben, wieder auf das Gebiet grundloser
Hypothesen zu verlocken.

Wenn wir nach dieser Abschweifung wieder zu den chronischen
Krankheiten zurückkehren, mit denen sich die Rachitis häufiger
complicirt, so müssen hier noch besonders die chronischen
Krankheiten der Respirationsorgane genannt werden. Auch
hier ist es ganz gut denkbar, dass sich an einen primär entstandenen und dann verschleppten Bronchialkatarrh eine auffällige Ver-
schlimmerung einer bereits in mässigem Grade vorhandenen Rachitis anschliesst. Aber ebenso sicher ist es, dass schwer rachitische, mit stärkeren Thoraxverbildungen behaftete Kinder ungemein
leicht an Katarrhen und katarrhalischen Pneumonien erkranken, und
dass bei solchen Kindern diese Affectionen ungemein hartnäckig
sind; und endlich wird wohl Niemand in Abrede stellen, dass der
fortgesetzte Aufenthalt in verdorbener Luft, welcher nach unseren
früheren Auseinandersetzungen als eine der wichtigsten Ursachen

der Rachitis angesehen werden muss, gleichzeitig auch im Stande ist, die genannten Lungenaffectionen nicht nur zu erzeugen, sondern auch dauernd zu unterhalten.

Dagegen habe ich irgend welche besondere Beziehungen zwischen Rachitis und Wechselfieber trotz der seit der Publication von Oppenheimer[1] auf diesen Punkt gerichteten Aufmerksamkeit nicht entdecken können. Das Malariafieber ist in drei tiefer gelegenen Stadttheilen Wiens (Leopoldstadt, Landstrasse und Alsergrund) bei Kindern ausserordentlich häufig, während es in den anderen sieben Bezirken nur sporadisch angetroffen wird. Dennoch konnte ich zwischen diesen Bezirken weder in Bezug auf die Häufigkeit noch in Bezug auf die Schwere der Rachitis irgend eine Differenz nachweisen. Damit soll aber die Möglichkeit keineswegs in Abrede gestellt werden, dass manchmal auch eine länger dauernde Intermittens in ähnlicher Weise die Entstehung und die Ausbildung der Rachitis befördern kann, wie wir dies von anderen protrahirten krankhaften Zuständen anzunehmen berechtigt sind.

Einen besonderen Platz müssen wir aber jener chronischen Krankheit einräumen, deren Verhältniss zu der Rachitis gerade in der letzten Zeit vielfach erörtert worden ist, nämlich der hereditären Syphilis. Auch hier wollen wir zunächst von allen theoretischen Erörterungen absehen, und uns stricte an die Thatsachen halten. Es wurde schon von zahlreichen Beobachtern, unter Anderen von Ritter, Steiner, Henoch, Baginsky und Fournier darauf aufmerksam gemacht, dass hereditär syphilitische Kinder besonders häufig rachitisch werden. Allerdings haben diese Autoren die Diagnose der Rachitis an den syphilitischen Kindern nur in vivo gemacht, und es geht also aus ihren Aeusserungen nur hervor, dass man an hereditär syphilitischen Kindern die gewöhnlichen Symptome der Rachitis besonders häufig vorfindet. Auch ich habe bereits im Jahre 1876 in meiner Monographie über die Vererbung der Syphilis diese Thatsache ausdrücklich betont, denn ich hatte schon damals, ohne statistische Erhebungen über diesen Punkt vorgenommen zu haben, den bestimmten

---

[1] Untersuchungen und Beobachtungen zur Aetiologie der Rachitis. Archiv f. klinische Medicin 30. Band, 1881. In dieser Arbeit wird die Ansicht verfochten, dass die Rachitis als eine Intermittensform aufzufassen sei.

Eindruck gewonnen, dass trotz der überaus grossen Häufigkeit der Rachitis in meinem Beobachtungsmaterial dennoch die mit hereditärer Syphilis behafteten Kinder ganz besonders häufig die ausgeprägteren Formen der Rachitis darbieten. Insbesondere war es mir immer aufgefallen, wie häufig jene Kinder, welche ich früher an den Erscheinungen der hereditären Syphilis behandelt hatte, bei einer späteren Vorstellung mit der auffallenden rachitischen Schädelform ausgestattet waren, welche aber nicht, wie irrthümlich angenommen wird, durch Auflagerung von Osteophyten auf die Aussenfläche des Schädels, sondern durch eine verstärkte Krümmung der einzelnen Squamae des Stirnbeins und der Seitenwandbeine zu Stande kommt, und daher zweifellos auf rachitischer Knochenerweichung beruht. In der That habe ich auch bei jungen hereditär syphilitischen Kindern ganz besonders häufig Craniotabes, Klaffen der Nähte, Vergrösserung der Fontanelle, dann aber auch öfters eine frühzeitige Thoraxrachitis beobachtet.

Um mich aber zu vergewissern, ob caeteris paribus die hereditär syphilitischen Kinder wirklich öfter und schwerer rachitisch werden als die anderen, habe ich von einer grösseren Zahl von hereditär syphilitischen Kindern, d. h. von solchen, bei denen ich die Erscheinungen der Syphilis in den ersten Lebensmonaten selber beobachtet hatte, meine Aufzeichnungen in Bezug auf die Rachitis in der folgenden Tabelle (Seite 80) zusammengestellt, welche am Schlusse auch die Percentzahlen für die Syphilitischen und für die Nichtsyphilitischen enthält.

Die Differenzen scheinen nun allerdings auf den ersten Anblick nicht besonders auffallend, besonders wenn man nur die Gesammtsummen ins Auge fasst. Es sind allerdings weniger Rachitisfreie und weniger ganz leichte Formen der Rachitis bei den Syphilitischen, und anderseits ein erhebliches Plus für die letzteren im 2. und 3. Grade vorhanden, aber dieses Plus wird zum Theile durch die auffallend geringe Anzahl der allerschwersten Rachitisformen (des 4. Grades) bei den Syphilitischen wieder wettgemacht, eine Erscheinung, auf welche wir später wieder zurückkommen werden. Dennoch findet der allgemeine Eindruck, den sowohl wir als auch andere Beobachter von der besonderen und frühzeitig entwickelten Intensität der Rachitis bei den hereditär Syphilitischen

Semester	Keine Zeichen von Rachitis	Rachitisch				Summe
		I. Grad	II. Grad	III. Grad	IV. Grad	
I.	5	15	22	4	—	46
II.	1	5	17	16	—	39
III.	1	3	5	13	—	22
IV.	3	2	5	9	—	19
V. und VI.	2	—	3	9	1	15
Summe	12	25	52	51	1	141
in %	8·6	17·7	36·8	36·1	0·7	—
bei nicht Syphil.	10·5	23·8	32·7	26·6	6·4	—
Differenz für die Syphilit.	— 1·9	— 4·1	+ 4·1	+ 9·5	— 5·7	—

empfangen haben, in diesen Zahlen ihre volle Bestätigung. Denn während z. B. in der allgemeinen Tabelle im 2. Semester von 266 Kindern nur 75, also etwas über ein Viertheil, den III. Grad erreicht hatten, war dies bei den Syphilitischen schon bei 16 von 39, also nahezu bei der Hälfte der Fall, und ebenso ist im 3. Semester das Verhältniss von 64 : 190 bei den nicht Syphilitischen, auf 13 : 22 bei den Syphilitischen, also von 33·6% auf 54·5% gestiegen. Man muss nur bedenken, dass bei der enormen Höhe, welche die Häufigkeit und Schwere der Rachitis im Allgemeinen erreicht, eine weitere Steigerung, wie sie thatsächlich bei den hereditär syphilitischen Kindern nachweisbar ist, sich unmöglich in sehr grossen Differenzen ausdrücken kann.

Auf der anderen Seite geht aber sowohl aus unserer Statistik, als auch aus der individuellen Beobachtung die interessante Thatsache hervor, dass sich die rachitischen Erscheinungen bei den hereditär syphilitischen Kindern im Ganzen viel früher involviren, als bei den nicht syphilitischen. Bei 2jährigen Kindern z. B., welche die Symptome der hereditären Syphilis durchgemacht haben, findet man zwar gewöhnlich die rachitische Schädelform und sehr häufig die rachitische Thoraxverbildung, aber nur sehr selten die Zeichen der floriden Rachitis, die Biegsamkeit der Rippen und der langen Röhrenknochen, die hochgradige Gelenksschlaffheit u. s. w., und dies ist auch der Grund, dass unter 141 hereditär syphilitischen Kindern nur ein einziges Kind in die Rubrik der schwersten Rachitis (in unseren 4. Grad) aufgenommen werden konnte, während von den übrigen Kindern 6·4°/₀ der Gesammtzahl einen so hohen Grad der rachitischen Affection erreichten. Aber gerade diese höchst auffallende Thatsache spricht sehr deutlich für den intimen causalen Zusammenhang zwischen der ererbten Syphilis und der Rachitis [1]. Das ererbte syphilitische Virus übt nämlich seine Wirkung vorwiegend in den letzten Fötalmonaten und im Verlaufe des ersten Lebensjahres aus, und wenn man speciell die virulenten Erscheinungen der Syphilis im Auge hat und von den Spätformen tertiären Charakters absieht, so beobachtet man diese Aeusserungen der syphilitischen Affection nur selten und nur in sehr abgeschwächter Form über das erste Lebensjahr hinaus. Wenn es also, wie ich später auseinandersetzen werde, im hohen Grade wahrscheinlich ist, dass das syphilitische Gift zugleich als entzündlicher Reiz an den Appositionsstellen der wachsenden Knochen wirkt, so begreifen wir ganz wohl, dass diese Reizwirkung, ebenso wie auf der Haut und in den Schleimhäuten, auch in den Knochen ziemlich frühe ihre Energie einbüsst, und dass dann mit dem Aufhören des entzündlichen Reizes der entzündliche Process abheilt und sogar schon einer frühzeitigen Eburneation Platz macht, welche möglicher Weise selbst einen wirksamen Schutz gegen die spätere Einwirkung anderer krankhafter Reize bilden kann. So könnte man sich vielleicht auch das auffällige Factum erklären, dass die schwersten rachitischen Erscheinungen, die hochgradigen Verbildungen und Infractionen bei den hereditär syphilitischen Kindern entschieden seltener sind, als bei allen übrigen. Jedenfalls bleibt aber die wichtige Thatsache aufrecht, dass sich bei den syphilitischen Kindern die Erscheinungen der Rachitis häufiger und frühzeitiger ent-

---

[1] Es versteht sich wohl von selbst, dass hier immer nur von der Rachitis bei zweifellos syphilitischen Kindern die Rede ist. Die Velleitäten Parrot's und seiner vereinzelten Anhänger, welche eine jede Rachitis für das Product von Syphilis halten, bleiben hier natürlich gänzlich ausser Spiel.

wickeln, als bei der Gesammtheit der nicht syphilitischen.

Das bisher Gesagte gilt aber nur von jener Knochenaffection,
die sich der klinischen Untersuchung als die gewöhnliche rachitische Erkrankung präsentirt. Bekanntlich kommen aber bei syphilitischen Kindern auch specifische Knochenveränderungen
vor, welche sich sowohl klinisch als anatomisch von der Rachitis
ziemlich sicher abgrenzen lassen. Im Leben äussern sich dieselben
nämlich hauptsächlich durch die sogenannten Pseudoparalysen,
welche auf der grossen Schmerzhaftigkeit der syphilitisch afficirten
Gelenksenden und der daselbst entspringenden Gelenksbänder beruhen, und in den höheren Graden auch noch durch eine Beweg-
lichkeit zwischen der Epiphyse und Diaphyse. Freilich bringt die
Syphilis auch Anschwellungen der Gelenksenden und manchmal
sogar eine Auftreibung der ganzen Diaphyse hervor, aber diese
Auftreibungen sind nicht immer symmetrisch wie die rachitischen,
und befallen sehr häufig ein vereinzeltes Knochenende in einer
besonderen Stärke, was bei der Rachitis niemals der Fall ist;
ferner treten die syphilitischen Anschwellungen meistens sehr rapid
auf, sind bei der Berührung sehr schmerzhaft und verschwinden
ausserordentlich rasch bei eingeleiteter Quecksilbercur, während
die rachitischen Anschwellungen bei jeder Behandlung ziemlich
lange unverändert bleiben. Diese specifisch syphilitischen Knochenaffectionen sind nun vergleichsweise viel seltener als diejenigen,
die sich bei der klinischen Untersuchung als einfach rachitische
präsentiren. Unter den in der obigen Tabelle verzeichneten Kindern
z. B. waren sie nur in 37 Fällen nachweisbar, während die übrigen
mit Ausnahme derjenigen, deren Knochen ganz verschont geblieben
waren, nur die gewöhnlichen Erscheinungen der Rachitis darboten.

Etwas anders gestaltet sich das Verhältniss bei demjenigen
Materiale, welches der anatomischen und histologischen Untersuchung zugänglich wird, denn dieses setzt sich fast ausschliesslich
aus sehr schwer afficirten Individuen zusammen, und bestand bei
mir aus 9 Frühgeburten, 26 Kindern aus den ersten 3 Monaten
und nur 3 älteren Kindern, von denen das älteste 15 Monate alt
geworden war. Die meisten dieser Kinder waren mit früh ausge-
brochenen und schweren Symptomen der Syphilis behaftet, denen
sie schliesslich erlagen. Von diesen 38 Individuen zeigten nun 18,

also nahezu die Hälfte, ganz specifische und zumeist sehr hochgradige Bilder von syphilitischen Knochen- und Knorpelaffectionen; aber auch die übrigen 20 waren nicht normal, sondern boten sämmtlich die gewöhnlichen rachitischen Veränderungen[1]) in einer mässigen (8) oder vorgeschrittenen Entwicklung (12). Vergleicht man nun dieses Verhältniss mit demjenigen, welches sich früher aus der histologischen Untersuchung von nicht syphilitischen oder wenigstens nicht syphilisverdächtigen Frühgeburten und Neugebornen ergeben hat, so ist auch hier ein befördernder Einfluss der hereditären Syphilis auf die Ausbildung der rachitischen Knochenveränderungen nicht zu verkennen.

Wir begnügen uns auch hier zunächst, diese wichtige Thatsache zu constatiren und behalten uns vor, aus derselben später auch theoretische Folgerungen zu ziehen. Früher müssen wir uns aber noch mit jenen Schädlichkeiten beschäftigen, welche nicht direct auf das schon geborne Kind einwirken, sondern entweder die Frucht in utero treffen, oder von den Eltern auf dem Wege der Vererbung auf die Kinder übertragen worden.

Hier stehen wir also zunächst vor der viel ventilirten Frage, ob die Rachitis erblich sei oder nicht. Eine grössere Zahl von Autoren, wie: Ritter (l. c.), Vogel[2]), Steiner[3]), Senator (l. c.), Uffelmann[4]), Macewen[5]), Bollinger[6]) u. A. haben diese Frage ganz bestimmt im bejahenden Sinne beantwortet, und zwar haben sie ihre Ansicht damit motivirt, dass in einzelnen Fällen sämmtliche Kinder von Eltern, an denen noch die deutlichen Spuren überstandener Rachitis nachzuweisen waren, ebenfalls rachitisch geworden sind. Auch ich habe ähnliche Fälle beobachtet, aber ich muss mir eingestehen, dass hier das erbliche Moment zwar in hohem Grade wahrscheinlich, aber doch nicht sicher erwiesen war.

---

[1]) Bezüglich der histologischen Differentialdiagnose zwischen der rachitischen und den specifisch syphilitischen Veränderungen im Knochensysteme muss ich auf den 3. Theil dieser Abhandlung verweisen.

[2]) Lehrbuch der Kinderkrankheiten. 5. Auflage 1871.

[3]) Compendium der Kinderkrankheiten. Leipzig 1872.

[4]) Handbuch der Hygiene des Kindes. Leipzig 1881.

[5]) Die Osteotomie etc. Deutsch von Wittelshöfer. Stuttgart 1881.

[6]) Ueber Vererbung von Krankheiten. Beiträge zur Biologie. Stuttgart 1882.

Bei der enormen Häufigkeit der Rachitis in der ärmeren Bevölkerung wäre allerdings auch die Gelegenheit zur Vererbung überaus häufig gegeben, aber anderseits existiren in solchen Familien gewöhnlich auch zahlreiche äussere Schädlichkeiten, welche ihre sämmtlichen Kinder in gleicher Weise betreffen, und es ist daher unter solchen Umständen absolut unmöglich, den Effect der Vererbung irgendwie genauer abzugrenzen. Nur in solchen Fällen wird man das Erblichkeitsmoment etwas schärfer betonen dürfen, wo zwei Kinder derselben Familie unter verschiedenen äusseren Verhältnissen dennoch beide an schwerer Rachitis erkranken, wie dies z. B. bei Zwillingen der Fall war, deren Vater hochgradige rachitische Verbildungen zeigte, und welche beide schwer rachitisch wurden, obwohl das eine von der Mutter gestillt, das andere aber künstlich genährt wurde. Noch eclatanter sind aber die Fälle gleich dem oben ausführlicher beschriebenen, wo nämlich sämmtliche 3 Kinder eines gesunden und kräftigen Elternpaares unter den allergünstigsten äusseren Verhältnissen von ausgeprägter Rachitis befallen wurden, und dennoch kein anderes ätiologisches Moment herausgefunden werden konnte, als dass die Mutter in ihrer Kindheit an hartnäckiger Rachitis gelitten hatte.

Während man also in einem solchen Falle geradezu von der Vererbung der Rachitis oder wenigstens von einer Vererbung der Disposition zur Rachitis sprechen kann, darf man in anderen Fällen nicht mehr sagen, als dass das Kind die Disposition zur Rachitis mit zur Welt gebracht hat. Denn von einer Vererbung der Rachitis kann man doch nicht wohl sprechen, wenn bei den Eltern weder durch die Anamnese, noch durch die Untersuchung ein Anhaltspunkt für eine in der Jugend durchgemachte rachitische Affection gewonnen werden kann. Und dennoch ist man genöthigt, eine angeborene Disposition anzunehmen, wenn man sieht, wie Kinder wohlhabender Eltern, welche selbst nicht rachitisch waren, sammt und sonders unter den günstigsten Verhältnissen rachitisch werden, oder wenn man beobachtet, wie von zwei Kindern verschiedener Abstammung, welche genau unter denselben Verhältnissen gehalten werden, das eine nur sehr leicht, das andere aber schwer an Rachitis erkrankt. Ich sah dies z. B. einmal in einer armen Familie bei einem eigenen und einem Kostkinde gleichen Alters, und zwar war bezeichnender Weise nicht etwa

das fremde Kind schwer rachitisch geworden, in welchem Falle
man an eine Vernachlässigung desselben hätte denken können, sondern gerade das eigene Kind war schwer afficirt, während das
Pflegekind fast gänzlich verschont geblieben war[1]).

Auch aus den früher mitgetheilten Tabellen geht ganz deutlich hervor, dass nicht wenige Kinder selbst unter ungünstigen
Ernährungsverhältnissen nicht rachitisch wurden, denn es waren
von den Päppelkindern 8·4 % gar nicht und 24·3 % nur ganz
leicht an Rachitis erkrankt, und ebenso waren von den schlecht
genährten Kindern 10% ganz frei geblieben und nahezu 24% nur
mit dem ersten Grade der Rachitis behaftet. Da es nun aber ganz
zweifellos ist, dass eine schlechte Ernährung im Grossen und Ganzen
die Entstehung der Rachitis befördert, so folgt schon aus diesen
Zahlen allein, dass die Schädlichkeit an und für sich nicht immer
ausreicht, um die Rachitis zu erzeugen, sondern dass häufig auch
noch ein anderer Factor hinzutreten muss, nämlich die individuelle
Disposition, in Folge deren dieselbe Schädlichkeit bei verschiedenen
Individuen eine verschiedene Wirkung hervorbringt.

Diese Disposition ist nun, da es sich um eine Krankheit
handelt, welche gewöhnlich in den ersten Lebensmonaten und
ungemein häufig schon vor der Geburt beginnt, offenbar in den
meisten, wenn nicht in allen Fällen eine angeborene. Damit ist
freilich noch nicht gesagt, dass diese Disposition auch immer vererbt, d. h. durch den Zeugungsact von einem der Eltern auf die
Frucht übertragen würde. Die angeborene Disposition kann
ja ebensogut in utero erworben worden sein. z. B. durch
eine quantitativ oder qualitativ mangelhafte placentare Ernährung.
Nur wird hier eine Grenze zwischen Disposition und Schädlichkeit
ziemlich schwer zu ziehen sein, denn wenn wir eine mangelhafte
Ernährung post partum als eine Schädlichkeit betrachten, so werden wir eine solche per placentam kaum anders beurtheilen können.
Dasselbe wird auch von schweren Krankheiten der Mütter während
der Schwangerschaft gelten müssen, wenn wir sehen, dass die

---

[1]) Ein analoges Factum hat uns Ritter mitgetheilt. Zwei arme Familien bewohnten zusammen eine Stube, und auch in der Nahrung wurden die
Kinder beider Familien ganz gleich gehalten. Dennoch erkrankten sämmtliche
Kinder der einen Familie an Rachitis, während von der anderen Familie nur
ein Kind erkrankte und alle übrigen frei geblieben sind.

Producte solcher Schwangerschaften ungemein leicht rachitisch
werden, oder gar schon mit der entwickelten Rachitis zur Welt
kommen. Hier ist es ebensogut möglich, dass durch eine mangelhafte Ernährung von Seite der kranken Mutter eine Disposition
des Fötus für die rachitische Erkrankung geschaffen wird, als dass
die krankhaften Reize direct von der Mutter auf die Frucht übergehen. Ebensogut können auch äussere krankhafte Reize, wie sie
z. B. in der verdorbenen Respirationsluft enthalten sind, und im
extrauterinen Leben durch die Lungen in die Säftemasse des Kindes
eindringen, auch schon vor der Geburt der Frucht durch Vermittlung des mütterlichen Kreislaufes zugeführt werden, und ich für
meinen Theil halte es für ausserordentlich wahrscheinlich, dass
dieser Factor nicht wenig zu der überaus häufigen intrauterinen
Entwicklung der Rachitis in den ärmeren Bevölkerungsclassen
beiträgt.

Auch in anderer Weise kann eine angeborene aber nicht ver-
erbte Disposition zur rachitischen Erkrankung zu Stande kommen.
So haben mich z. B. vielfältige Erfahrungen gelehrt, dass Zwillinge
viel leichter und frühzeitiger rachitisch werden als Einzelgeburten.
Bei einer Revision meiner Protokolle fand ich bei 26 Zwillings-
kindern Notizen über den Zustand der Ossification, und diese 26
waren alle mit Rachitis behaftet. Siebzehn von diesen Kindern waren
die einzigen überlebenden. Viermal hatte ich Gelegenheit, auch den
zweiten Zwilling zu sehen, und in diesen 4 Fällen war die rachitische Affection bei beiden graduell nicht sehr verschieden. Auch
hier dürfte man nicht fehlgehen, wenn man die quantitativ mangelhafte placentare Ernährung für diese erhöhte Disposition zur rachitischen Erkrankung verantwortlich macht.

Eine sehr analoge Thatsache geht ebenfalls aus meinen Beobachtungen mit ziemlicher Sicherheit hervor, dass nämlich die
überlebenden Frühgeburten häufiger und früher an Rachitis erkranken, als dies im Durchschnitte bei den reif geborenen Kindern
der Fall ist. Hier liegt der Gedanke nahe, dass möglicher Weise
die Widerstandsfähigkeit des noch nicht völlig entwickelten Organismus gegenüber den Schädlichkeiten, welche im extrauterinen Leben
auf das zarte Wesen einstürmen, eine abnorm geringe ist; und
damit wäre allerdings wieder eine angeborene, und doch nicht ererbte Disposition zur Rachitis gegeben.

Von einigen Autoren ist auch die Behauptung aufgestellt worden, dass in sehr kinderreichen Ehen die späteren Kinder besonders häufig rachitisch werden. A priori hat es auch ziemlich viel für sich, dass solche Kinder von Seite der durch zahlreiche Geburten und Lactationen herabgekommenen Mütter weder intra noch extra uterum in ausreichender Weise ernährt werden, und dadurch entweder direct rachitisch werden, oder anderen Schädlichkeiten gegenüber nicht die genügende Resistenzfähigkeit besitzen. Da nun, wie ja allgemein bekannt ist, und wie ich sofort ziffermässig nachweisen werde, die Zahl der Geburten in den Ehen der ärmeren Bevölkerung im Durchschnitte eine sehr grosse ist, so war ich von vorneherein geneigt, auch in diesem Umstande eine der Ursachen zu sehen, warum die Rachitis bei den Unbemittelten um so Vieles häufiger und intensiver auftritt, als bei den Wohlhabenden. Um mir nun hierüber Gewissheit zu verschaffen, habe ich durch längere Zeit bei allen im Ambulatorium vorgestellten Kindern unter 3 Jahren, und zwar bei den rachitischen und den nicht rachitischen, angemerkt, das wievielte Kind es in der Reihe seiner Geschwister war, und habe diese Kinder (1688 an der Zahl) in die einzelnen Rubriken der folgenden Tabelle (S. 88) eingereiht.

In dieser Tabelle findet vor Allem die allgemeine Annahme von dem grossen Kinderreichthum der ärmeren Bevölkerungsclassen ihre volle ziffermässige Bestätigung. Wir sehen nämlich, dass sich die Rubriken 1.—6. immer in sehr grossen Zahlen bewegen, dass aber 7.—12. Geburten keineswegs zu den Seltenheiten gehören, und dass nur die noch grösseren Ziffern mehr vereinzelt auftreten. Ganz anders ist aber das Resultat in Bezug auf die Häufigkeit der Rachitis überhaupt und ihrer verschiedenen Grade bei den frühen Geburten und bei den Spätgeborenen. Vergleicht man nämlich die zwei Hauptgruppen (1.—7. und 8.—17.) miteinander, so ergibt sich zu unserer Ueberraschung, dass die spätgeborenen Kinder nicht nur nicht häufiger, sondern im Gegentheile entschieden seltener rachitisch werden (19·1% Rachitisfreie in der 2. Gruppe gegen 14·6% in der 1. Gruppe), und dass auch die schweren Formen der Rachitis (III. und IV. Grad) bei den Spätgeborenen entschieden seltener vorkommen als bei den frühen Kindern. Besonders interessant ist es, dass gerade ein fünfzehntes

Das wievielte Kind	Keine Zeichen von Rachitis	Rachitisch				Summe
		I. Grad	II. Grad	III. Grad	IV. Grad	
1. Kind . .	38	76	78	49	3	294
(in %)	(15·6)	(31·3)	(32·1)	(19·8)	(1·2)	—
2. Kind . .	44	84	91	65	14	298
(in %)	(14·7)	(28·2)	(30·5)	(21·8)	(4·7)	—
3. Kind . .	47	82	89	67	16	301
4. „ . .	27	58	72	55	13	225
5. „ . .	21	39	56	52	14	182
6. „ . .	31	40	57	32	10	170
7. „ . .	13	26	28	19	4	90
1.—7. Kind .	221	405	471	339	74	1510
(in %)	(14·6)	(26·8)	(31·2)	(22·4)	(4·9)	—
8. Kind . .	12	24	19	14	2	71
9. „ . .	8	11	17	7	1	54
10. „ . .	4	6	5	5	2	22
11. „ . .	2	6	7	2	1	18
12. „ . .	6	5	5	1	1	18
13. „ . .	—	—	—	—	—	—
14. „ . .	—	—	—	1	—	1
15. „ . .	1	—	2	—	—	3
16. „ . .	—	—	—	—	—	—
17. „ . .	1	—	—	—	—	1
8.—17. Kind	34	52	55	30	7	178
(in %)	(19·1)	(29·2)	(30·9)	(16·8)	(3·9)	
Totalsumme	255	457	526	369	81	1688
(in %)	(15·1)	(27·0)	(31·2)	(21·9)	(4·8)	—

und ein siebzehntes Kind ganz frei von Rachitis befunden wurden. Das letztere habe ich erst vor Kurzem bei Gelegenheit der Impfung gesehen. Es war ein ungewöhnlich blühendes Kind, obwohl die Mutter desselben alle 17 Kinder selber gestillt hatte.

Nach alledem müssen wir also darauf verzichten, in der grösseren Zahl der Geburten ein ätiologisches Moment für die Rachitis der später geborenen Kinder zu finden. Im Gegentheile wäre man fast versucht, sich die unläugbare Thatsache, dass die spätergeborenen Kinder sich widerstandsfähiger gegen die verschiedenen Rachitis erzeugenden Schädlichkeiten erwiesen haben, in der Weise zu erklären, dass die Mütter durch das regelmässig wiederholte Fortpflanzungsgeschäft gewissermassen für diese Function geübt oder trainirt werden, und eine immer grössere Eignung für dasselbe erlangen.

Ebensowenig können wir nach unseren Erfahrungen dem vorgerückteren Alter der Eltern einen erheblichen Einfluss auf die Entstehung der Rachitis zugestehen. Bei den Frauen bewegt sich die Zeugungsperiode ohnedem in engeren Grenzen. und es geht, wie wir gesehen haben, aus unserer Statistik keineswegs hervor, dass die späteren Geburten, welche jedenfalls zumeist einem vorgerückten Alter der Mutter entsprechen, mehr zur Rachitis disponiren, als die früheren. Ausserdem kommt noch in Betracht. dass gerade unter den Unbemittelten die Männer verhältnissmässig früh heiraten, und dass hier die Fälle überaus häufig sind, wo die Männer ebenso alt oder sogar jünger sind, als ihre Frauen, während bekanntlich bei den Wohlhabenden die Altersdifferenz zu Ungunsten des Mannes die Regel, und diese Differenz häufig eine sehr bedeutende ist. Aber auch manche Einzelerfahrungen sprechen nicht sehr für den ungünstigen Einfluss des vorgerückteren Alters der Eltern auf die Rachitis der Kinder. In einer wohlhabenden Familie meiner Clientele war z. B. der Vater bei der Geburt des 19. Kindes 56, die Mutter 42 Jahre alt, und dieses Kind, welches jetzt 4 Jahre alt ist und seit seiner Geburt in meiner unausgesetzten Beobachtung stand, hat niemals irgend ein Zeichen von Rachitis dargeboten und ist überhaupt das Muster eines gesunden und kräftigen Kindes[1]).

---

[1]) Dieser Fall erscheint nicht in der obigen Tabelle. welche ausschliesslich aus den Protokollen des Ambulatoriums zusammengestellt wurde.

Damit soll nicht in Abrede gestellt werden, dass in einzelnen Fällen möglicher Weise auch dieses Moment eine angeborene Disposition des Kindes zur Rachitis bedingen kann, aber der Gesammtzahl der rachitischen Kinder gegenüber spielt dasselbe gewiss nur eine verschwindende Rolle.

Von etwas grösserer Bedeutung ist meiner Ansicht nach die grosse Jugend der Mutter im Vereine mit einer schwächlichen Constitution der letzteren. Auch dieses Moment dürfte sich bei der Aetiologie der Rachitis kaum in sehr grossen Zahlen ausdrücken lassen. Wenigstens ergibt die obige Tabelle für die erstgeborenen Kinder, bei denen die Mütter jedenfalls am jüngsten waren, eher ein etwas günstigeres Verhältniss, als für die Gesammtzahl. Aber die individuelle Beobachtung, speciell in der Privatpraxis, wo die wichtigsten Schädlichkeiten, wie schlechte Ernährung, verdorbene Luft und mangelhafte Pflege überhaupt zumeist wegfallen, gibt doch einige bestimmtere Anhaltspunkte für dieses ätiologische Moment. Ich habe nämlich einige Male gesehen, dass sehr jung verheiratete zart gebaute aber sonst ganz gesunde Frauen von gesunden Männern Kinder geboren haben, welche trotz ihres sonstigen scheinbar normalen Verhaltens und trotz der günstigsten äusseren Verhältnisse (gesunde Ammen, Landaufenthalt im Sommer u. s. w.) dennoch der Reihe nach rachitisch wurden, und dass sich erst bei den späteren Kindern eine Abnahme in der Intensität der rachitischen Affection geltend gemacht hat.

Da es sich in diesen Fällen nur um eine zarte Constitution der Mütter gehandelt hat, so ist auch hier eine erbliche Uebertragung der Disposition zur Rachitis nicht sichergestellt, da es ja möglich und auch wahrscheinlich ist, dass zum Theile wenigstens diese Disposition sich erst intrauterin durch die quantitativ oder qualitativ mangelhafte Ernährung des Fötus herausgebildet hat. Eine solche erbliche Uebertragung der Disposition wäre eigentlich nur dann mit Sicherheit anzunehmen, wenn man nachweisen könnte, dass schwächliche oder mit chronischen Krankheiten behaftete Väter häufiger rachitische Kinder erzeugen, als gesunde. Dieser Nachweis ist aber gerade für die grösseren Zahlen durch die Verhältnisse sehr erschwert, weil wir im Ambulatorium die Väter fast niemals zu sehen bekommen, und die Angaben der Mütter über den Gesundheitszustand ihrer Männer nicht verlässlich sind.

Im Allgemeinen ist es nun im hohen Grade wahrscheinlich, dass z. B. die Kinder von tuberculösen Vätern im Grossen und Ganzen mehr zur Rachitis disponiren werden, als die Kinder gesunder Väter. Aber mehr als vereinzelte Beobachtungen kann ich auch hiefür nicht vorbringen, und diesen steht wieder ein Fall gegenüber, in welchen das Kind eines Phthisikers, obwohl es schwächlich war, dennoch frei von Rachitis geblieben ist, allerdings unter den günstigsten äusseren Verhältnissen, Säugung durch die kräftige Mutter, günstige Wohnungsverhältnisse, Landaufenthalt etc. Die Angabe von Ritter, nach welchen von 14 Vätern rachitischer Kinder, deren Gesundheitszustand eruirbar war, gerade die Hälfte mit Tuberculose behaftet war, würde allerdings zu Gunsten dieser theoretischen Voraussetzung sprechen, aber sie bewegt sich leider in viel zu kleinen Zahlen, um darüber endgiltig zu entscheiden. Auch über den sehr wahrscheinlichen befördernden Einfluss der elterlichen Scrophulose auf die Rachitis der Kinder fehlen uns die grösseren Zahlenangaben. Was die Syphilis der Eltern anlangt, so ist dieselbe insoferne ein wichtigeres ätiologisches Moment, als diejenigen Kinder, welche die specifische Krankheit von ihren Eltern ererbt haben, ungemein häufig an Rachitis erkranken. Hier ist aber nicht die Disposition zur Rachitis vererbt worden, sondern ein specifisches Agens, welches einerseits die Ernährungs- und Wachsthumsvorgänge des Kindes in hohem Grade beeinträchtigt, und andererseits höchst wahrscheinlich direct als krankhafter Reiz auf die osteogenen Gewebe einwirkt. Es würde sich also nur fragen, ob jene Kinder syphilitischer Eltern, welche aus irgend einem Grunde (Abschwächung der elterlichen Vererbungsfähigkeit oder intensivere Quecksilberbehandlung vor der Zeugung) die specifische Krankheit nicht ererbt haben, dennoch eine grössere Disposition zur rachitischen Erkrankung aufweisen. Ich habe nun allerdings, da ich seit Jahren in meinem Ambulatorium alle syphilitischen Familien und ihre Abkömmlinge genau in Evidenz halte, reichliche Gelegenheit, solche Kinder zu sehen, aber ich war nicht im Stande, irgend ein auffälligeres Moment in dem Verhalten dieser Kinder gegen die Rachitis zu constatiren.

Zum Schlusse müssen wir uns noch die Frage vorlegen, ob vielleicht in dem Geschlechte der Kinder eine besondere Disposition zur rachitischen Erkrankung gelegen ist. Diese Frage kann

ich nun, in Uebereinstimmung mit Ritter u. A. bestimmt verneinen. denn als ich einmal mehr als 1000 Fälle von nacheinander
erschienenen schweren Rachitisfällen (III. und IV. Grad) nach dem
Geschlechte ordnete, zeigte es sich zwar, dass einmal die Knaben
den Mädchen, und dann wieder die Mädchen den Knaben den Rang
abliefen. dass aber schliesslich die Zahlen sich immer wieder aus-
geglichen haben. Dagegen habe ich einmal die bemerkenswerthe
Beobachtung gemacht, dass unter 7 Geschwistern, wo Knaben und
Mädchen miteinander abwechselten, sämmtliche 4 Mädchen frei von
Rachitis geblieben waren, während alle 3 Knaben eine bedeutende
Rachitis aufwiesen. Hier muss man allerdings an eine Disposition
denken, die aus einem räthselhaften Grunde blos auf die Knaben
übergegangen ist.

Damit hätten wir nun, wie ich glaube, die wichtigsten Verhältnisse kennen gelernt, unter denen die klinische Beobachtung
die rachitische Knochenaffection sich heraubilden sieht. Aber damit,
dass wir die häufige Coïncidenz der Rachitis mit den oben charakterisirten abnormen Verhältnissen constatirt haben, besitzen wir
noch keine Erklärung dafür, in welcher Weise diese Schädlichkeiten
im Stande sein sollen, jenen Entzündungsprocess in's Leben zu
rufen, welchen wir ohne Ausnahme in allen Fällen von rachitischer
Erkrankung an den Appositionsstellen der wachsenden Knochen
beobachten. Der überaus mannigfaltigen Aetiologie der Rachitis
steht also einstweilen das einheitliche anatomische Bild dieser
Krankheit noch ziemlich unvermittelt gegenüber. Den hier noch
fehlenden Mittelgliedern nachzuforschen, soll nun die Aufgabe des
folgenden Kapitels sein.

Fünftes Kapitel.

Theorie der Rachitis.

Physiologische und pathologische Reize. Identität von Reiz und Läsion. Ubi laesio, ibi affluxus. Phosphorwirkung. Allgemeine und locale Inanition. Analyse der ätiologischen Momente. Das Wesen der Rachitis.

In einem der früheren Kapitel haben wir ausführlich die Gründe dargelegt, warum gerade die ossificirenden Gewebe an den Appositionsstellen der wachsenden Knochen eine besonders hohe Empfindlichkeit gegen krankhafte Reize, deren Anwesenheit im Blute wir supponirt haben, besitzen müssen. Da wir nun soeben die verschiedenen äusseren Einwirkungen und die den Individuen selbst immanenten abnormen Verhältnisse besprochen haben, unter denen sich der entzündliche Process an diesen Theilen des wachsenden Skeletes erfahrungsgemäss herausbildet, so müssen wir uns nunmehr darüber klar werden, in welcher Weise diese verschiedenen abnormen Verhältnisse im Stande sind, entweder die entzündungserregenden Reize zu schaffen, oder die durch das appositionelle Knochenwachsthum bedingte Reizempfänglichkeit der ossificirenden Gewebe zu erhöhen.

Bevor wir aber in diesem Sinne eine Analyse der mannigfaltigen ätiologischen Momente der Rachitis unternehmen, müssen wir uns vorerst darüber verständigen, was wir unter entzündlichen Reizen verstehen, und wie wir uns ihre unmittelbare Einwirkung auf die von ihnen betroffenen Gewebe vorstellen wollen. Leider muss von einer tiefer greifenden Erörterung dieses hochwichtigen Themas, in welche nothwendiger Weise die ganze überaus schwierige und verwickelte Entzündungsfrage einbezogen werden müsste, an

dieser Stelle Abstand genommen werden, weil uns eine solche weit
über das uns vorgesteckte Ziel hinausführen würde. Ich muss mir
daher vorbehalten, an einer anderen Stelle den Nachweis zu liefern,
wie überaus fruchtbar sich gerade das histologische Studium der
Knochen- und Knorpelentzündung für die Theorie der Entzündung
gestaltet, und wie insbesondere die Frage nach der Herkunft der
zelligen Entzündungsproducte gerade von diesem Punkte aus eine
befriedigende Antwort finden kann. Hier müssen wir uns darauf
beschränken, die Natur der entzündungserregenden Reize und die
Art ihrer Einwirkung auf die lebenden Gewebe nur insoweit in
Erwägung zu ziehen, als dies unbedingt nothwendig erscheint, um
eine Verständigung über den Zusammenhang der rachitiserzeugenden Schädlichkeiten und der histologisch nachweisbaren rachitischen
Veränderungen zu ermöglichen.

Wenn wir nun das Wesen der uns bekannten entzündungserregenden Reize und der Reize überhaupt (mit Inbegriff
der physiologischen) näher ins Auge fassen, so müssen wir zu dem
Resultate gelangen, dass ihnen insgesammt nur eine einzige directe
Einwirkung auf die lebenden Gewebe zugeschrieben werden kann,
und dass sie in erster Linie niemals etwas anderes bewirken können,
als dass sie grössere oder kleinere Theile der lebenden Substanz
zerstören, oder, was auf dasselbe hinausläuft, die einem jeden lebenden Partikelchen innewohnende Neigung zum Zerfall oder zur
Umwandlung in nicht lebende Substanzen in einem gewissen Grade
beschleunigen. Eine andere unmittelbare Wirkung der uns bekannten Reize, also der mechanischen (Druck, Stoss, Schnitt u. s. w.),
der thermischen, der chemischen und toxischen, sowie auch der
elektrischen (welche offenbar in letzter Instanz elektrolytisch, also
wieder chemisch einwirken), scheint mir durchaus undenkbar. Ist
nun die Intensität des Reizes eine geringe, und ist daher der durch
denselben herbeigeführte Zerfall organisirter Theile ein verhältnissmässig beschränkter, so wirkt derselbe als physiologischer
Reiz, weil eben, solange der normale Bestand der organischen
Theile und damit auch der physiologische Zustand aufrecht erhalten
werden soll, der beschleunigte Zerfall der organischen Substanz immer
auch sofort von einer ebenso beschleunigten Regeneration derselben
gefolgt sein muss; und es scheint mir sogar in hohem Grade wahrscheinlich, dass sowohl die durch physiologische Reize hervorge-

rufene Protoplasmabewegung, als auch die specifischen Functionen
der höher organisirten Gewebe (Muskel, Drüsen. Nerven u. s. w.)
in letzter Instanz immer wieder aus denselben zwei Factoren sich
zusammensetzen, nämlich aus einem Zerfalle kleinster organischer
und lebender Theilchen, welche sofort von einem Aufbau neuer
solcher Theilchen gefolgt ist.

Der pathologische Reiz unterscheidet sich nun von dem
physiologischen einzig und allein durch seine Intensität, und deshalb
kann auch er zunächst nichts anderes hervorbringen, als wieder nur
einen Zerfall von lebender Substanz. Nur erreicht dieser Zerfall
diesmal eine solche Ausdehnung, dass er nicht mehr, oder wenigstens nicht sofort, und auch nicht mehr vollständig durch die
Regeneration gedeckt werden kann. Damit ist aber auch schon ein
dauernder pathologischer Zustand gegeben, welcher, wenn er nicht
zur völligen Ertödtung des Organismus oder weiterer Strecken desselben führt, unausweichlich von jenem Complexe von Erscheinungen
gefolgt ist, welche wir unter dem Namen der Entzündung zu-
sammenfassen.

Die nächste Folge eines solchen über das normale Maass
weit hinaus gehenden Zerfalles lebender Theilchen muss aber nothwendiger Weise sein, dass damit in einem gewissen Terrain des
Organismus und der ihn zusammensetzenden Gewebe die Wider-
stände gegen die Strömung der Gewebssäfte bedeutend
vermindert werden. Es wird also ein leichter durchströmbares
Gebiet geschaffen, zu welchem nach rein physikalischen Gesetzen
die Gewebsflüssigkeiten von allen Seiten in grösseren Massen und
mit einer verstärkten Geschwindigkeit hinströmen. Die längst bekannte Thatsache, dass der pathologische Reiz, oder wie man früher
sagte, der Stimulus immer und überall von einem Affluxus der
Gewebssäfte gefolgt ist, wird eben erst dadurch verständlich, dass
sich ein jeder Reiz in letzter Linie immer wieder in eine Gewebsläsion auflösen lässt, und wenn wir daher sagen: ubi laesio, ibi
affluxus, so registriren wir damit nicht mehr ein nacktes empirisches
Factum, sondern wir sprechen damit zugleich aus, dass der
pathologische Reiz, welchen wir der Gewebsläsion gleich
setzen, nothwendiger Weise nach den Gesetzen der
Hydrostatik von einer verstärkten Strömung der Gewebs-

flüssigkeiten in der Richtung der verminderten Wider-
stände gefolgt sein muss.

Ich glaube nun, dass mir — an einem anderen Orte — der
Nachweis leicht gelingen wird, dass sich sämmtliche Vorgänge bei
der Entzündung direct oder indirect auf diese unmittelbare Wirkung
des entzündlichen Reizes oder der primären Gewebsläsion zurückführen lassen. Für unseren jetzigen Zweck reicht es aber vollkommen
aus, wenn wir uns vorstellen, dass im Blute circulirende reizende
Substanzen oder auch die abnorm zusammengesetzte Blutflüssigkeit
selber einen beschleunigten Zerfall in den feinsten Theilchen der
unmittelbar vom Blute berieselten zarten Gefässwände oder des die
offenen Bluträume umgrenzenden jungen protoplasmatischen Stroma
herbeiführen. Durch einen solchen, das physiologische Maass über-
schreitenden und daher nicht sofort von einer ausreichenden Regeneration gefolgten Zerfall wird eine krankhaft gesteigerte
Durchlässigkeit oder Durchströmbarkeit der Gefässwände
und der unmittelbar benachbarten Gewebe geschaffen,
und damit allein ist schon der Entzündungsprocess und die ganze
Serie der von ihm abhängigen Erscheinungen in den ossificirenden
Gewebsschichten gegeben. Ist nun der Diffusionsstrom der Gefässe
gesteigert, so wird, genau so wie bei den normalen Wachsthumsvorgängen, das Knorpel- und Knochengewebe in ihrer unmittelbarsten
Umgebung beseitigt und durch indifferentes Gewebe (Knorpel- oder
Knochenmark) ersetzt, zugleich werden aber auch einzelne Saft-
bahnen innerhalb der Knorpel- oder Knochengrundsubstanz durch die
vermehrte Saftströmung in Blutbahnen umgewandelt, es erfolgt also
eine abnorme Neubildung von Blutgefässen, und auch in der Umgebung dieser neugebildeten Blutgefässe wird die specifische Knor-
pel- und Knochenstructur aufgehoben, und junges Bildungsgewebe
tritt an ihre Stelle. Auch alle anderen Erscheinungen der Rachitis,
mit Einschluss der Knorpelwucherung und der Kalkarmuth der neugebildeten knöchernen Theile, sind, wie wir gesehen haben, eine
unmittelbare Folge des krankhaft gesteigerten Diffusionsstromes
aus den Blutgefässen der ossificirenden Gewebe, und wenn wir
daher wirklich im Stande wären, den Nachweis zu führen, dass die
früher charakterisirten Schädlichkeiten geeignet sind, in irgend
einer Weise eine vermehrte Durchlässigkeit der jungen Gefässwände
und der sie umgebenden neu apponirten jungen Gewebsschichten

herbeizuführen, so wäre damit die Pathogenese des rachitischen Processes in genügender Weise klargelegt.

Diese Annahme, dass eine Zerstörung feinster Theilchen der Gefässwände und ihrer nächsten Umgebung zur Erzeugung eines entzündlichen Processes, speciell in diesen Theilen des wachsenden Knochensystems, ausreicht, beruht nun nicht etwa ausschliesslich auf einer theoretischen Deduction, sondern sie ist durch die Experimente über den Einfluss grösserer Phosphorgaben auf die wachsenden Knochen und über die durch die Inanition herbeigeführten Veränderungen in den letzteren fast in den Bereich der directen Beobachtung gerückt worden. Die im Blute circulirenden Phosphortheilchen können ja, wie wir an einem anderen Orte ausführlicher begründet haben [1], kaum eine andere Wirkung auf die Gefässwände, mit denen sie in unmittelbare Berührung kommen, ausüben, als dass sie kleinste Theilchen derselben zerstören, und in der That sehen wir nach der Vorabreichung grösserer Phosphordosen an wachsende Thiere in den ossificirenden Geweben analoge Veränderungen auftreten, wie wir sie auch in den histologischen Bildern rachitisch afficirter Knochen gefunden haben.

Noch klarer stehen indessen die Verhältnisse bei der Inanition. Lässt man sehr junge Thiere durch einige Tage ganz ohne Nahrungszufuhr, so findet man an denselben Stellen der wachsenden Knochen Veränderungen vor, welche in manchen Beziehungen eine grosse Aehnlichkeit haben mit den Bildern der Rachitis und der intensiveren Phosphorwirkung. Auch hier sehen wir nämlich eine colossale Erweiterung und eine Vermehrung der Blutgefässe, und Hand in Hand damit geht eine gesteigerte Einschmelzung des Knorpels und des jungen Knochens unter der Bildung zahlreicher neuer Knochengefäss-Kanäle und colossaler Massen von Myeloplaxen. Die Nahrungsentziehung kann aber unmöglich in einem anderen Sinne wirken, als dass die Gewebe, denen kein neues Ernährungsmateriale zugeführt wird, in beschleunigtem Masse zerfallen. Dass dieser beschleunigte Zerfall sich gerade an jenen Stellen besonders auffällig macht, wo sich die Ossification vorbereitet oder vor Kurzem stattgefunden hat, darf uns gewiss nicht überraschen, wenn wir bedenken, dass gerade hier

---

[1] Die Phosphorbehandlung der Rhachitis l. c.

immer junges hinfälliges Gewebe gebildet wird, welches aber nicht,
wie in den expansiv wachsenden weichen Structuren, in der gesammten Ausdehnung der letzteren zwischen die älteren Theile eingeschoben ist, sondern in Folge des appositionellen Wachsthums
an räumlich beschränkten Stellen und in zusammenhängenden Massen
sich anhäuft. Auch die Wandungslosigkeit der Gefässe oder vielmehr das Fehlen einer differenzirten Wandung ist nur ein Ausdruck
des Jugendzustandes dieser Gewebe, und es ist begreiflich, dass ein
Zerfall dieser indifferenten protoplasmatischen Substanz in der unmittelbarsten Umgebung der neu entstandenen Bluträume noch viel
leichter zu Stande kommen muss, als die Veränderungen in den
complicirter gebauten und straffer gewebten Wandungen der älteren
Gefässe.

    In ganz ähnlicher Weise müssen wir uns auch die intimeren
Vorgänge bei dem im ersten Kapitel beschriebenen Experimente
vorstellen, bei welchem wir durch eine künstlich erzeugte Blutleere
in einer Extremität eines wachsenden Thieres einen entzündlichen
Zustand in den Knochen dieser Extremität, und insbesondere an
den Appositionsstellen derselben hervorgerufen haben. Hier hat es
sich eben um eine locale Inanition gehandelt, welche offenbar
gleichfalls einen beschleunigten Zerfall in den jungen neuapponirten
Geweben und speciell in dem die Blutgefässe direct umgebenden
Antheile derselben zur Folge gehabt hat.

    Wir sehen also, dass sowohl eine allgemeine Nah-
rungsentziehung, als auch die Abschneidung der Nahrungszufuhr zu einem Theile des wachsenden Organismus
im Stande ist, in kurzer Zeit einen wohl charakterisirten
Entzündungszustand an den Appositionsstellen der
Knochen hervorzurufen. Durch diese beiden wichtigen Thatsachen ist aber schon der causale Zusammenhang zwischen einer
grossen Gruppe von rachitiserzeugenden Schädlichkeiten und dem
anatomisch nachweisbaren Entzündungsprocesse an den Knochen-
wachsthumsstellen vollständig klargelegt. Denn dieselbe oder eine
ähnliche Wirkung, welche eine allgemeine oder locale Nahrungsentziehung binnen wenigen Tagen hervorbringen kann, wird eine
durch längere Zeit fortgesetzte quantitativ oder qualitativ fehlerhafte Ernährung in einem etwas längeren Zeit-

raume zu Stande bringen können. Sowohl die fortgesetzte Zufuhr eines schlechten Ernährungsmaterials von aussen, als auch eine jede fehlerhafte Chemie der Verdauung und des Stoffwechsels wird sich während der Zeit des lebhaften Wachsthums in einer abnormen Beschaffenheit der neugebildeten Gewebstheile äussern müssen, und wird sich auch im ganzen Organismus durch schlechtes Aussehen, durch mangelhafte Gewichtszunahmen und durch eine grössere Vulnerabilität des betroffenen Individuums und seiner einzelnen Gewebe und Organe geltend machen. An jenen Knochenenden aber, an denen eine sehr energische Apposition stattfindet, wo sich also in grösserer Ausdehnung ein fehlerhaft gebautes und daher auch wenig widerstandsfähiges junges Gewebe anbildet, wird diese Vulnerabilität der jungen Gewebe und insbesondere der lockere und labile Bau der jungen Gefässwände sehr leicht zu jenen entzündlichen Vorgängen und ihren Consequenzen führen, welche wir als Rachitis bezeichnen.

Wenn wir nun alle hier aufgezählten Thatsachen überblicken, welche uns einen Schluss auf die feineren Vorgänge bei der Entstehung des rachitischen Entzündungsprocesses gestatten, so können wir uns die Wirkung der Rachitis erzeugenden Schädlichkeiten im Allgemeinen in dreierlei Weise vorstellen. Entweder bewirken dieselben, dass die neu apponirten Gewebstheile und insbesondere die jungen Gefässwände gleich von vorneherein eine wenig widerstandsfähige, labile Anlage erhalten; oder die normal gebildeten jungen Gewebe werden mangelhaft ernährt und büssen ihre ursprüngliche Resistenzfähigkeit ein; oder endlich sie unterliegen der directen reizenden, d. h. also zerstörenden Einwirkung seitens abnormer Bestandtheile des sie bespülenden Blutes und der sie durchdringenden Ernährungssäfte.

Obwohl nun in den meisten Rachitisfällen höchst wahrscheinlich alle diese drei Momente zu gleicher Zeit in die Action treten, so wird doch gewiss in jedem einzelnen Falle das eine oder andere Moment mehr im Vordergrunde stehen. So denken wir bei den nutritiven Schädlichkeiten wohl zunächst an einen fehlerhaften Aufbau und an eine mangelhafte Ernährung der neugebildeten Gewebe an den Ossificationsstellen der Knochen. Dennoch wird aber auch die Möglichkeit nicht ganz abzuweisen sein, dass sich in Folge einer mangelhaften Verdauung oder in Folge eines

fehlerhaften Chemismus des allgemeinen Stoffwechsels abnorme
Bestandtheile in der Blut- und Säftemasse des Kindes entwickeln,
welche direct reizend oder zerstörend auf die Gefässwände einwirken, und dadurch ihr feinstes Gefüge lockern und für den Diffusionsstrom durchgängiger machen.

Bei den respiratorischen Noxen dürfte wieder das letztere
Moment das tonangebende sein. Denn abgesehen davon, dass die
Blut- und Säftemasse durch den beeinträchtigten Athmungsprocess
eine abnorme und für die empfindlichen jungen Gewebe „reizende"
Beschaffenheit annehmen kann, ist es auch ganz gut möglich, dass
aus der hochgradig verunreinigten Athmungsluft schädliche Substanzen, irrespirable Gase u. dgl. in die Blutmasse übertreten, und
dass diese dann aus den mehrfach ausgeführten Gründen gerade an
den ossificirenden Geweben der wachsenden Knochen ihre deletäre
Thätigkeit entfalten. Man denke nur, um sich diese Möglichkeit
zu veranschaulichen, an die direct nachweisbaren Zerstörungen,
welche eingeathmete Phosphor- und Arsenikdämpfe an denselben
Stellen des wachsenden Knochensystems hervorrufen. Ausserdem
mögen aber auch unter dem Einflusse eines mangelhaft oxydirten
und durch die schlechte Athmungsluft verunreinigten Blutes späterhin die neu gebildeten Gewebe gleich von vornherein eine abnorme
und ungewöhnlich labile Beschaffenheit annehmen.

Was nun den rachitiserzeugenden Einfluss der acuten und
chronischen Kinderkrankheiten anlangt, so liegt es nahe,
bei den acuten Krankheiten zunächst an die Ausbildung direct
entzündungserregender hämatogener Noxen zu denken, und es
scheint mir sogar der Erwägung werth, ob nicht bei jenen zahlreichen, das Kindesalter besonders häufig und intensiv betreffenden
Krankheiten, die wir geneigt sind als parasitäre aufzufassen, wie die
acuten Exantheme, die croupöse Pneumonie u. s. w., dieselben
Mikroparasiten, die in den anderen Organen und Geweben specifische
Entzündungsprocesse hervorrufen, in Folge der früher erwähnten
Verhältnisse immer auch an den Appositionsstellen der Knochen
als einfache Entzündungsreize wirken, und dadurch den rachitischen
Process entweder einleiten oder eine schon bestehende Entzündung
wesentlich verstärken. Freilich können diese krankhaften Vorgänge
sich auch in der Weise geltend machen, dass die gesammten Ernährungsvorgänge unter der schweren Erkrankung leiden, und in

Folge dessen die neugebildeten Gewebe gleich von vorneherein eine abnorm geringe Widerstandsfähigkeit gegen Einwirkungen der verschiedensten Art erlangen.

Dasselbe gilt von jener chronischen Infectionskrankheit, von welcher wir wissen, dass sie häufig und frühzeitig den rachitischen Process hervorruft, nämlich von der vererbten Syphilis. Auch hier wirken die Mikroorganismen, die wir zwar noch nicht kennen, die wir aber ohne besonders lebhafte Phantasie als die Erreger der syphilitischen Krankheit voraussetzen dürfen, direct entzündungserregend in den ossificirenden Geweben, und die in manchen Fällen gerade an den Stellen, wo das apponirende Wachsthum der Knochen stattfindet, beobachteten specifischen Entzündungsprocesse illustriren am besten unsere Voraussetzung, dass jene räumlich beschränkten Stellen eine ganz besondere Reizempfänglichkeit für jeden im Blute circulirenden Entzündungsreiz besitzen müssen. Aber abgesehen von dieser hochgradigen Wirkung des durch Vererbung auf den jungen Organismus übertragenen Giftes sehen wir ja bei den syphilitischen Kindern fast ohne Ausnahme die gewöhnlichen Erscheinungen der Rachitis, und es scheint also, dass das Gift in manchen Fällen entweder nur eine relativ milde Wirkung ausübt, und daher gar keine specifischen Erscheinungen hervorruft, oder dass vielleicht rasch vorübergehende specifische Entzündungsprocesse an den Appositionsstellen der Knochen den Anstoss geben zur Entwicklung der einfachen rachitischen Entzündung. Aber wenn wir auch bei der rachitischen Knochenaffection der hereditär Syphilitischen das Hauptgewicht auf die directe reizende oder zerstörende Einwirkung der Mikroparasiten an den Gefässwänden der ossificirenden Gewebe legen müssen, so ist doch auch wieder andererseits zu bedenken, dass in vielen Fällen die Vererbung der Syphilis die ganze Entwicklung des Fötus und des geborenen Kindes in hohem Grade beeinträchtigt, und manchmal zu einer mehr oder weniger ausgebildeten Cachexie führt, zum mindesten aber — mit wenigen Ausnahmen — ein schwächliches Aussehen und eine sehr langsame Gewichtszunahme der betroffenen Kinder verschuldet. Es ist daher ganz gut möglich, dass in solchen Fällen auch die jungen protoplasmatischen und Gewebselemente an den Knochenbildungsstätten gleich von vorneherein eine abnorme Beschaffenheit und eine geringere Resistenz erlangen, und dass die zweifellos gesteigerte Dis-

position der hereditär syphilitischen Kinder zur rachitischen Erkrankung zum Theile auch hierin ihre Begründung findet.

In dieser letzteren Annahme läge zugleich auch der Schlüssel
für jene Fälle, bei denen die Rachitis ohne nachweisbare schädliche
Einflüsse und unter den scheinbar günstigsten äusseren Verhältnissen
entsteht, sowie auch für die auffallende Erscheinung, dass dieselbe
Schädlichkeit bei Kindern verschiedener Abstammung eine ganz
verschiedene Wirkung hervorbringt, indem die einen schwer, die
anderen leicht oder gar nicht afficirt werden. Auch hier liegt der
Godanke nahe genug, dass diese angeborene und in vielen Fällen
zweifellos angeerbte Disposition in einer von Haus aus abweichenden Beschaffenheit der jungen Gewebstheile an dem
Lieblingssitze der rachitischen Affection gelegen sein mag. Ob nun
die grössere Vulnerabilität oder Hinfälligkeit dieser jungen Gewebe
in einer von der Norm abweichenden chemischen Constitution, oder
in einer lockeren Anordnung des feinsten organischen Netz- oder
Maschenwerkes begründet ist, oder ob nach beiden Richtungen hin
Variationen vorkommen, können wir natürlich nicht entscheiden.
Dass aber die Gewebe verschiedener Individuen eine verschiedene
Widerstandsfähigkeit gegen schädliche Einwirkungen haben, und
dass eine geringere Widerstandsfähigkeit der Gewebe in zahlreichen
Fällen angeboren und durch Vererbung von einem oder beiden
Eltern auf das neue Individuum übergegangen ist, das ist durch so
zahlreiche Erfahrungen sichergestellt, dass es wohl keiner neuer-
lichen Beweisführung bedarf. Was ist denn z. B. ein scrophulöses
Individuum anderes, als ein solches, dessen feinste Gewebstheile
entweder so leicht zerstört werden, oder sich so schwer regeneriren,
dass schon geringe Schädlichkeiten im Stande sind, verhältnissmässig
bedeutende und nur wenig oder gar nicht zur Restitution neigende
Entzündungsprocesse hervorzurufen. Aber in den anderen Geweben
und Organen müssen doch, selbst bei einer solchen angeborenen
Hinfälligkeit der Gewebe, immerhin noch wirkliche Schädlichkeiten
— zu denen wir insbesondere auch das Tuberkelvirus rechnen
müssen — eingewirkt haben, wenn wir jene eigenthümlichen hartnäckigen Entzündungsprocesse in ihnen beobachten. Dagegen reicht
an den Bildungsstätten des Knochengewebes während des intensivsten Wachsthums möglicher Weise jene lockere Structur oder
jene eigenthümliche labile chemische Constitution der gerade hier

in grösserer Ausdehnung neugebildeten Gewebe allein schon hin, damit
die in ihnen herrschende physiologische Fluxion und der mit den
Ossificationsvorgängen untrennbar verbundene physiologische Vascularisationsprocess in einen selbstständigen entzündlichen Vorgang sich
verwandle.

Am häufigsten werden wir natürlich eine solche schwächliche
Constitution der jungen Gewebe bei den Kindern schwächlicher
oder durch chronische Krankheiten herabgekommener Eltern vorfinden. Ebensowenig werden wir uns wundern, wenn die zarten
Gewebe frühgeborener Früchte eine geringere Widerstandsfähigkeit
verrathen werden, als diejenigen vollkommen ausgereifter Kinder.
Man kann sich aber auch ganz gut denken, dass in gewissen Familien eine derartige Anomalie der neugebildeten Gewebe gerade
nur in den ersten Lebensmonaten oder Jahren sich auf mehrere
Generationen forterbt, und dass aus diesen Gründen allein — ohne
nachweisbare äussere Schädlichkeiten — alle Kinder dieser Familie
in dieser Zeit rachitisch werden. Wenn solche Individuen unter
günstigen Verhältnissen leben, so kann sich die Vulnerabilität der
Gewebe allmälig mit den zunehmenden Jahren verlieren; bei nach-
lassender Wachsthumsenergie heilt dann die Rachitis entweder
spontan oder unter Anwendung „roborirender" Mittel und Vor-
kehrungen, und so sehen wir häufig genug, dass solche Individuen
trotz der zweifellos ererbten oder wenigstens angeborenen Hinfälligkeit und Reizempfänglichkeit ihrer Gewebe ausser der Rachitis
keine anderen krankhaften Erscheinungen darbieten. In dieser Weise
lässt sich also auch die angeborene Disposition zur Rachitis und
die Vererbung derselben ganz ungezwungen in das Schema unserer
Rachitistheorie einreihen.

Diese neue Rachitistheorie gipfelt also in den folgenden
Sätzen:

Die exceptionelle Art des Knochenwachsthums durch
Apposition neuer Knochensubstanz an der Oberfläche
der erhärteten Theile involvirt eine besondere Neigung
der ossificirenden Gewebe zu entzündlichen Processen.

In der Zeit des intensivsten Wachsthums sind die
verschiedensten den Gesammtorganismus betreffenden
Schädlichkeiten und die meisten abnormen Vorgänge im

Innern desselben im Stande, an diesen vulnerablen
Stellen des Knochensystems eine Entzündung zu provociren.

Die verstärkte Wucherung der ossificirenden Gewebe, die abnorme Structur und mangelhafte Verkalkung
der neugebildeten Knochentextur, die vermehrte Einschmelzung der älteren verkalkten Theile und die aus
alledem resultirende Weichheit und Kalkarmuth der rachitisch afficirten Knochen sind Erscheinungen und
Folgen des localen Entzündungsprocesses.

Sechstes Kapitel.

Die Theorien des allgemeinen Kalkmangels und des Kalkhungers.

Allgemeiner Kalkmangel. Vascularisation und entzündliche Wucherung. Normale Verkalkung an den langsam wachsenden Enden. Abnorme Structur der jungen Knochensubstanz. Frauenmilch. Kuhmilch und Hundemilch. Rachitis bei Hunden. Ueberschüssiger Kalkgehalt der Nahrungsmittel. Erfolglosigkeit der Kalktherapie. Heilung der Rachitis durch Phosphor. Spontanheilung.

Nachdem es uns somit gelungen ist, die wichtigsten auf die Rachitis bezüglichen Thatsachen, den anatomischen Befund, die klinischen Erfahrungen und alle uns bekannten ätiologischen Momente in einen natürlichen Zusammenhang zu bringen, und eine nach allen Seiten befriedigende Theorie der Rachitis aufzustellen, dürfen wir uns doch auch der Aufgabe nicht entziehen, die hervorragendsten der bisherigen Rachitistheorien zu besprechen, und ihre Unzulänglichkeit zu demonstriren.

Seitdem die Rachitis zum ersten Male durch G l i s s o n in der Mitte des 17. Jahrhunderts eine wissenschaftliche Bearbeitung erfahren hat [1]), waren es hauptsächlich zwei Theorien, welche um die

---

[1]) Bekanntlich wird noch immer hie und da die Streitfrage erörtert, ob die Rachitis schon in früherer Zeit bestanden hat, oder ob dieselbe erst kurz vor G l i s s o n, also etwa im Anfange des 17. Jahrhunderts aufgetreten ist. Genau mit demselben Rechte, wie das letztere, könnte man aber auch behaupten, dass die C r a n i o t a b e s erst aus unserem Jahrhunderte datirt, und dass bis dahin die Rachitis blos das übrige Skelet mit Ausnahme des Schädels befallen habe, weil nämlich vor E l s ä s s e r (1843) dieses so überaus häufige und auffällige Symptom der Rachitis von keinem einzigen Autor erwähnt worden ist. Ich für meinen Theil zweifle nicht daran, dass die Ra-

Herrschaft stritten, nämlich die Theorie der Kalkarmuth der Ernährungssäfte und die Säuretheorie. Beide haben das Eine
mit einander gemein, dass sie ausschliesslich ein einzelnes Symptom
der Krankheit, nämlich die Kalkarmuth eines mit vorge-
schrittener Rachitis behafteten Knochens, ins Auge fassen,
und dieses Einzelsymptom, ohne Rücksicht auf die übrigen höchst
charakteristischen anatomischen und histologischen Erscheinungen,
durch einen fehlerhaften Chemismus des allgemeinen Stoffwechsels
zu erklären trachten; und zwar behauptet die eine Theorie, dass
die Knochen deshalb kalkarm werden, weil ihnen aus irgend einem
Grunde nicht die nöthige Menge Kalksalze zugeführt wird, während
die zweite annimmt, dass die normal verkalkten Knochen durch
eine auf dem Wege der Circulation ihnen zugeführte Säure ihre
Kalksalze wieder verlieren.

Wir wollen uns hier zunächst mit der Theorie des Kalkmangels beschäftigen, weil diese über die grössere Zahl von Anhängern gebietet, und sich insbesondere in therapeutischer Hinsicht
einer allgemeineren Geltung erfreut; und zwar wollen wir bei der
Besprechung dieser Theorie in der Weise zu Werke gehen, dass
wir zunächst untersuchen, ob eine Kalkarmuth der Ernährungssäfte,
wenn sie vorhanden wäre, und wie immer sie auch entstanden sei,
genügen würde, um die Erscheinungen der Rachitis zu erklären;
und dass wir erst dann uns auch darüber Gewissheit verschaffen,
ob wir durch die Thatsachen berechtigt sind, eine Kalkarmuth des
Blutes und der Ernährungssäfte bei den rachitischen Kindern vorauszusetzen.

Was nun die erste Frage anlangt, so haben sich diejenigen
Anhänger der Theorie des Kalkmangels, welche es überhaupt für
nöthig gefunden haben, etwas näher auf die Sache einzugehen, den
ganzen Vorgang in der Weise zurecht gelegt, dass mit dem Eintritte des Kalkmangels die neu apponirten Knochenschichten schlecht
oder gar nicht verkalken, und daher auch nicht ihre normale Starrheit erlangen sollen, dass aber die Resorption im Innern der Markhöhle in der normalen Weise vor sich geht, dass daher die alten

---

chitis so alt ist, wie die Species homo, wahrscheinlich aber noch älter, weil
sie auch andere Säugethiere als völlig identische Krankheit befällt.

resistenten Theile allmälig immer weniger werden, und endlich völlig
verschwinden, womit dann der ganze Skelettheil seine ursprüngliche
Starrheit eingebüsst haben soll.

Dagegen muss nun vor Allem eingewendet werden, dass, wie
wir aus dem Studium des normalen Knochenwachsthums wissen,
die Sache auch unter normalen Verhältnissen durchaus nicht so
einfach und grob schematisch vor sich geht, dass die neuen Theile
nur auf der Oberfläche abgelagert werden, und die Resorption nur
im Innern der Markhöhle erfolgt. Wenn dies der Fall wäre, so
wäre ja die bei der Rachitis thatsächlich beobachtete allmälige
Erweichung der Diaphysen absolut unverständlich. Denn so lange
nur noch irgend ein Rest der ursprünglichen normal verkalkten
Knochenröhre erhalten wäre (und dies müsste bei der grossen Lang-
samkeit, mit welcher die periostale Auflagerung und die Resorption im
Innern der Markhöhle vor sich geht, noch sehr lange nach Beginn
der rachitischen Erkrankung der Fall sein), könnte höchstens von
einer vermehrten Brüchigkeit der allmälig verdünnten starren Knochenröhre, niemals aber von einer Biegsamkeit der rachitischen Diaphysen
die Rede sein, und erst, wenn der letzte Rest der ursprünglichen
starren Diaphyse in der Tiefe der kalklosen Auflagerungen durch die
normal vorschreitende Resorption im Innern der Markhöhle beendigt wäre, müsste sich eine Biegsamkeit der ganzen Diaphyse geltend machen, dann aber auch sofort und ganz plötzlich in dem
allerhöchsten nur denkbaren Grade, weil die ganze Diaphyse nunmehr ausschliesslich aus schlecht oder gar nicht verkalkten Auflagerungen zusammengesetzt wäre. Nun wissen wir aber aus der
klinischen Beobachtung der Rachitis, dass sich eine Biegsamkeit
der Diaphysen immer allmälig heranbildet, und dass sie von geringeren Graden, die sich sehr bald nach dem Beginn der rachitischen Affection geltend machen können, nach und nach zu den
höchsten Extremen fortschreiten kann; und ebenso hat uns das
histologische Studium rachitischer Knochen in den verschiedenen
Phasen der Erkrankung gelehrt, dass diese Erweichung immer
nur durch eine Osteoporose der harten Knochentheile und
durch eine Neubildung kalkloser Knochensubstanz auf der Oberfläche und im Innern der osteoporotischen Knochen zu Stande
kommt. Für diese krankhaft vermehrte Knochenresorption, ohne
welche eine allmälige Abnahme der Resistenz ganz unverständlich

wäre, gibt aber die Theorie des Kalkmangels absolut keine Erklärung [1]).

Wenn es sich wirklich so verhielte, wie die Theorie des Kalkmangels uns lehren will, dass der ganze rachitische Process auf einer verminderten oder unterbrochenen Zufuhr von Kalksalzen zu den neugebildeten Knochentheilen beruhen soll, so müsste eigentlich die Structur der rachitischen Knochen vollkommen gleich sein der normalen Knochenstructur, und der ganze Unterschied bestünde nur in dem verminderten Kalkgehalt der neugebildeten Knochentheile. Ein normaler und ein schwer rachitischer Knochen dürften sich demnach gar nicht von einander unterscheiden, wenn beide auf künstlichem Wege ihrer Kalksalze beraubt wären. Wie wenig dies der Fall ist, weiss ein Jeder, der sich die Mühe genommen hat, einen makroskopischen Durchschnitt eines rachitischen Röhrenknochens oder mikroskopische Präparate eines solchen zu betrachten, und sie mit den entsprechenden Bildern normal wachsender Knochen zu vergleichen. Denn ganz abgesehen von dem verschie-

---

[1]) Um die grosse Unklarheit zu kennzeichnen, welche bei manchen Anhängern der Kalktheorie über die anatomischen Vorgänge bei der Rachitis herrscht, will ich einige Citate aus der bereits erwähnten Schrift Cantani's folgen lassen. Dort heisst es z. B. auf S. 11: „Bei der Rachitis handelt es sich um eine Krankheit, bei welcher jene Vorgänge, welche die Umwandlung des Knorpels in Knochen und die Knochenbildung im Periost einleiten und vorbereiten, als krankhaft beschleunigt angesehen werden müssen." Unmittelbar daran schliesst sich aber der folgende Satz: „Bei der Rachitis verläuft also Alles normal bis dahin, wo diejenige Substanz, die auch normaler Weise der wahren Knochenproduction vorausgeht, in wirklichen Knochen sich verwandeln soll." Die der Ossification vorausgehenden Erscheinungen sind also einmal krankhaft beschleunigt und dann aber auch gleichzeitig vollkommen normal. Ebenso wenig consequent sind auch die Anschauungen Cantani's über die Resorptionserscheinungen. Er sagt nämlich auf S. 11: „Die Markhöhle wächst ebenso wie im gesunden Knochen, aber die innere Resorption schreitet rascher vorwärts, als im gesunden Knochen." Ferner: „Der Knochen ist im Beginne der Krankheit innen hart, aussen weich. In Kurzem wird aber Alles weich, weil die ganze Partie die fest war, bei ihrem Vorrücken nach innen resorbirt wird." Und auf der nächsten Seite: „Bei der Rachitis bleibt die grosse Markhöhle im Gegentheile zu den normalen Vorgängen stationär." Es dürfte schwer halten, aus diesen drei Aussagen die wirkliche Ansicht Cantani's über die Resorptionsvorgänge bei der Rachitis zu erschliessen.

denen Kalkgehalte sind die Differenzen in Bezug auf äussere
Gestalt und innere Anordnung, sowie auf die Structur sämmtlicher
Theile so bedeutende und durchgreifende, dass ein Versuch, alle
diese Veränderungen auf eine verminderte Kalkzufuhr zurückzuführen, Jedermann sofort als ganz vergeblich erscheinen muss.

Dennoch wollen wir, weil gerade diese Theorie in dem Gedanken-
gange der Aerzte die tiefsten Wurzeln geschlagen hat, uns die
Mühe nicht verdriessen lassen, noch näher auf die Consequenzen
dieser Theorie einzugehen, um im Detail zu zeigen, dass dieselbe
nicht nur nicht im Stande ist, den Complex der rachitischen Erscheinungen zu erklären, sondern dass sie auch auf Schritt und
Tritt mit völlig sichergestellten Thatsachen in directen Widerspruch
geräth.

Wir haben gesehen, dass in keinem einzigen rachitisch afficirten Skelettheile eine Hyperämie und vermehrte Vascularisation des Perichondriums, des unverkalkten und verkalkten
Knorpels und der subperiostalen Wucherungsschichte vermisst wird.
Selbst in ganz leicht afficirten Knochen beobachten wir diese Erscheinung jedesmal, und auch schon zu einer Zeit, wo die neugebildeten Knochentheile noch ganz normal verkalkt sind, und wo
auch die Knorpelverkalkung nicht nur nicht ausbleibt, sondern, wie
wir wissen, in einer abnormen Ausdehnung sichtbar wird. Wenn
also einzelne Anhänger der Kalkmangeltheorie angesichts dieser
nicht wegzuleugnenden entzündlichen Erscheinungen sich in der
Weise zu helfen suchen, dass sie sagen, die ossificirenden Theile
gerathen deshalb in einen entzündlichen Zustand, weil sie nicht
die nöthigen Kalksalze bekommen, so ist diese Behauptung, abgesehen davon, dass ihr jede stützende Grundlage fehlt, schon aus
dem einzigen Grunde hinfällig, weil die Hyperämie und krankhafte
Gefässbildung in den ossificirenden Geweben und speciell im Knorpel und im Perichondrium schon zu einer Zeit auftreten, wo noch
keine einzige Erscheinung zu der Annahme einer mangelhaften Zufuhr von Kalksalzen berechtigen würde.

Weiterhin finden wir, dass sowohl der Knorpel, als das subperiostale und das aus demselben hervorgehende osteoide Gewebe
der periostalen Auflagerungen, und endlich in den hochgradigsten
Fällen auch das feinmaschige osteoide Gewebe in der Markhöhle

und in den grossen Markräumen in einer abnormen Weise und oft
sogar in einem colossalen Masstabe sich vermehrt. Wenn wir nun
auch davon absehen wollten, dass die verminderte Kalkzufuhr in
keiner Weise einen Grund für diese abnormen Wachsthumsvorgänge
abgeben könnte, so müssen wir doch jedenfalls in Rücksicht ziehen,
dass, wie bekannt, sämmtliche Zellen und Gewebe des thierischen
Körpers ohne Ausnahme phosphorsauren Kalk enthalten und bei
der Veraschung in mehr oder weniger bemerkenswerther Quantität
zurücklassen, und dass daher offenbar eine Bildung dieser Zellen
und Gewebe ohne die Gegenwart der phophorsauren Erden gar
nicht erfolgen könnte. Dasselbe gilt aber ohne Zweifel auch für
den unverkalkten Knorpel und für das unverkalkte osteoide Gewebe
(den sog. Knochenknorpel) und erst ganz kürzlich hat Krukenberg[1])
angegeben, dass die Asche des unverkalkten Knorpels vorwiegend
oder fast ausschliesslich Calcium enthält. Eine übermässige Wucherung von Knorpel und osteoidem Gewebe wäre also
bei einem allgemeinen Kalkmangel der Ernährungssäfte
absolut undenkbar. Ausserdem wäre es sicherlich im höchsten
Grade zu verwundern, wenn der Organismus auf einen wirklich
eintretenden Kalkmangel in der Weise reagiren sollte, dass er
gerade jene Gewebe, welche nicht nur zu ihrer Bildung lösliche
Kalksalze benöthigen, sondern auch von Haus aus zur Verkalkung, d. h. zur Ablagerung ungelöster Kalksalze zwischen ihren Ge-
webselementen tendiren, im Uebermasse produciren würde. Dabei ist
aber noch zu bedenken, dass diese oft enorm ausgedehnten osteoiden Wucherungen auf der Oberfläche und im Innern der rachitischen Knochen eigentlich niemals vollständig unverkalkt bleiben,
sondern selbst in den höheren Graden der Erkrankung sich immer
noch, wenn auch sehr mangelhaft mit sichtbaren und durch Säuren
extrahirbaren Kalksalzen imprägniren. Jedenfalls wäre es viel ver-
ständlicher, wenn bei eingetretener Kalknoth des allgemeinen Stoffwechsels die Bildung dieser in so hohem Grade kalkbedürftigen
Gewebe eine Einschränkung erfahren würde, als dass sie durch
denselben gerade zu einem krankhaft gesteigerten Wachsthum angeregt werden sollten.

---

[1]) Die chemischen Bestandtheile des Knorpels. Zeitschrift für Biologie
20. Bd. S. 307, 1884.

Ein noch eclatanterer Widerspruch liegt aber in der vollkommen sichergestellten Thatsache, dass in den Anfangstadien der Rachitis die Knorpelverkalkung nicht nur nicht ausbleibt oder räumlich reducirt wird, sondern sich im Gegentheil auf ein viel grösseres Terrain erstreckt, als unter normalen Verhältnissen, und insbesondere längs der absteigenden Knorpelgefässkanäle und längs des Perichondriums sich bis zu einer ganz ungewöhnlichen Höhe erhebt. Wir würden also, wenn die Rachitis wirklich auf einem Kalkmangel beruhen würde, das merkwürdige Schauspiel geniessen, dass sich dieser Kalkmangel zunächst in der Ablagerung von Kalksalzen auch in solchen Regionen äussern würde, in denen eine solche normalmässig gar niemals erfolgt. Etwas ähnliches beobachten wir auch in den höheren Graden der Rachitis in jenen vereinzelten Knorpelzellenhöhlen, deren Inhalt mitten in unverkalkter Knorpelgrundsubstanz nicht nur ossificirt, d. h. leimgebend und für Karmin tingirbar wird, sondern sich auch ganz dicht mit Kalksalzen infiltrirt [1]. Auch diese Verkalkung erfolgt dann häufig genug in grösserer Entfernung von der normalen Verkalkungsgrenze, z. B. in der Nähe eines absteigenden Gefässkanals in dem oberen Theile der Knorpelwucherungsschicht, also ebenfalls an einer Stelle, wo sonst von einer Verkalkung niemals die Rede ist. Dasselbe gilt von den osteoiden Bildungen innerhalb der zahlreichen obliterirenden Knorpelgefässkanäle, welche sich ebenfalls häufig genug, wenn auch unvollständig, mit Kalksalzen infiltriren. Wir sehen also auch hier wieder im Beginne der Rachitis in Folge des angeblichen allgemeinen primären Kalkmangels einen solchen Luxus in dem Verbrauche von Kalksalzen Platz greifen, wie sich ihn nicht einmal der Kalküberfluss des normalen Kindes gestattet.

Damit sind aber die Widersprüche zwischen der Theorie des Kalkmangels und den thatsächlichen Beobachtungen innerhalb des rachitischen Skeletes noch keineswegs erschöpft. Es ist nämlich ganz klar, dass, wenn die mangelhafte Verkalkung der neugebildeten Knochentheile bei der Rachitis wirklich auf einer allgemeinen Kalkarmuth des Organismus, und nicht auf dem anatomisch nachweisbaren entzündlichen Processe beruhen würde, sich nothwendiger Weise sämmtliche neugebildeten Knochentheile mangelhaft oder gar nicht

---

[1] Vergl. das 4. Kapitel der früheren Abtheilung.

mit Kalksalzen imprägniren müssten, und es könnte zwischen
den energisch und den langsam apponirenden Knochenenden kein anderer Unterschied bestehen, als dass bei den
ersteren eine mächtigere, bei dem letzteren aber eine
geringere Lage der neu apponirten Theile kalkarm oder
kalkfrei geblieben wären. Aber sowohl die klinische, als die
anatomische Beobachtung hat uns gelehrt, dass dies durchaus nicht·
der Fall ist, und dass z. B. bei mittelschweren Fällen von Rachitis,
bei denen an den vorderen Rippenenden und an den distalen Enden
der Vorderarmknochen schon die auffälligsten Störungen vorhanden
sind, die hinteren Rippenenden und die Ellbogenenden des Radius und
der Ulna sich absolut normal verhalten können, dass also in der
Zeit des angeblichen Kalkmangels die an diesen Theilen aufge-
lagerte Knochensubstanz vollkommen normal verkalkt, wenn sich
an ihnen noch keine entzündlichen Erscheinungen herausgebildet
haben. Diese Thatsache, welche nach unseren früheren Ausführungen
ganz leicht verständlich ist, bleibt für die Theorie der allgemeinen
Kalkarmuth ein unlösbares Räthsel.

Dasselbe muss wohl auch von den andern höchst auffälligen
anatomischen Veränderungen gesagt werden, welche wir bei der
Rachitis vorfinden, z. B. von dem total abweichenden histologischen
Bau der neugebildeten Knochentheile, welche statt der
lamellösen nunmehr vorwiegend die geflechtartige Structur annehm-
men. Dass auch dies nicht etwa eine räthselhafte Folge der angeblichen Kalkarmuth ist, sehen wir daraus, dass sich später innerhalb der von geflechtartigem Gewebe umgebenen Markräume mitunter auch vollkommen kalklose lamellöse Schichten auflagern.
Ebenso unverständlich wäre auch der Zusammenhang zwischen der
Kalkarmuth und den krankhaft gesteigerten Einschmelzungserscheinungen, sowie auch die klinisch und anatomisch nachweisbare Affection des Bandapparates der Gelenke, lauter Erscheinungen, welche, wie wir gesehen haben, in directester Abhängigkeit stehen von den krankhaften Vorgängen in dem Gefässsystem
der Knochen und ihrer Adnexa.

Wie verhält sich endlich die Theorie des allgemeinen Kalkmangels zu jenem Ausgange der Rachitis, welcher zu einer übermässigen Härte und Dichtigkeit der Knochen führt, und
daher nothwendiger Weise mit einer die Norm übersteigenden Ab-

lagerung von Kalksalzen einhergeht? Wir können uns zwar ganz
gut vorstellen, dass mit dem Aufhören des allgemeinen Kalkmangels
die bisher kalkarm gebliebenen Theile sich nachträglich mit Kalksalzen versorgen, niemals aber werden wir begreifen, dass das
blosse Aufhören des Kalkmangels zu einer so abnormen Härte und
zu einem Uebermasse von Kalkablagerung führen soll. Dagegen
findet diese auffällige Erscheinung ihre ausreichende Erklärung in
unserer in der anatomischen Beobachtung wurzelnden Auffassung
des rachitischen Processes.

Alle diese Erwägungen würden meiner Ansicht nach allein
schon hinreichen, um jene Theorien, welche von einer primären
Kalkarmuth des ganzen Organismus ausgehen, ad absurdum zu führen,
und wir könnten uns daher füglich den Nachweis ersparen, dass es
bis jetzt noch Niemandem gelungen ist, eine solche allgemeine
Kalkverarmung des Organismus zu beweisen oder auch nur als
wahrscheinlich hinzustellen. Dennoch wollen wir es der Vollständig-
keit halber nicht unterlassen, auch die wichtigeren der bisher aufgestellten Hypothesen über die Entstehung der allgemeinen
Kalkarmuth etwas näher zu beleuchten.

Die verbreitetste dieser Hypothesen ist zugleich die einfachste.
Sie geht dahin, dass der ganze Organismus deshalb an Kalksalzen verarmt, weil ihm diese in den Nahrungsmitteln
nicht in genügender Menge zugeführt werden. Diese Theorie
des Kalkhungers stützt sich aber nicht etwa auf Untersuchungen
der Muttermilch oder der anderen Nahrungsmittel, welche die Kinder
in der Zeit der Entstehung der Rachitis zu sich nehmen, denn ich
habe trotz des eifrigsten Suchens in der ganzen Rachitisliteratur
keine einzige über die vagesten Vermuthungen hinausgehende con-
crete Aussage, viel weniger aber einen wirklichen Nachweis für
den Kalkmangel in der Nahrung rachitischer Kinder auffinden können.
Wenn nun trotzdem gerade diese Theorie zweifellos am meisten
Anhänger gefunden hat, so beruht dies erstens auf der aprioristischen
Annahme, dass die Kalksalze, welche sich in den Knochen nicht
in genügender Menge ablagern, offenbar dem Körper nicht in aus-
reichendem Masse zugeführt werden; zweitens auf dem angeblichen
therapeutischen Erfolge der den rachitischen Kindern verabreichten
Kalkpräparate; und endlich drittens auf den Resultaten jener
Thierexperimente, welche dargethan haben, dass eine künstliche

Kalkarmuth der Nahrung in einzelnen Fällen auch eine relative Kalkarmuth in den Knochen herbeigeführt hat.

Wie verhält es sich nun thatsächlich mit dem Kalkgehalte in der Nahrung rachitischer Kinder?

In einem der früheren Kapitel haben wir gesehen, dass zwar schon ein sehr erheblicher Percentsatz der Brustkinder, sowohl der von ihrer eigenen Mutter, als auch der von fremden Ammen gestillten Kinder an Rachitis erkranken; dass dies aber bei jenen Kindern, welche künstlich, und zwar zumeist mit Kuhmilch genährt werden, noch viel häufiger der Fall ist. Wenn es sich nun einfach um den Kalkgehalt der Milch handeln würde, so wäre dieses Verhältniss ganz und gar widersinnig, weil die Frauenmilch nach den Analysen von Bunge [1]) in 1000 Theilen 0·3281 - 0·3427 Kalksalze, die Kuhmilch aber 1·599, also ungefähr fünfmal so viel Kalksalze enthält, als die Frauenmilch. Die nothwendige Folge davon müsste also, wenn es sich blos um den Kalkgehalt der Milch handeln würde, sein, dass die mit Kuhmilch genährten Kinder selten oder gar nicht an Rachitis erkranken dürften, und es wäre nach dieser Theorie eigentlich geboten, wenn ein Kind bei der Mutter- oder Ammenbrust rachitisch wird, dasselbe sofort zu entwöhnen und ihm die mit 5mal grösserem Kalkgehalte versehene Kuhmilch als Heilmittel zu verschreiben. So komisch dies an und für sich klingen würde, so wäre es doch nur die logische Consequenz jener Rachitistheorien, welche eine Kalkarmuth der Nahrung als die Ursache der Rachitis supponiren.

Thatsächlich ist aber dieser Vorschlag in einer anderen Form wirklich gemacht worden, ohne gerade eine komische Wirkung hervorzubringen. Ich meine nämlich den Vorschlag von Luzun [2]) und Bernard [3]), in Anbetracht des noch viel grösseren Kalkgehaltes der Hündinnenmilch (welcher nach Bunge 4·281—4·530 auf 1000, also 14mal so viel beträgt, als der der Frauenmilch und 3mal so viel als der der Kuhmilch) rachitische Kinder mit Hundemilch zu näh-

---

[1]) Der Kali-, Natron- und Chlorgehalt der Milch etc. Dissertation. Dorpat 1874.

[2]) Sur l'emploi thérapeutique du lait de chienne. Gaz. hebdom. 1875, S. 177.

[3]) De la cure du Rachitisme par le lait de chienne. Gaz. hebdom. 1876. Nr. 2.

ren. Dieser Vorschlag, welcher sogar mit einigen angeblich eclatanten Heilerfolgen belegt war, ist seinerzeit ganz ernsthaft discutirt worden (vergl. Rehn l. c. S, 119). Nur wurde dabei ein Umstand übersehen, welcher dieser verlockenden Theorie etwas störend in den Weg tritt, nämlich die grosse Häufigkeit der Rachitis bei jungen säugenden Hunden. Insbesondere ist, wie sich Jedermann leicht überzeugen kann, die rachitische Anschwellung der vorderen Rippenenden bei jungen Hunden überaus häufig, und auch die höheren Grade der Rachitis sind, wie die ungemein lesenswerthe, aber leider viel zu wenig beachtete Abhandlung von Schütz[1] ausdrücklich hervorhebt, ganz alltägliche Erscheinungen. Nach Schütz gibt es Hundefamilien, bei denen sämmtliche Nachkommen bei jeder Art von Ernährung in der Jugend rachitisch werden. Der im Vergleiche zu der Frauenmilch 13fach höhere Kalkgehalt der Hundemilch schützt also die jungen Hunde nicht vor der, wie ich mich durch histologische Untersuchung überzeugt habe, mit der Rachitis der Menschenkinder vollkommen identischen Affection an den Appositionsstellen der Knochen, also auch nicht vor der mit dieser Affection einhergehenden localen Kalkarmuth der neugebildeten Knochentheile in der Umgebung der entzündlich erweiterten und vermehrten Blutgefässe.

Aber nicht nur der grosse Kalkgehalt der Hundemilch und der noch immer relativ bedeutende Kalkgehalt der Kuhmilch (welcher noch dazu nach Hoppe-Seyler[2] bei verschiedenen Racen und bei verschiedenen Fütterungsmethoden der Kühe nur ganz unbedeutend variirt), sondern auch der geringere Kalkgehalt der Frauenmilch reicht, wie dies ja schon aus der normalen Entwicklung der Knochen bei vielen gesunden Kindern hervorgeht, vollkommen aus für die normale Verkalkung der neu appointen Knochentheile. Es hat sich dies aus den Berechnungen von Forster[3] und E. Voit[4] zur Evidenz ergeben, und speciell der Letztere fand nach einer Berechnung, auf Grund von Camerer's Untersuchungen und

---

[1] Die Rachitis bei Hunden. Virchow's Arch. 46. Bd. 1869.
[2] Specielle physiologische Chemie 1881, S. 747.
[3] Versuche über die Bedeutung der Aschenbestandtheile in der Nahrung. Zeitschr. f. Biologie 9. Bd. 1873.
[4] Ueber die Bedeutung des Kalks für d. thierischen Organismus. Zeitschrift für Biologie. 16. Bd. 1880.

Wägungen über Gewichtszunahme und Nahrungsaufnahme, dass die
Kalkzufuhr bei der Brustnahrung, dann bei abwechselndem Genuss
von Frauen- und Kuhmilch, und endlich auch bei gemischter Kost
immer um ein Bedeutendes die Ausnützung des Kalkes im Skelete
übertrifft, und zwar stehen selbst Anfangs, also während des lebhaftesten Wachsthums, bei der reinen Frauenmilchnahrung 0·55
Gramm täglicher Zufuhr gegen 0·31 Skeletaufnahme, später bei
Kuh- und Frauenmilch 1·32 gegen 0·31, bei Kuhmilch allein 2·21
gegen 0·39, und bei gemischter Nahrung gar 2·37 gegen 0·23. E.
Voit kommt also zu dem Resultate, dass die Kalkzufuhren
für die gewöhnlichen Verhältnisse völlig zureichend erscheinen, auch wenn die Zusammensetzung der Milch
weniger günstig ausfällt.

Es liegen aber sogar directe Untersuchungen über den Kalkgehalt solcher Muttermilch vor, unter deren Genusse die betreffenden
Kinder rachitisch geworden sind. So fand Seemann[1]) in der Milch
der Mütter zweier rachitischer Brustkinder einen Gehalt von 0·296
in 0·256, also noch immer einen hinreichenden Kalkgehalt; während
Zander[2]) sogar bei vergleichenden Untersuchungen der Muttermilch bei 7 gesunden und 4 rachitischen Kindern gar keinen
Unterschied in Bezug auf den Kalkgehalt auffinden konnte,
da sich derselbe hier wie dort zwischen 0·26 und 0·29 auf 1000
Gewichtstheile Milch bewegte. Es kann demnach ein ungenügender
Kalkgehalt der Nahrung sowohl bei den Brustkindern, als auch bei
solchen, welche mit Kuhmilch aufgezogen werden, einfach von der
Hand gewiesen werden.

Aber auch die gemischte Nahrung, das Verabreichen von Cere-
alien, welche mit Vorliebe als die Ursache der Rachitis bezeichnet
werden, kann in Bezug auf den Kalkgehalt durchaus nicht als ungün-
stig angesehen werden. Denn gerade die gemischte Nahrung enthält
nach Voit's Berechnung (siehe oben) so viel Kalksalze, dass das
Kind nicht einmal 10% derselben zum Aufbau seines normalen
Skeletes zu verwenden braucht. Gewisse Nahrungsmittel, wie Kartoffeln, sind allerdings arm an Kalksalzen, aber diese kommen

---

[1]) Zur Pathogenese und Aetiologie der Rachitis. Virchow's Archiv. 67.
Band. 1879.

[2]) Zur Lehre von der Aetiologie. Pathologie und Therapie der Rachitis.
Virchow's Arch. 83. Bd. 1881.

bei der Mehrzahl der Kinder zu jener Zeit, in welcher die Rachitis beginnt, gar nicht in Betracht, und auch in der späteren Zeit bekommen die Kinder niemals ausschliesslich Kartoffeln, sondern daneben immer auch kalkreiche Substanzen, Milch, Brod, Leguminosen und verschiedene andere Vegetabilien, welche, wie z. B. die gelben Rüben, sich durch einen sehr reichlichen Gehalt an Phosphaten auszeichnen [1]. Ausserdem hören wir aber, dass gerade in Ländern, wo die Reisnahrung nach der Delactation fast ausschliesslich in Anwendung kommt, z. B. in Ostindien, die Rachitis nur selten und in milden Formen vorkommt; und endlich ist in der Zeit, wo diese Nahrungsmittel zur Verwendung kommen, auch schon der Gehalt des Trinkwassers an kohlensaurem Kalk in Betracht zu ziehen, welcher nach Boussingault [2] in phosphorsauren Kalk verwandelt und zum Aufbau des Skelets verwendet werden kann. Das Wasser der Wiener Hochquellenleitung z. B., welches auch der ärmeren Bevölkerung in grossen Quantitäten zur Verfügung steht, enthält in einem Liter 0·0744 Theile Kalk (also ungefähr ein Fünftel des Kalkgehaltes der Frauenmilch), was aber, wie wir wissen, nicht verhindert, dass die Kinder dieses Theiles der Bevölkerung überaus häufig rachitisch werden. Alles das zusammen genommen gibt uns, wie ich glaube, ein volles Recht, den Kalkmangel in der Nahrung der an Rachitis leidenden Kinder in das Reich der Fabel zu verweisen.

Aber selbst angenommen, dass sich in alle diese von erfahrenen und zuverlässigen Forschern gemachten Analysen und Berechnungen Irrthümer zu Gunsten des Kalkgehaltes der Nahrungsmittel eingeschlichen hätten, so könnte es sich im allerschlimmsten Falle doch nur um ein relativ geringfügiges Deficit handeln, welches aber nie und nimmer eine Erklärung für die colossale Kalkarmuth der schwer afficirten rachitischen Knochen abgeben könnte. Nach zahlreichen Analysen normaler und rachitischer Knochen kann der Calciumgehalt im Vergleiche zu dem Stickstoffgehalt um mehr als das 3fache vermindert werden, so dass nach Baginsky's [3] Berechnung das normale Verhältniss von

---

[1] Vgl. Beneke. Grundlinien der Pathologie des Stoffwechsels. Berlin 1874. S. 332 ff.

[2] Liebig's und Wöhler's Annalen. 59. Bd. 3. Heft.

[3] Rachitis. Tübingen 1882, S. 82 und S. 100.

$$100 \ N \ : \ 372 \cdot 26 \ \text{Ca bis zu}$$
$$100 \ N \ : \ 100 \cdot 65 \ \text{Ca}$$

herabsinken kann. Baginsky hat zugleich ausgerechnet, dass selbst
wenn der unmögliche Fall einträten würde, dass ein Kind in seinem
ganzen zweiten Lebensjahre gar keinen Zusatz von Calcium durch
seine Nahrungsaufnahme erhalten würde, das normale Verhältniss von

$$100 \ N \ : \ 372 \cdot 26 \ \text{Ca höchstens bis auf}$$
$$100 \ N \ : \ 343 \cdot 1 \ \ \text{Ca,}$$

also nur ganz unbedeutend herabsinken könnte, dass also durch die
Kalkarmuth der Nahrung niemals das thatsächliche, bei schwerer
Rachitis beobachtete Verhältniss von

$$100 \ N \ : \ 100 \cdot 65 \ \text{Ca}$$

erzielt werden kann. Damit allein ist also meiner Ansicht nach
der Theorie der allgemeinen Kalkverarmung, gleichviel ob sie auf
Kalkhunger oder auf mangelhafter Resorption der Kalksalze im
Verdauungstractus beruhen soll, jede rationelle Grundlage entzogen.

Nehmen wir aber, trotz alledem und alledem zum letzten
Male noch einmal die Möglichkeit an, dass in der Nahrung der
rachitischen Kinder ein Kalkdeficit vorhanden ist, welche leichte
und sichere Triumphe wären hier durch die Verabreichung von
Kalksalzen in irgend einer leicht löslichen Form und in mässiger
Menge zu erzielen. Nach den Berechnungen von Camerer und
Voit beträgt die tägliche Skeletaufnahme an Kalksalzen bei normalen Kindern circa 0·34 Gramm, und dieses Quantum ist, wie
sich aus denselben Berechungen ergeben hat, durch den Kalkgehalt
der Frauen- und Kuhmilch und durch die gemischte Kost vollauf
gedeckt. Nehmen wir aber trotzdem an, dass ein Theil dieses
täglichen Bedarfes von 3—4 Decigramm Kalk in den Nahrungsmitteln fehlen würde, welche Schwierigkeiten sollte es denn bieten,
den Kindern täglich 1—2 Decigramm Kalksalze in irgend einer
Form, als phosphorsaueren Kalk in Pulverform oder in Lösung, als
kohlensaueren Kalk, als Kalkwasser, als conchae praeparatae oder
lapides cancrorum, oder in den zahllosen zusammengesetzten Kalkmedicamenten beizubringen, und wie häufig erfolgt eine solche
Verabreichung auf Anordnung der Aerzte thatsächlich, und mit
grosser Consequenz. Und dennoch sehen wir noch immer tausende
und tausende von Kindern mit schrecklichen Verkrümmungen und
Verbildungen ein elendes Dasein führen.

Hören wir einmal, wie sich ernsthafte und gut beobachtende Aerzte über die Erfolge der Kalktherapie bei der Rachitis geäussert haben.

Die Aussage von Bouchut[1]) über diesen Punkt lautet noch etwas reservirt, denn er sagt nur, dass der phosphorsauere Kalk, den man aus theoretischen Gründen gereicht hat, nicht viel nütze. Dagegen constatirte Vogel[2]), dass die Berichte über die Experimente, welche allenthalben mit dem als Antirachiticum gerühmten phosphorfreien Kalk angestellt worden sind, keineswegs günstig lauten, und dass man jetzt ziemlich allgemein davon zurückgekommen ist. Steiner in Prag, dem eine reiche Erfahrung zu Gebote stand, würdigt in seinem Compendium der Kinderkrankheiten die Kalkbehandlung bei der Therapie der Rachitis nicht einmal einer Erwähnung, während Gerhardt[3]) es schwer begreiflich findet, dass man dem phosphorsauren Kalk noch immer eine wichtige Rolle in der Therapie der Rachitis zuschreibt. Auch Henoch[4]) hat niemals einen Erfolg von der Kalktherapie gesehen und hat sie daher aufgegeben; ebenso berichtet Baginsky[5]), dass er sowohl mit Kalkwasser als mit phosphorsaurem Kalk durchwegs ungünstige Resultate erzielt hat; und es ist gewiss bezeichnend, dass sich bei der Discussion über die Therapie der Rachitis in der paediatrischen Section der Magdeburger Naturforscherversammlung (1884) auch nicht eine einzige Stimme für die Wirksamkeit der Kalksalze bei dieser Krankheit erhoben hat.

Meine eigenen Erfahrungen stimmen mit diesen Aussagen vollständig überein. Allerdings habe ich selber niemals Kalkpräparate gegen die Rachitis in Anwendung gezogen, weil ich von jeher die Kalktheorien für unannehmbar gehalten habe. Wohl aber sind mir in unzähligen Fällen Kinder vorgestellt worden, welche viele Monate hindurch Kalkmedicamente erhalten hatten, und deren Rachitis trotzdem und währenddem die rapidesten Fortschritte gemacht hatte. Die absolute Erfolglosigkeit der Kalktherapie ist also

---

[1]) Journal f. Kinderkrankheiten. 40. Bd. S. 273. 1863.
[2]) Lehrbuch der Kinderkrankheiten. 4. Auflage 1871. S. 448.
[3]) Lehrbuch der Kinderkrankheiten. 2. Auflage 1871. S. 192.
[4]) Vorlesungen über Kinderheilkunde. Berlin, 1881.
[5]) l. c. S. 107.

nicht nur aus theoretischen Gründen vorauszusehen, sondern auch durch zahlreiche eigene und fremde Erfahrungen vollkommen sichergestellt, und es wäre nur zu wünschen, dass endlich einmal diese auf falschen Voraussetzungen beruhende Behandlungsmethode mitsammt der ihr zu Grunde liegenden haltlosen Theorie des Kalkhungers definitiv fallen gelassen würde.

Noch viel wirksamer als durch den negativen Erfolg der Kalktherapie wird die Theorie des Kalkhungers durch den positiven Erfolg kleiner Phosphorgaben (ein halbes Milligramm pro die) ad absurdum geführt. Die von mir durch zahlreiche und fortwährend vermehrte Versuche sichergestellte Thatsache, dass bei dieser Behandlung hochgradig erweichte rachitische Knochen in auffallend kurzer Zeit ihre normale Consistenz wieder erlangen, ist seither auch von zahlreichen anderen Beobachtern, wie Soltmann[1]), Hagenbach[2]), Unruh, Heubner, Biedert, Sprengel, Dornblüth, B. Wagner, Rauchfuss, Politzer, Eisenschitz[3]), B. Schmidt[4]) u. A. bestätigt worden, und es muss daher auch schon gestattet sein, diese hochwichtige Thatsache für die Theorie der Rachitis zu verwerthen. In dieser Beziehung muss besonders hervorgehoben werden, dass diese minimale Menge Phosphors, welche eben wegen ihrer Kleinheit unmöglich für die Bildung von phosphorsaurem Kalk in Betracht kommen kann, diese merkwürdigen Veränderungen im rachitischen Skelete hervorruft, ohne dass irgend eine Veränderung in der Lebensweise des Kindes eingetreten ist. Hagenbach, welcher in keinem Falle eine Besserung vermisst, und in allen Fällen eine baldige günstige Wendung gesehen hat, hebt ausdrücklich hervor, dass diese Wirkung auch dort beobachtet wird, wo keine wesentliche Besserung der Ernährung, der Pflege und der ungünstigen Wohnungsverhältnisse eintreten konnte. Auch wir haben in zahllosen Fällen unter dem Phosphorgebrauch die hochgradig und in grosser Ausdehnung erweichten Schädelknochen sowohl bei Brustkindern als bei künstlich

---

[1]) Ueber Phosphorwirkung bei Rachitis. Breslauer ärztliche Zeitschrift, 1884, Nr. 9.

[2]) „Correspondenzblatt für Schweizer Aerzte", 1884. (Vortrag vom 31. Mai).

[3]) Tageblatt der Magdeburger Naturforscherversammlung, 1884, S. 353

[4]) „Deutsche Medicinalzeitung" Nr. 89, 1884.

genährten Kindern binnen wenigen Wochen vollkommen hart werden
gesehen, ohne dass irgend etwas in der Ernährungsweise der Kinder
abgeändert worden wäre. Dieses erfreuliche Factum beweist uns
also, dass selbst unter ungünstigen Ernährungsverhältnissen der
Kalkgehalt des Blutes und der Ernährungssäfte nicht allein ausreicht, um den mässigen Bedarf der normalen Ossification zu decken,
sondern sogar im Stande ist, das ganze kalkarme Skelet eines
hochgradig rachitischen Kindes binnen kurzer Zeit mit
jener verhältnissmässig colossalen Menge von Kalksalzen zu versehen, welche nothwendig ist, um in ihnen
das normale Verhältniss zwischen organischen und unorganischen Bestandtheilen wieder herzustellen.

Genau dasselbe geschieht, wenn auch nicht in so eclatanter
Weise, bei der Spontanheilung der Rachitis in den späteren
Perioden des kindlichen Wachsthums. Diese Spontanheilung erfolgt,
je nach der Intensität der rachitischen Affection und je nach den
äusseren Verhältnissen, im 2.—4. Lebensjahre, nur selten später,
und zwar lehrt uns die Beobachtung, dass dieselbe in einer übergrossen Anzahl von Fällen erfolgt, ohne dass irgend eine wesentliche Veränderung in der Ernährungsweise der Kinder eingetreten
ist. Die Kinder unserer armen Bevölkerung bekommen in ihrem
dritten Lebensjahre dieselbe Nahrung wie im zweiten, und im
vierten Jahre dieselbe Nahrung wie im dritten. Und dennoch
sehen wir, dass von einem gewissen Zeitpunkt angefangen nicht nur
die neu apponirten Theile normal verkalken, sondern dass auch die
früher erweichten und biegsamen Diaphysen hart werden, und
endlich sogar eine das normale Mass weit überschreitende Härte
erlangen; und dass daher auch die Masse der in ihnen abgelagerten
Kalksalze weit über das normale Mass hinausgeht. Die völlige Un-
abhängigkeit dieser Vorgänge von dem Kalkgehalte der Nahrung
wird aber noch augenfälliger, wenn wir uns daran erinnern, dass die
Spontanheilung der Craniotabes meistens in der Zeit erfolgt, wo
einerseits sehr häufig die Kinder von der Brustnahrung zur künstlichen Ernährung übergehen und anderseits die rachitischen Erscheinungen in dem übrigen Skelete gerade erst ihrer höchsten Blüthe
entgegengehen. Soll man nun in einem solchen Falle einen allgemeinen Kalkmangel annehmen oder nicht? Es wäre mindestens
ebenso unbegreiflich, dass bei herrschendem Kalkmangel die weichen

Schädelknochen und die sie bedeckenden weichen Osteophyten sich auf einmal dicht mit Kalksalzen imprägniren, als dass der Kalkmangel plötzlich durch einen unbekannten Glücksfall verschwände, und dass trotzdem die Erweichung des übrigen Skeletes gerade jetzt die rapidesten Fortschritte machen soll.

Alle diese scheinbar unlöslichen Räthsel existiren für uns aus dem Grunde nicht, weil wir wissen, dass der günstige Umschwung in dem Kalkgehalte der Knochen vollkommen unabhängig ist von dem wechselnden Kalkgehalte der Nahrungsmittel, und dass, ebenso wie immer und überall die Kalkarmuth der Knochen auf einem Entzündungsprocesse derselben beruht, auch die zunehmende Kalkablagerung und die Sclerosirung derselben immer Hand in Hand geht mit einer spontan oder künstlich herbeigeführten Heilung der rachitischen Knochenentzündung.

Siebentes Kapitel.

Experimentelle Kalkarmuth und gestörte Kalkresorption.

Thierexperimente bei ausgewachsenen und bei wachsenden Thieren. Keine Kalkarmuth ohne Entzündung. Geringe Empfindlichkeit einzelner Species gegen den Kalkhunger. Knochenbrüchigkeit ohne Kalkhunger. Theorie der gestörten Kalkresorption. Chemische Theorien.

Bevor wir die Besprechung der Theorie des Kalkhungers beenden, müssen wir noch jene zahlreichen Thierexperimente berücksichtigen, welche häufig als Stützen dieser Theorie angeführt werden. Es wurde nämlich zuerst von Chossat (1842) der Versuch gemacht, Tauben durch längere Zeit kalkarmes Futter zu verabreichen, und in der That ist es ihm gelungen, bei einigen derselben einen Zustand der Knochenbrüchigkeit hervorzurufen. Diese Versuche sind nun seitdem von zahlreichen Experimentatoren an verschiedenen Thieren, und zwar sowohl an jungen, als an ausgewachsenen, mit verschiedenem Erfolge wiederholt worden. Während nämlich Zalesky (1866), Weiske und Wildt (1873), Papillon (1870 und 1873), Baxter (1881) u. A. vollkommen negative, Andere wieder, wie Friedleben (1860), Milne Edwards (1864) und Forster (1873) nur zweifelhafte Erfolge erzielen konnten, indem nämlich trotz längerer Verabreichung der kalkarmen oder kalkfreien Nahrung das Skelet in seiner Zusammensetzung entweder unverändert geblieben war, oder höchstens eine geringe Gewichtsabnahme erfahren hatte: haben wieder andere Experimentatoren, wie Roloff (1874—1879), Dusart, Lehmann (1877), E. Voit (1880), Baginsky (1881) und neuestens Korsakow (1883) ganz positive Erfolge aufzuweisen, indem es ihnen zu wiederholten Malen gelang, nach Fütterung mit kalkarmer Nahrung wirkliche rachitische Veränderungen bei wachsenden Thieren zu erzielen. Insbesondere die Experimente von E. Voit (l. c.) sind deshalb von grösserer Wichtigkeit, weil dieser

Experimentator auch genauere Angaben über die anatomische Beschaffenheit der erkrankten Knochen mitgetheilt hat, aus denen mit
Bestimmtheit hervorgeht, dass sie von einer rachitischen Affection
ergriffen waren. Die Knochen waren nämlich stärker injicirt, die Knorpelwucherungsschicht mehr als doppelt so
breit, die Knorpelzellenreihen unregelmässig, alle Rippen
an den Knorpelinsertionen aufgetrieben, viele fractu-
rirt u. s. w.

Diese Ergebnisse sind gewiss von dem höchsten Interesse,
aber sie beweisen etwas ganz anderes, als sie beweisen sollten, und
als thatsächlich aus ihnen abgeleitet worden ist. Roloff [1] z. B.
sah in ihnen den Beweis, dass sowohl die Rachitis, als die Osteomalacie einzig und allein durch die Kalkarmuth der Nahrung hervorgerufen werde, und dass diese krankhaften Zustände auch ganz
einfach durch Verabreichung von Kalkphosphat behoben werden
können. Er führte für diese seine Ansicht auch die Erfahrungen
der Thierärzte über das Entstehen von Rachitis und Osteomalacie
bei solchen Thieren an, welche ein kalkarmes Futter bekommen,
und über die Heilung dieses Zustandes durch Verabreichung von
Knochenmehl oder kalkreicher Nahrung.

Hier muss uns aber zunächst auffallen, dass Roloff die
Rachitis mit der Osteomalacie der ausgewachsenen Thiere
auf eine Stufe stellt. Bei den letzteren steht aber die Frage ganz
und gar anders, weil bei ihnen von einem Kalkbedarf für neu
apponirte Knochentheile keine Rede mehr ist. Wenn nun die Kalkarmuth der Nahrung dennoch in einzelnen Fällen auch bei ausgewachsenen Thieren krankhafte Veränderungen in den Knochen herbeigeführt hat (bei den meisten Experimenten sind solche Veränderungen
ausgeblieben), so muss eben ein neuer Factor hinzugekommen sein,
und dieser ist die entzündliche Knochenaffection, welche zur Einschmelzung und Osteoporose geführt hat. Die Vorstellung, dass in
solchen Fällen der kalkbedürftige Organismus einfach aus dem
Skelete wie aus einem Kalkdepot Kalksalze requirirt, ist eine

---

[1] Ueber den Einfluss des Kalkgehaltes der Nahrung auf die Entwicklung der Knochen. Zeitschrift für Thiermedicin 1874, S. 224. — Ueber Osteomalacie und Rachitis. Archiv für Thierheilkunde. Band I. pag. 189. 1875 und
Band V. S. 152. 1879.

durchaus irrige. Die in dem Knochengewebe eingelagerten Kalksalze können demselben niemals entzogen werden, es sei denn, dass
Theile der kalkhaltigen Knochensubstanz als Ganzes beseitigt
worden, wie dies bei der normalen Knochenresorption und in noch
höherem Grade bei der entzündlichen Osteoporose thatsächlich der
Fall ist. Die Erfahrungen an ausgewachsenen Thieren sind also
für die Theorie der Rachitis, wenigstens in dem Sinne der Kalktheorien nicht zu verwerthen.

Aber ebensowenig lassen sich die positiven Resultate bei den
wachsenden Thieren mit der Theorie des Kalkhungers in Uebereinstimmung bringen. Denn diese Experimente haben nicht etwa
ergeben, dass einfach die während des Kalkhungers apponirten
Knochentheile kalkarm oder kalkfrei geblieben sind, sondern es
haben sich, ebenso wie bei der spontan entstandenen Rachitis, die
wesentlichen Zeichen der rachitischen Entzündung, die entzündliche
Wucherung des Knorpels und des Periosts, die entzündliche Einschmelzung der verkalkten Knochentheile (Rippenfracturen bei E.
Voit) u. s. w. herausgebildet. Wenn also Voit als Anhänger der
Theorie des Kalkhungers sich dahin äussert, dass die Rachitis „nur
in einer Nichtablagerung von Kalk in sonst normal entwickeltem
Skelete besteht", so widerspricht dies nicht nur den unzweideutigen
anatomischen Befunden bei der menschlichen Rachitis, sondern auch
ganz direct seinen eigenen Angaben über den Befund bei seinen
rachitisch gewordenen Versuchsthieren. Die in diesen Fällen er-
zielte Kalkarmuth der Knochen war hier wie dort erst durch den
entzündlichen Process an den Appositionsstellen der wachsenden
Knochen hervorgerufen worden, und es bleibt für dieses Endresultat
vollkommen gleichgiltig, ob dieser Entzündungsprocess durch eine
Combination der verschiedensten auf das wachsende Kind einwirkenden Schädlichkeiten, oder durch einen künstlich herbeigeführten
absoluten oder relativen Kalkhunger, oder durch eine anderweitige
durch längere Zeit fortgesetzte Misshandlung wachsender Thiere,
wie z. B. durch Milchsäurefütterung und Milchsäureinjectionen
(siehe später), oder durch die Fütterung mit einer unpassenden,
wenn auch kalkreichen Nahrung [1] herbeigeführt worden ist.

---

[1] Guerin, Verhandlungen des medicinischen Congresses in London
IV. B. S. 52.

Dass eine durch längere Zeit verabreichte kalkarme Nahrung eben so gut im Stande ist, an den reizempfänglichen Appositionsstellen des energisch wachsenden Skeletes einen entzündlichen Vorgang zu provociren, wie z. B. der fortgesetzte Aufenthalt in schlecht ventilirten Wohnräumen oder Ställen — der letztere allein ist bei jungen Hunden schon vollkommen ausreichend — darf uns nach dem, was wir über die grosse Bedeutung des Kalkes für den Aufbau und die normale Existenz sämmtlicher Gewebe des thierischen Körpers erfahren haben, nicht im geringsten verwundern. Wir brauchen nur alles das, was wir über die eigenartigen Verhältnisse an den Appositionsstellen der Knochen, über die geringe Widerstandsfähigkeit der jungen Blutgefässe und ihren zarten Wandungen und der jungen ossificirenden Gewebe überhaupt, sowie über die voraussichtlich deletäre Einwirkung einer abnormen Mischung des Blutes und der Ernährungssäfte auf diese zarten Gebilde gesagt haben, auf diesen speciellen Fall anzuwenden, und es wird uns der Zusammenhang zwischen dem künstlich herbeigeführten Kalkhunger und den entzündlichen Vorgängen an den Stellen der Knochenneubildung ziemlich klar vor den Augen liegen. Wir dürfen uns in dieser Anschauung durchaus nicht dadurch irre machen lassen, dass diese Thiere sich angeblich, abgesehen von der Knochenaffection, normal entwickelt haben sollen. Gerade die ungemein exacten Untersuchungen von Voit geben uns genügende Fingerzeige dafür, dass es mit der normalen Entwicklung dieser Thiere seine guten Wege hatte. Bei den vergleichenden Wägungen der Organe eines normalen und eines bei kalkarmer Nahrung rachitisch gewordenen Hundes zeigte sich z. B., dass sowohl die Leber, als auch Thymus, Milz und Pancreas zusammengenommen, bei dem rachitischen Hunde bedeutend schwerer geworden waren, als dieselben Organe des gesunden Hundes. Ebenso war der Eisengehalt des Blutes, der Muskeln und anderer Organe bei dem kranken Hunde bedeutend herabgesunken, im Vergleiche zu dem normalen. Da nun auch der krankgemachte Hund mit Fleisch gefüttert wurde, so kann dieser geringere Eisengehalt doch wohl nicht auf eine mangelhafte Zufuhr von Eisen in der Nahrung zurückgeführt werden, sondern nur auf eine fehlerhafte Bildung der Blutkörperchen in Folge der abnormen Ernährungsverhältnisse des Thieres. Aber ebenso wie es sicherlich ein Fehlschuss wäre, wenn man die Eisenarmuth des

Blutes geraden Wegs auf eine verminderte Einfuhr von Eisen in den Nahrungsmitteln zurückführen wollte, ebenso irrig wäre es, die Kalkarmuth der Knochen, losgelöst von allen übrigen Erscheinungen im Skeletsystem, als eine directe Folge des Kalkhungers aufzufassen. Wir haben ja die auffälligsten Zeichen einer krankhaften Beschaffenheit des Gesammtorganismus vor uns, und die Veränderungen im Skelete sind ebenso gut die Folge eines krankhaften Zustandes, wie die Hypertrophie der drüsigen Organe und die fehlerhafte Bildung des Blutes. Ebenso wie das letztere, haben sich offenbar auch die neuen Gewebstheile an den Wachsthumstellen der Knochen abnorm gebildet, und sind dann, aus den früher angeführten Gründen, einem entzündlichen Processe anheimgefallen. Auch hier können ganz gut jene beiden Factoren wirksam gewesen sein, welche wir früher für die häufigen Entzündungsprocesse an den Appositionsstellen der Knochen verantwortlich gemacht haben. In Folge der Kalkarmuth der Ernährungssäfte ist schon die ursprüngliche Anlage der neuen Gewebstheile und der jungen Gefässwände eine unvollständige, und auf diese wenig widerstandsfähigen Gewebe wird die abnorm zusammengesetzte Blutflüssigkeit auch noch als krankmachender Reiz einwirken müssen. Die Folge davon ist der entzündliche Process mit allen seinen Consequenzen, mit der vermehrten Einschmelzung des Knorpels und des verkalkten Knochens, und mit der Neubildung der kalkarmen Knochensubstanz in der Umgebung der hyperämischen Blutgefässe.

Nur in dieser Weise können wir auch verstehen, warum die Experimente nicht in allen Fällen gelungen sind. Wenn der Weg wirklich so einfach wäre, wie sich ihn die Anhänger der Kalkhungertheorie der Rachitis denken, dass nämlich die Knochen desshalb kalkarm werden, weil ihnen durch die Nahrung zu wenig Kalksalze zugeführt werden, so müsste ja die totale Kalkentziehung oder selbst nur eine relative Kalkarmuth der Nahrung in allen Fällen ohne Ausnahme zu demselben Resultate führen, nämlich zur Kalkarmuth der neugebildeten Knochentheile. Dies ist aber, wie wir gehört haben, keineswegs der Fall gewesen, da ja diese Experimente sehr häufig vollkommen negativ ausgefallen sind. Hier sind aber gerade die Experimente mit negativem Erfolge von grösserer Bedeutung, weil sie zeigen, dass auch bei einem auf das

äusserste reducirten Kalkgehalte der Nahrung die Knochen ihre
normale Zusammensetzung beibehalten können, wenn sich nur jener
Entzündungsprocess nicht herausbildet, welcher eine vermehrte Einschmelzung der verkalkten Knochentheile und eine Neubildung
kalkarmer Knochensubstanz mit sich bringt. Wir sehen also, dass
auch gegen diese Schädlichkeit die Empfindlichkeit des wachsenden
Organismus nicht bei allen Individuen die gleiche ist, und wenn
wir die Berichte der einzelnen Experimentatoren einer näheren
Prüfung unterziehen, so ergiebt sich die bezeichnende Thatsache,
dass die positiven Resultate zumeist bei solchen Thieren
erzielt worden sind, welche auch sonst ausserordentlich
leicht rachitisch wurden, nämlich bei Hunden (Voit, Korsakow [1]) und bei Schweinen (Roloff), während die Experimente
mit Ratten (Papillon [2]), Katzen, Kaninchen und Mäusen (Baxter [3])
und mit Tauben (Voit) zumeist völlig im Stiche gelassen haben.
Da aber der Kalkhunger allen diesen Thieren gemeinsam war, und
da die neu apponirten Gewebe bei allen in gleicher Weise kalk-
bedürftig sind, so hat eben bei den negativen Resultaten das Zwi-
schenglied, nämlich der entzündliche Process an den Appositionsstellen, gefehlt, und es muss angenommen werden, dass die jungen
Gewebe dieser Species eine grössere Widerstandsfähigkeit gegen die
verschiedensten Schädlichkeiten und auch gegen die mangelhafte
Zufuhr von Kalksalzen besitzen, als die Gewebe jener Thiere, welche
bei jeder Gelegenheit so überaus leicht von dem rachitischen Entzündungsprocesse befallen werden.

Ein ähnliches Verhältniss waltet sicherlich auch bei jenen
Thieren ob, welche nicht in Folge eines Experimentes, sondern
durch ihre Lebensverhältnisse auf ein kalkarmes Futter angewiesen
sind. Roloff selbst, einer der eifrigsten Verfechter der Theorie des
Kalkhungers, berichtet [4]), dass in einer Gegend, wo die Knochenbrüchigkeit bei den Milchkühen und bei den Ziegen stationär ist,
und wo sie bei frisch eingeführten Thieren sich immer in kurzer

---

[1]) Zur Pathogenese der Rachitis. Diss. Moskau 1883. Referat im Centralblatt für Chirurgie 1884. Nr. 26.

[2]) Journal de l'anatomie et de la physiologie 1870, p. 152.

[3]) Discussion über Rachitis in der London pathological society. Medical
Times and Gazette Nr. 1587—1592, 1880.

[4]) Ueber Osteomalacie. Virch. Arch. 46. Bd. S. 313. 1869.

Zeit herausbildet, diese Krankheit bei Schafen, selbst wenn sie mehrere Jahre mit dem betreffenden (kalkarmen) Grase oder Heu gefüttert wurden, niemals vorkommt. Da aber die wachsenden Schafe für ihre neugebildeten Knochentheile dieselben Kalksalze benöthigen, wie die Kälber und Ziegen, so ist auch schon durch diese eine Thatsache jede Theorie unmöglich geworden, welche den Kalkhunger als die directe Ursache der Kalkarmuth der rachitischen Knochen ansehen will.

Dazu kommt noch, dass die Thiere ganz sicher auch in solchen Gegenden knochenbrüchig werden, in denen von einer Kalkarmuth des Futters keine Rede ist[1]). Es sind also auch bei diesen Thieren ohne Zweifel noch zahlreiche andere Bedingungen im Stande, jene Hyperämie und jene krankhafte Gefässbildung im Knochenmark und im Knochen hervorzurufen, welche unter allen Verhältnissen der Osteoporose und Osteomalacie zu Grunde liegen. So finde ich z. B. bei Utz[2]) die interessante Mittheilung, dass die Knochenbrüchigkeit der Rinder vorwiegend in der zweiten Hälfte des Winters unter den Erscheinungen der Blutarmuth aufzutreten pflegt, nachdem die Thiere mehrere Monate in den geschlossenen Ställen zugebracht haben, und dass auch hier die trächtigen Thiere bevorzugt sind. Auch bei der Osteomalacie der Menschen und insbesondere der Schwangeren liegt ja nicht der entfernteste Grund vor, einen Kalkmangel in der Nahrung vorauszusetzen, während es, wie wir in einem früheren Kapitel gezeigt haben, keiner grossen Schwierigkeit unterliegt, einen entzündlichen Zustand des Knochenmarkes und der Knochengefässe aus jenen Schädlichkeiten abzuleiten, unter deren Einwirkung wir am häufigsten die Osteomalacie sich entwickeln sehen. Die exquisit entzündlichen Erscheinungen fehlen, wie ich mich durch vergleichende Untersuchungen am Menschen und an knochenbrüchigen Rindern und Ziegen überzeugt habe, weder hier noch dort, und aus den Schilderungen von Roloff geht dasselbe und speciell die Bildung bedeutender periostaler Auflagerungen auch für seine Fälle mit der grössten Deutlichkeit hervor. Dass auch die längere Zeit fortgesetzte Ernährung mit kalkarmem Futter

---

[1]) Vgl. Karmrodt, Zeitschr. f. Biologie X. Bd. S. 413. 1874.

[2]) Die Lecksucht und Knochenbrüchigkeit des Rindes. Bad. Mittheilungen. Ref. in Canstatt's Jahresbericht 1874. I. S. 727.

im Stande ist, einen solchen entzündlichen Knochenprocess hervorzurufen, habe ich keinen Grund zu bezweifeln, und ebensowenig,
dass in Fällen, wo wirklich nur diese Schädlichkeit zu Grunde
liegt, der Zusatz von Kalksalzen zur Nahrung von gutem Erfolge
begleitet sein wird. Aber man übersehe nur nicht, dass auch in diesen
Fällen immer der Entzündungszustand interveniren muss, und dass
nur dieser, sei er durch welche Schädlichkeit immer hervorgerufen,
im Stande ist, eine Kalkarmuth im wachsenden oder im ausgewachsenen Skelete herbeizuführen.

Die Resultate des experimentellen Kalkhungers und die Erfahrungen über die spontan eintretende Knochenbrüchigkeit der
Thiere sind also, weit entfernt, unsere Theorie der Rachitis im geringsten zu erschüttern, ganz im Gegentheile nur mit Hilfe dieser
Theorie zu verstehen. Dagegen hat die Annahme, dass die Kalkarmuth
der rachitischen Knochen eine directe Folge des Kalkhungers sei,
weder in der anatomischen Untersuchung, noch in der klinischen
Beobachtung, noch in dem Experimente irgend eine Stütze gefunden.
Ich glaube also, dass die Zeit nicht mehr allzu ferne ist, in welcher
diese Theorie nur noch ein historisches Interesse darbieten wird.

Ein Theil unserer Einwände gegen die Theorie des Kalkhungers ist, wie wir gesehen haben, auch schon von anderen Schrift-
stellern erhoben worden. Trotz dieser Bedenken haben aber einige
derselben geglaubt, an der Idee festhalten zu müssen, dass die
Kalkarmuth der Knochen von der Kalkarmuth des Blutes und der
Ernährungssäfte abhänge, und sie mussten daher nach Gründen
suchen, um diese supponirte Kalkarmuth des allgemeinen Stoffwechsels trotz des genügenden Kalkgehaltes der Ingesta zu erklären.
Es blieb daher nichts übrig, als anzunehmen, dass die in der
Nahrung enthaltenen Kalksalze aus irgend einem Grunde
nicht in den allgemeinen Stoffwechsel gelangen. Dadurch
entstanden die verschiedenen chemischen Theorien der Rachitis, auf
welche wir alsbald zurückkommen werden.

Bevor wir jedoch auf die Einzelheiten derselben eingehen,
müssen wir uns darüber klar sein, dass diese Modification der Kalktheorie in der Hauptsache mit der Theorie des Kalkhungers übereinstimmt, indem auch sie die Erscheinungen der Rachitis einzig
und allein durch die verminderte oder ausbleibende Zufuhr von Kalksalzen zu den ossificirenden Geweben erklären will. Daraus folgt aber

zugleich, dass die wichtigsten Einwände, welche wir gegen die Theorie des Kalkhungers vorgebracht haben, auch für die Theorie der mangelhaften Resorption Geltung haben müssen. Wir erinnern nur an die Hyperämie und krankhafte Gefässbildung in den ossificirenden Geweben, an die krankhafte Wucherung des Knorpel- und Periosts, an die grössere Ausdehnung der Knorpelverkalkung im Beginne der Rachitis, an die abnorme Structur der neugebildeten Knochentheile, an die gesteigerte Einschmelzung des Knorpels und des Knochens, an die normale Verkalkung der neuen Knochentheile an den langsam wachsenden Knochenenden, an die Spontanheilung der Craniotabes bei fortschreitender Erweichung des übrigen Skeletes, an die übermässige Kalkablagerung bei der Eburneation, und endlich daran, dass selbst ein absolutes Fehlen der Kalkzufuhr während eines ganzen Jahres auch nicht im entferntesten im Stande wäre, die excessive Kalkarmuth schwer rachitischer Knochen zu erklären. Wenn man uns also auch plausibel machen könnte, dass in allen Fällen von Rachitis wirklich die Resorption der Kalksalze innerhalb des Verdauungstractes gestört ist, was, wie wir gleich sehen werden, bis jetzt nicht geschehen ist, so könnten wir schon aus den oben angeführten und zahlreichen anderen Gründen diese Erklärung für die Entstehung der Rachitis nicht acceptiren.

Die verbreitetste Ansicht über die Ursache der mangelhaften Resorption der Kalksalze ist nun die, dass dieselbe einfach durch Erkrankungen der Verdauungsorgane, durch Dyspepsie, Magen- oder Darmkatarrh verhindert werde. Dagegen wäre zunächst Folgendes zu bemerken:

1. Dass sich die Rachitis, wie wir gesehen haben, überaus häufig schon intra uterum entwickelt, wo weder von einer Verdauungsstörung, noch von einer mangelhaften Resorption der dem Fötus durch die mütterlichen Säfte in gelöstem Zustande zugeführten Kalksalze die Rede sein kann.

2. Dass die Rachitis sowohl nach meinen eigenen Erfahrungen, als auch nach den Aussagen zahlreicher anderer Beobachter ganz gewöhnlich auch bei solchen Kindern vorkommt, welche vollkommen normal verdauen und sich eines guten Ernährungszustandes erfreuen.

3. Dass die Zahl und Intensität der Rachitisfälle gerade in den Sommermonaten, in welchen sich die Erkrankungen des

9 *

Verdauungsapparates bei den Kindern besonders häufen, regelmässig und in sehr auffallendem Grade abnehmen.

4. Dass endlich eine Menge anderer Momente, welche mit
der Verdauung und der Resorption der Kalksalze in keiner Weise
in Zusammenhang gebracht werden können, wie z. B. die schlechten
Wohnungsverhältnisse, die Syphilis u. s. w. die Entwicklung der
Rachitis in ausgezeichneter Weise fördern.

Man hat nun versucht, wenigstens einem dieser Einwände,
nämlich dem Fehlen der Verdauungsstörungen bei einer grossen Anzahl von rachitischen Kindern, durch das Aufstellen verschiedener
chemischer Theorien abzuhelfen.

Die erste dieser Theorien rührt von Seemann (l. c.) her.
Nachdem er sich nämlich überzeugt hatte, dass auch die Muttermilch, mit welcher rachitische Kinder ausschliesslich genährt worden
waren, die genügende Menge von Kalksalzen enthielt, supponirte er
eine eigenthümliche Ernährungsstörung, welche darauf beruhen sollte,
dass in Folge einer übermässigen Zufuhr von Kalisalzen die Na-
tronsalze und speciell die Chloride (Kochsalz) vermindert oder im
Ueberschuss ausgeschieden werden, so dass dadurch ein Deficit
an Salzsäure in den Verdauungssäften entsteht; und dieser
Mangel soll nun die Ursache sein, dass die in den Magen eingeführten Kalksalze in zu geringer Menge gelöst und in das Blut
übergeführt werden. Seemann will nicht nur sämmtliche Erscheinungen der Rachitis von diesem fehlerhaften Umstande ableiten,
sondern auch die Krankheit durch Zufuhr von Salzsäure und von
genügenden Kochsalzmengen beseitigen.

Diese Theorie hat nun auch Zander (l. c.) acceptirt und nur in
einem nicht sehr wesentlichen Punkte ergänzt. Nach ihm soll nämlich in der Milch von Müttern, deren Kinder rachitisch werden,
das normale Verhältniss zwischen Natron und Kali und zwischen
Chlor und Phosphorsäure zu Gunsten der beiden letzteren (Kali
und Phosphorsäure) überschritten werden. Dadurch werden die Na-
tronsalze und das Chlor ausgeschieden, und dasselbe Resultat wie
früher, nämlich der Mangel der zur Lösung der Phosphate
nöthigen Salzsäure herbeigeführt. Er empfiehlt zur Beseitigung
dieser Uebelstände den stillenden Müttern mehr animalische Kost
zu verabreichen.

Die dritte chemische Theorie rührt von M. Wagner [1] her.
Nach seiner Ansicht beruhen die pathologischen Erscheinungen,
welche wir Rachitis nennen, auf zwei Ursachen; erstens auf einer
unvollständigen Ausnützung der Nahrung in Folge der Verminderung des Gehaltes des Blutes an Alkalisalzen, welche
den Wechselverkehr mit den in den Magen eingeführten Calcium-
salzen und die Resorption der dabei neu entstandenen Calciumsalze
vermitteln; zweitens auf der Aufnahme der Calciumsalze ins Blut
in einer Form, die sich nicht zum Aufbau der Gewebe eignet,
welcher Umstand wieder entweder auf qualitativen Veränderungen
der Alkalisalze des Blutes, z. B. vermehrtes Auftreten von Mono-
natriumphosphat, oder Uebergang von Milchsäure in das Blut zurückzuführen ist.

Es ist nun nicht meine Sache, mich in eine Kritik dieser zum
Theile einander widersprechenden chemischen Theorien einzulassen.
Nach allem, was wir über die anatomischen Befunde in den rachitischen Knochen, über die häufige intrauterine Entstehung und die
mannigfaltige Aetiologie der Rachitis, und über die Erfolge der
Phosphortherapie gesagt haben, scheint es mir eine vergebliche
Mühe zu sein, für die in den allermeisten Fällen sicher nicht vorhandene Kalkarmuth des Blutes und der Ernährungssäfte eine Erklärung zu finden. Nur die eine vielleicht etwas triviale Bemerkung kann
ich nicht unterdrücken, dass es, die Richtigkeit der Theorien von
Seemann und Zander vorausgesetzt, in der ganzen weiten Medizin
keine einfachere, leichtere und weniger kostspielige Behandlung
gäbe, als die der Rachitis. Ein wenig Salzsäure und eine genügende
Menge Kochsalz bei jeder Mahlzeit, und die Rachitis müsste verschwinden, oder überhaupt gar nicht zum Vorschein kommen. Ob
dies auch wirklich der Fall sein wird, ist eine andere Frage, welche,
wie ich fürchte, mit einer bei diesem Thema seltenen Einstimmig-
keit verneint werden wird.

---

[1] Untersuchungen über die Resorption d. Calciumsalze etc. Zürich 1883.

Achtes Kapitel.

Säuretheorie.

Die zweite Haupttheorie der Rachitis ist diejenige, welche wir als Säuretheorie bezeichnen, und welche offenbar zuerst von der Beobachtung ausgegangen ist, dass harte Knochen in einer sauren Flüssigkeit nach einiger Zeit ihre Kalksalze verlieren und ihre normale Starrheit einbüssen. Da nun auch bei der Rachitis ursprünglich harte Knochen nach und nach weich und biegsam werden, so lag der Schluss eigentlich nahe, dass auch hier eine Säure die bereits präcipitirten Salze wieder in Lösung bringe. Dieser Gedankengang wurde schon im vorigen Jahrhundert von Boerhave [1] deutlich formulirt, und ist seither von vielen Autoren aufgenommen und weiter ausgeführt worden. Zunächst handelte es sich natürlich darum, die Gegenwart einer Säure im Knochen nachzuweisen oder wenigstens plausibel zu machen. Man dachte zuerst an die Essigsäure, dann an die Phosphorsäure, und endlich blieb man bei der Milchsäure stehen, von der man annahm, dass sie bei schlechter Verdauung im Magen gebildet werde, und von dort aus auf dem Wege der Circulation zu den Knochen gelangen könne. Der naheliegende und z. B. schon von Darwin's Grossvater [2] erhobene Einwand, dass man die Säure in den Knochen und nicht im Magen nachweisen müsse, und die Unmöglichkeit, dass die Säure das alkalische Blut als solche passire, wurde kaum beachtet, und ebensowenig kümmerten sich die Anhänger dieser Theorie darum, dass es weder Lehmann noch Virchow gelungen war, die Milchsäure

---

[1] Siehe Virchow l. c. S. 475.
[2] Ebenfalls citirt bei Virchow. S. 475.

oder irgend eine andere Säure in den rachitischen Knochen nachzuweisen. Allerdings haben Schmidt[1]), O. Weber[2]) und Moer-
und Muck[3]) angegeben, dass sie die Milchsäure in osteomalacischen Knochen gefunden haben; aber im Gegensatze zu ihnen
fand Virchow[4]) im Marke der osteomalacischen Knochen immer
eine alkalische Reaction, und auch Frey[5]) hat sich vergeblich bemüht, in osteomalacischen Knochen Milchsäure zu finden. Seither
ist auch für die Osteomalacie keine einzige positive Angabe über
den Befund einer Säure zu verzeichnen, während für die Rachitis
überhaupt niemals die thatsächliche Anwesenheit von Milchsäure
in den Knochen von irgend Jemandem behauptet worden ist.

Man klammerte sich nun an die Aussagen von Marchand
(1842), Lehmann (1843) und Gorup-Besanez (1867), welche
im Harne Rachitischer Milchsäure gefunden haben wollten. Dagegen hat aber Liebig[6]) den Nachweis geführt, dass selbst bei der
Verabreichung von colossalen Mengen milchsaurer Alkalien die Milchsäure dennoch im Harne spurlos verschwunden sei, so dass also ein
Milchsäurebefund im Harne in Folge einer etwaigen vermehrten
Milchsäurebildung im Magen vollkommen ausgeschlossen bliebe. In
der That ist es auch seit Langem über die Milchsäure im Harn
ganz stille geworden, und eine von Neubauer[7]) nach dieser Richtung unternommene Harnuntersuchung hat bei einem hochgradig
rachitischen Kinde ein vollkommen negatives Resultat ergeben.

Die Anhänger der Säuretheorie liessen sich aber durch alles
dies nicht beirren, und construirten a priori, dass der durch die
Milchsäure in den Knochen gelöste Kalk im Harne in vermehrter
Menge erscheinen müsse, und wirklich wollten Lehmann und
Marchand im Harne rachitischer Kinder eine 4—6fach vergrösserte
Menge von phosphorsaurem Kalk gefunden haben. Auch diese An-
gaben sind aber durch die zahlreichen Nachuntersuchungen keines-

[1]) Annalen der Chemie. B. 61. S. 329. 1847.
[2]) Virchow's Archiv. B. 38. 1867.
[3]) Deutsches Archiv für klin. Medicin. V. 1869.
[4]) Sein Archiv. IV. Band.
[5]) Centralblatt für die med. Wissenschaften. S. 28. 1869.
[6]) Ueber die Constitution des Harnes der Menschen und der fleisch-
fressenden Thiere. Annalen der Chemie. 1844 und 1847.
[7]) Siehe Rehn. l. c. S. 90.

wegs bestätigt worden, vielmehr fanden Bibra[1]), Friedleben[2]), Rehn und Neubauer, Baginsky[3]) gar keinen Unterschied im Kalkgehalte zwischen rachitischen und gesunden Kindern, während Virchow (l. c.) und Seemann (l. c.) im Harne Rachitischer sogar weniger Kalksalze fanden, als im normalen Harne; und erst ganz kürzlich hat Zuelzer[4]) von Neuem constatirt, dass weder der Kalk noch die Phosphorsäure im Harne rachitischer Kinder in vermehrter Menge vorgefunden werden.

Trotzdem also in dieser Weise die durch die Chemie zu beschaffenden Grundlagen der Säuretheorie eine nach der anderen hinfällig geworden waren, hat man die Theorie dennoch nicht fallen gelassen und sie durch das Thierexperiment zu stützen gesucht. Heitzmann[5]) hat nämlich Hunden, Katzen, Kaninchen, Eichkätzchen durch längere Zeit Milchsäure per os oder subcutan beigebracht, sie aber auch gleichzeitig mit einer kalkarmen Nahrung gefüttert, worauf alle früher oder später ausgesprochene Zeichen von Rachitis, insbesondere Epiphysenanschwellung darboten. Bei fortgesetzten Versuchen wurden auch die Diaphysen weicher und manchmal in hohem Grade biegsam. Alle diese Thiere zeigten aber auch andere krankhafte Erscheinungen, katarrhalische Entzündungen der Bindehaut, der Bronchien, des Magens und der Därme, und waren in hohem Grade abgemagert[6]). Diese Mittheilungen Heitzmann's machten begreiflicher Weise grosses Aufsehen und gewannen der Säuretheorie wieder neue Anhänger. Aber die von anderer Seite wiederholten Versuche haben theils negative, theils zweifelhafte Resultate ergeben. Ersteres war z. B. bei den sehr zahlreichen Versuchen von Toussaint

---

[1]) Chemische Untersuchungen über die Knochen und Zähne der Menschen und der Wirbelthiere etc. Schweinfurt 1844.

[2]) Beiträge zur Kenntniss der physikalischen und chemischen Constitution wachsender und rachitischer Knochen. Jahrbuch für Kinderheilkunde. III. Band. 1860.

[3]) Ueber den Stoffwechsel in der Rachitis. Veröffentl. der Ges. für Heilkunde. S. 160. Berlin 1879.

[4]) Untersuchungen über die Semiologie des Harnes. Berlin 1883.

[5]) Ueber künstliche Hervorrufung von Rachitis und Osteomalacie. Wiener med. Presse. Nr. 45. 1873.

[6]) Vrgl. Heitzmann's mikr. Morphologie des Thierkörpers. S. 408. Wien 1883.

und Tripier [1]), von Roloff [2]) und Heiss [3]) der Fall, und zwar
sowohl bei ausgewachsenen, als bei noch wachsenden Thieren. Etwas
glücklicher scheinen Siedamgrotzky und Hofmeister [4]) gewesen
zu sein, da die Knochen der von ihnen mit Milchsäure gefütterten
Thiere ein geringeres specifisches Gewicht, und die jungen Thiere
Spuren von Rachitis darboten. Dagegen hat wieder in der allerjüngsten Zeit Korsakow (l. c.) über durchaus negative Resultate
bei Hunden berichtet.

Wir sehen also, dass auch die Experimente, Alles in Allem,
nicht günstig für die Säuretheorie ausgefallen sind, weil es sich in
zahlreichen Fällen gezeigt hat, dass selbst eine so consequente Einführung grosser Mengen von Milchsäure, wie sie bei rachitischen
Kindern wohl ausser Combination bleiben kann, nicht im Stande war,
irgend eine nachweisbare Veränderung in den Knochen hervorzurufen.
Aber abgesehen davon, ist ja die ganze Fragestellung bei diesen
Experimenten eine verfehlte. Was sollten die Experimente eigentlich beweisen? Offenbar dachte man an eine Lösung der Kalksalze
der Knochen durch die Milchsäure; wenigstens scheint dies aus
einer Stelle in Heitzmann's Morphologie (S. 409) hervorzugehen.
Sehen wir nun einen Moment von der Schwierigkeit ab, dass die
Milchsäure das alkalische Blut passire, ohne neutralisirt zu werden
und ihre Lösungsfähigkeit für Kalksalze einzubüssen, und dass fernerhin bei der Entfernung der Calciumverbindung durch das Blut oder
die Lymphe, wie Hoppe-Seyler [5]) betont, entweder die Säure-Reac-
tion in dieser alkalischen Flüssigkeit persistiren oder Fällung eintreten müsste. Aber besteht denn der rachitische Process in einer
Lösung der in den Knochen präcipitirten Kalksalze? Sind denn
nicht sämmtliche Autoren darüber einig, dass die rachitische Affection wenigstens zum grössten Theile in einer Störung der Knochen-

---

[1]) Sur l'effet de l'acide lactique au point de vue du rachitisme et de
l'osteomalacie. Referat in Canstatt's Jahresbericht. I. S. 643. 1875.

[2]) Archiv f. wissenschaftliche u. praktische Thierheilkunde. I. B. 1875.

[3]) Kann man durch die Einführung von Milchsäure in den Darm eines
Thieres den Knochen anorganische Bestandtheile entziehen? Zeitschrift für
Biologie. XII. 1876.

[4]) Die Einwirkung andauernder Milchsäure-Verabreichung auf die
Knochen der Pflanzenfresser. Berl. Archiv für Thierheilkunde. V. Band. 1879.

[5]) Physiologische Chemie. S. 107. Berlin 1881.

neubildung besteht? Und nun beschäftigt man sich ganz ernsthaft mit einer Theorie und mit Experimenten, welche beweisen sollen, dass die Milchsäure sowohl bei ausgewachsenen als bei wachsenden Thieren eine Erweichung der schon erhärteten Knochen zu Stande bringen kann.

Und wie verhalten sich nun gar die anatomischen und histologischen Beobachtungen zu der Säuretheorie? Diese haben uns gelehrt, dass weder bei der normalen noch bei der pathologischen Ossification irgend etwas zu der Annahme berechtigt, dass die Knochensubstanz ihrer Kalksalze beraubt werden könne, ohne auch als solche mitsammt ihrer specifischen fibrillären Knochentextur zu verschwinden. Eine Auslaugung der Kalksalze mit Erhaltung der Knochenstructur, eine Halisterese, wie wir sie an todten Knochen zu verschiedenen Zwecken vornehmen, findet im lebenden Organismus, wenigstens so weit unsere jetzigen Kenntnisse reichen, unter gar keiner Bedingung statt. Speciell bei der Rachitis und bei der Osteomalacie werden, wie wir in der früheren Abtheilung gezeigt haben, die kalklosen Knochenpartien niemals in einem solchen Zusammenhang mit den kalkhaltigen angetroffen, dass man an eine directe Abstammung der ersteren von den letzteren durch einfache Kalkentziehung denken könnte. Die kalklosen Knochentheile sind vielmehr unter allen Umständen neugebildet und sind von Haus aus kalkarm oder kalkfrei geblieben; und damit ist auch der lösenden Wirkung der Säure, selbst wenn sie aus dem Magen zu den Knochen gelangen könnte, ein jedes anatomisches Substrat entzogen.

Freilich werden bei der Rachitis ebenfalls Kalksalze in Lösung gebracht, weil, wie wir im Gegensatze zu der seit Virchow herrschenden Anschauung nachgewiesen haben, bei der Rachitis nicht blos die Anbildung normal verkalkter Knochentheile an der Knochenoberfläche gestört, sondern auch die Einschmelzung der älteren Knochensubstanz in abnormer Weise gesteigert ist, und weil bei dieser Knochenresorption nicht nur die organische Grundlage des Knochens zum Schwinden gebracht wird, sondern auch die zwischen den Knochenfibrillen abgelagerten Kalksalze gelöst und in die Säftemasse übergeführt werden. Aber diese pathologische Knochenresorption ist, ebenso wie jede andere entzündliche Osteoporose, nichts anderes, als eine quantitative Steigerung des normalen Einschmelzungsprocesses, wie er während der ganzen Zeit des Knochenwachsthums sowohl an der Oberfläche der Knochen als auch im Innern der Markräume vor sich geht. Auch bei diesem normalen Resorptionsprocesse werden fortwährend verkalkte Knochentheile zum Schwinden gebracht und die in ihnen abgelagerten Kalksalze wieder gelöst, aber hier denkt wohl Niemand daran, dass zu einem solchen Lösungsprocesse vom Magen her Milchsäure geliefert werden müsse. Vielmehr haben wir gesehen, dass eine solche Knochenresorption und die damit verbundene Lösung der Kalksalze immer und überall an die lebhaftere Saftströmung von Seite benachbarter Blutgefässe gebunden ist, und es kann kaum einem Zweifel unterliegen, dass es die alkalischen Gewebssäfte sind, welche, wenn sie in grösseren und bei jedem Pulsschlage erneuten Mengen der verkalkten Knochensubstanz zugeführt werden, diesen Lösungsprocess vermitteln.

Allerdings könnte man sich auch vorstellen, dass es die im Blute und im Blutplasma suspendirte Kohlensäure ist, welche, unbeschadet der alkalischen Reaction dieser Flüssigkeiten, die Lösung der Kalksalze besorgt. Aber selbst wenn dies der Fall wäre — was wir nicht glauben — so wäre ja die vermehrte Knocheneinschmelzung und die damit verbundene vermehrte Lösung der Kalksalze bei der Rachitis oder bei irgend einer anderen entzündlichen Osteoporose ebenfalls ganz einfach auf das vermehrte Zuströmen der lösenden Flüssigkeiten von Seite der vermehrten und stärker gefüllten Blutgefässe zurückzuführen, und eine Herbeiziehung einer Magensäure zu den Knochen wäre nicht nur sinnlos, sondern auch vollkommen überflüssig. Nun haben wir aber bei der Besprechung der normalen Resorptionsvorgänge (im 14. Kapitel des ersten Theiles) gezeigt, dass diese Kohlensäuretheorie unhaltbar ist, und dass sie insbesondere bei dem Studium der Knorpelverkalkung auf unüberwindliche Hindernisse stösst; und dort haben wir auch darauf aufmerksam gemacht, dass nach den Versuchen von Maly und Donath nicht nur kohlensäurehältige Flüssigkeiten, sondern auch destillirtes Wasser, schwache Kochsalz-, Leim- und Zuckerlösungen u. s. w. ein, wenn auch geringes, aber doch immerhin nennenswerthes Lösungsvermögen für die Kalksalze besitzen, und dass dieses Vermögen, wenn die lösende Flüssigkeit bei jeder Pulswelle erneuert wird, im Laufe der Zeit ein ganz beträchtliches Resultat erzielen kann. Es wäre also für die normale Resorption der Kalksalze die

Gegenwart einer Säure, und wäre es auch nur die freie Kohlensäure des Blutes, überflüssig, und auch die pathologische Knochenresorption, sowohl bei den rachitischen und osteomalacischen, als auch bei jeder andern Osteoporose würde dann ganz einfach durch das krankhafte gesteigerte Zuströmen der lösenden Gewebsflüssigkeiten in ganz befriedigender Weise erklärt werden können.

Da also im lebenden Organismus unter keinerlei Bedingung Kalksalze aus der Knochensubstanz ausgelaugt werden, ohne dass diese als Ganzes eingeschmolzen wird; da ferner die Knocheneinschmelzung bei der Rachitis und bei allen rareficirenden Entzündungen sich nur quantitativ und nicht qualitativ von der normalen Knochenresorption unterscheidet; und da endlich die Säuretheorie für die wichtigsten anatomischen Veränderungen bei der Rachitis, nämlich für die abnormen Ossificationsvorgänge im Knorpel und im Periost absolut keine Erklärung besitzt; so müsste man diese Theorie auch dann entschieden ablehnen, wenn es den Vertretern derselben wirklich gelungen wäre, in den klinischen Thatsachen eine nur halbwegs plausible Begründung für die Annahme einer vermehrten Säurebildung bei allen rachitischen Kindern zu deduciren. Gerade dieser Theil der Theorie erhebt sich aber nicht über die allerprimitivsten Versuche, wie z. B. dass die rachitischen Kinder häufig an Verdauungsstörungen leiden, dass sich bei fehlerhafter Verdauung leicht Milchsäure im Magen bildet und dergl. Warum gerade die Milchsäure so deletär für die Knochen sein soll, und nicht auch die normal im Magen gebildete Salzsäure, welche das beste Lösungsmittel für die Salze der todten Knochen abgiebt, wird nicht gesagt. Genügt also vielleicht schon die überschüssige Salzsäure des normal verdauenden Kindes, oder die so häufig zur Hebung der Verdauung als Medicament mehrere Male des Tages durch längere Zeit eingeführte Salzsäure, um die Rachitis hervorzurufen? Und wie steht es gar mit der Behauptung von Zander und Seemann, dass man Rachitischen Salzsäure geben müsse, um ihre Rachitis zu heilen? Und dann, welche glänzende Perspective für die Heilung der durch eine vermehrte Magensäure hervorgerufenen Rachitis. Warum heilen wir diese Krankheit nicht einfach durch etwas Natrium bicarbonicum oder Aqua calcis, welche wohl mit der grössten Präcision jede überschüssige Magensäure beseitigen wird, bevor sie zu den Knochen gelangen kann? Warum giebt es

überhaupt noch rachitische Kinder, wenn die Indicatio causalis mit
so einfachen und zuverlässigen Mitteln erfüllt werden kann? [1])
Die letzten Einwürfe gelten auch jener neuesten Modification
der Säuretheorie, welche wir Senator (l. c.) verdanken. Diese Modification trägt dem Bedenken Rechnung, dass die Säure unmöglich
als solche zu den Knochen gelangen und dort die abgelagerten
Kalksalze wieder lösen könne, und begnügt sich daher damit, durch
den Uebergang der Säure in das Blut eine Verminderung der Al-
calescenz und dadurch eine Vermehrung des Lösungsvermögens
des Blutes und der Ernährungssäfte für den Kalk hervorzurufen.
Dadurch soll also nicht so sehr die Lösung der bereits präcipitirten Kalksalze, als vielmehr die Ablagerung der Salze in die
neuen Knochentheile verhindert werden, und damit wäre also
eigentlich wieder genau so viel erreicht, als durch die Theorie des
Kalkmangels, nämlich eine mühsame und sowohl von physiologischer
als von chemischer Seite anfechtbare Erklärung der mangelhaften
Verkalkung der neu apponirten Knochentheile, während der ganze
Complex aller übrigen rachitischen Erscheinungen nach wie vor
einer jeden Motivirung entbehren würde. [2])

---

[1]) Sehr merkwürdig sind die Consequenzen, welche Cantani in seiner
bereits citirten Arbeit aus der Säuretheorie für die Prophylaxe und die Therapie der Rachitis gezogen hat. Er warnt nämlich (S. 67 und S. 76) ganz
ernsthaft davor, rachitischen Kindern Milch zu geben, weil der
in ihr enthaltene Milchzucker, wenn die Verdauung nicht vollkommen gut
ist, sich in Milchsäure verwandeln könnte, oder wenigstens in allen Fällen
die Kohlensäure im Blute vermehren würde. Derselbe Autor klagt auch darüber, dass der Erfolg des gegen die Rachitis angewendeten Kalkes, den er
für ein sicheres Heilmittel der Rachitis hält, gewöhnlich durch die Corrigentia.
die Syrupe, Oxymele u. s. w. in den gebräuchlichen Kalkmedicamenten im
Voraus paralysirt wird, weil diese Süssigkeiten wieder durch milchsaure
Gährung Rachitis erzeugen oder die vorhandene verstärken. Dies hält jedoch
den geistreichen Verfasser der Pathologie und Therapie der Stoffwechselkrankheiten nicht davon ab, an einer anderen Stelle (S. 80) für rachitische
Kinder eine Milchdiät, und gleich darauf (S. 84) eine reichliche Zufuhr von
Kochsalz zu empfehlen, um nach Seemann das Material für die Herstellung
der zur Lösung der Kalksalze nöthigen Salzsäure zu liefern. Hier erscheint
also der Antagonismus zwischen der schädlichen Milchsäure und der nütz-
lichen Salzsäure in optima forma proclamirt.
[2]) Während Senator sich offenbar aus dem Grunde, weil ihm die ursprüngliche Säuretheorie unhaltbar erschienen ist. dieser neuen Variante der-

Ausserdem giebt uns aber auch die klinische Beobachtung der
Rachitis eine Anzahl gewichtiger Einwürfe an die Hand, welche die
modificirte Säuretheorie ebenso gut treffen, wie die ursprüngliche,
und diese Einwände wollen wir in Form einiger Fragen an die Anhänger beider Säuretheorien vorbringen.

Wie entsteht die nach unseren Beobachtungen so überaus
häufige intrauterine Rachitis?

Wie entsteht die Rachitis bei normaler Verdauung und bei
gut genährten Brustkindern?

Wie erklären die Anhänger der Säuretheorien die Abnahme
der Rachitis im Sommer trotz der grösseren Häufigkeit der Verdauungsstörungen, und die grosse Seltenheit der Rachitis in den
warmen und heissen Himmelsstrichen?

Warum befördert die hereditäre Syphilis in so eclatanter Weise
die Entstehung der Rachitis?

Warum heilt die Rachitis fast in allen Fällen spontan bei
abnehmender Energie des Wachsthums, und wie ist es möglich,
dass der erweichte Schädel so häufig am Ende des ersten Lebensjahres hart wird, während die übrigen Skelettheile gerade jetzt
einem fortschreitenden Erweichungsprocesse unterliegen?

Alle diese und eine Menge anderer Fragen sind vom Standpunkte der Säuretheorien einfach nicht zu beantworten. Trotzdem
müssen wir uns noch ein wenig mit den angeblich positiven Erfolgen der Milchsäureexperimente beschäftigen. Hier steht die
Sache einfach so, dass die Thiere in Folge der mit ihnen vorge-
nommenen gesundheitsschädlichen Massnahmen rachitisch geworden
sind. Es sind nicht etwa bloss durch die Milchsäure den erhärteten
Theilen des Skeletes Kalksalze entzogen worden, auch hat nicht
etwa die Milchsäure die Ablagerung der Kalksalze in den neuen
Knochentheilen verhindert, sondern es hat sich eben der rachitische
Entzündungsprocess mit allen seinen Consequenzen entwickelt, und

---

selben zugewendet hat, hat Cantani die letztere zwar ebenfalls acceptirt,
ist aber auch gleichzeitig der ursprünglichen Theorie, nach welcher die bereits
präcipitirten Salze durch die zugeführte Säure wieder gelöst werden sollen,
getreu geblieben. (S. 43.) Er geht aber in seinem Eclecticismus noch weiter,
und bekennt sich, ausser diesen beiden Varianten der Säuretheorie auch noch
zu der Theorie des Kalkhungers und der verhinderten Kalkresorption im
Darme. (S. 35.)

zwar auch hier in Folge von Schädlichkeiten, die auf den Gesammtorganismus eingewirkt haben. Aus der Schilderung Heitzmann's
geht mit genügender Klarheit hervor, in welch elenden Zustand
diese armen Thiere versetzt worden sind. Catarrhalische Entzündungen sämmtlicher Schleimhäute des Respirations- und Verdauungstractes, Abmagerung, Zuckungen der Extremitäten u. s. w.
sind ausdrücklich erwähnt. Es wäre, nach allem was wir früher
gehört haben, ein wahres Wunder gewesen, wenn diese Thiere nicht
rachitisch geworden wären. Dasselbe Ziel wird man durch alle
möglichen Proceduren erreichen können, welche geeignet sind, einen
ähnlichen abnormen Zustand des Gesammtorganismus hervorzurufen.
Die grossen Mengen der in den Verdauungskanal oder gar in die
Circulation eingeführten Milchsäure haben, noch dazu in Combination
mit mangelhafter (kalkarmer) Nahrung, als Schädlichkeiten gewirkt,
und in derselben Weise die Rachitis hervorgerufen, wie dies durch
die verschiedensten anderen Schädlichkeiten ebenfalls geschehen kann.
Auch hier hat sich die rachitische Entzündung an jenen Stellen des
wachsenden Skeletes etablirt, an welchen die Kuochenapposition
und somit auch eine reichliche Bildung junger reizempfänglicher
Gewebstheile stattfindet, und diese Entzündung hat hier wie überall
eine Anbildung kalkloser oder kalkarmer Knochensubstanz, und im
weiteren Verlaufe eine stürmische Einschmelzung der älteren verkalkten Knochentheile veranlasst. Nur in dieser Weise sind die
Knochen dieser Thiere kalkarm geworden, und nichts berechtigt
uns dazu, eine directe Beziehung der kalklösenden Eigen-
schaft der Milchsäure zu der Kalkarmuth der in dieser
Weise afficirten Knochen vorauszusetzen.

Damit hätten wir uns auch des negativen Theiles unserer
Aufgabe entledigt, indem wir die Unzulänglichkeit und die Unhalt-
barkeit der verbreitetsten Theorien über die Pathogenese der Rachitis nachgewiesen haben. Diese Theorien sind unzulänglich, weil
sie die Erscheinungen der Rachitis nicht erklären, und sie sind
unhaltbar, weil ihre Voraussetzungen weder in der klinischen Erfahrung noch in den chemischen Untersuchungen eine Bestätigung
gefunden haben.

Ein grosser Theil dieser Bedenken hat sich natürlich auch
früher allen denjenigen aufgedrängt, welche sich eingehender mit
der Rachitis beschäftigt haben, und insbesondere konnte die Kalk-

und Säuretheorie bei jenen Forschern, welche auch den anatomischen Theil der Frage ins Auge gefasst haben, nur mässige Befriedigung erwecken. Wenn sich dennoch die meisten Autoren, und selbst diejenigen, welche die entzündliche Natur der Affection zugestehen mussten, niemals gänzlich von den durch Jahrhunderte eingewurzelten Ideen lossagen konnten, so lag dies eben daran, dass es ihnen nicht gelungen war, den causalen Zusammenhang zwischen den allgemeinen Ursachen und dem localen Entzündungsprocesse auf der einen Seite, und zwischen dem letzteren und der Kalkarmuth der Knochen auf der andern Seite herauszufinden. Dennoch gewährt es ein grosses Interesse, den auf diese Punkte gerichteten Bemühungen in den hervorragendsten Rachitisarbeiten nachzugehen.

So finden wir z. B. bei Virchow in seiner mit Recht hochgeschätzten Monographie, nachdem er die Hyperämie der rachitischen Knochen und aller ihrer Theile, und die von ihr abhängigen Wucherungen des Knorpels und des Periosts geschildert hat, das Zugeständniss, dass es nahe liegen würde, diesen Vorgängen eine entzündliche Grundlage zuzuschreiben. „Wir würden dann", heisst es weiter, „ein neues Beispiel parenchymatöser Entzündung vor uns haben, und es würde sich durch die Analogie anderer Periostitisformen begreifen, wie bei den gestörten Circulationsverhältnissen auch die Ablagerung der Kalksalze in das neugebildete luxurirende Gewebe zu langsam vor sich geht." (l. c. S. 488.) Und dennoch entscheidet sich Virchow, nachdem er für die Kalkarmuth der rachitischen Knochen zwei Möglichkeiten aufgestellt hat, nämlich den Kalkmangel in den Ernährungssäften oder die Beschaffenheit der zu verkalkenden Theile, für die erstere und gegen die letztere Möglichkeit (S. 482) und zwar mit der Motivirung, dass bei der Heilung der Rachitis die Kalkablagerung in denselben Geweben erfolgt, welche im Allgemeinen während der Störung weich bleiben, und dass jeder anatomische und chemische Anhaltspunkt fehlt, um in den weichen osteoiden Theilen eine wesentliche Störung der Mischung und inneren Zusammensetzung annehmen zu können. Aber gerade die Analogie anderer Periostitisformen und die gestörten Circulationsverhältnisse in denselben, auf welche Virchow selbst aufmerksam gemacht hat, bieten hier die gewünschten Anhaltspunkte, denn auch dort imprägniren sich dieselben osteoiden Wucherungen, welche während der Blüthe der Entzündung kalkarm geblieben sind, sofort ganz dicht mit Kalksalzen, sowie die Entzündung abgelaufen und die abnorme Blutfülle der ossificirenden Gewebe geschwunden ist.

Auch bei Volkmann [1]) findet sich der ausdrückliche Hinweis auf die nahe Verwandtschaft des rachitischen Processes mit der Ostitis; und dieser Autor hält es sogar, nachdem er sowohl die Kalktheorie als die Säuretheorie bekämpft hat, für das Wahrscheinlichste, dass die Knochen bei der Rachitis aus dem Grunde keine oder nur ungenügende Kalksalze aufnehmen, weil sie selbst krank und nicht im Stande sind, die in den Ernährungssäften cursirenden Kalksalze an sich zu ziehen und festzuhalten. So weit würde sich also die Ansicht dieses Forschers mit der unseren vollkommen decken. Leider vermissen wir aber in seinen Ausführungen jede Andeutung darüber, in welcher Weise er sich den Zusammenhang zwischen der localen Erkrankung und der Kalkarmuth der neuen Knochentheile gedacht hat, und wie die locale Entzündung in den Knochen durch die rachitiserzeugenden Schädlichkeiten hervorgerufen wird. Ausserdem ist aber auch die Auffassung des anatomischen Vorgangs in den rachitischen Knochen bei Volkmann eine im hohen Grade schwankende. Denn während er einmal den rachitischen Process ausschliesslich auf das Weichbleiben der neuen Knochentheile beschränkt wissen will (S. 330), und einen Schwund oder eine Erweichung des bereits ausgebildeten festen Knochens ausdrücklich nur der Ostoomalacie und nicht der Rachitis vindicirt (S. 331), gibt er doch wieder an einer anderen Stelle zu, dass auch die Markraumbildung im Innern relativ zu schnell erfolgen und sogar in der Weise eine krankhafte Störung erfahren könne, dass auch das zur Zeit des Entstehens der Rachitis bereits vorhanden gewesene compacte Gewebe von der Markhöhle aus wieder spongiös und resorbirt wird (S. 334). Darin liegt nun offenbar ein directer Widerspruch, und auch seine Ansicht über die rein locale Ursache des Weichbleibens der neuen Knochenschichten hat Volkmann nicht strenge aufrecht erhalten, da er, wenn auch mit einiger Reserve, die Kalkpräparate, den kohlensauren und phosphorsauren Kalk bei der Rachitis angewendet wissen will.

---

[1]) Rachitis und Osteomalacie, Pitha und Billroth's specielle Chirurgie. II. Band. 1868.

Noch viel bestimmter, als die eben genannten Autoren, hat
S c h ü t z in seiner (bereits citirten) Studie über die Rachitis bei
Hunden den irritativen und entzündlichen Charakter der Rachitis
betont. Zugleich bekämpft er die Ansicht, dass die Rachitis auf
einer allgemeinen Kalkarmuth beruhe, und hält nicht die Verlang-
samung oder den Stillstand der Verkalkung für das Primäre, sondern
die ausserordentlich gesteigerte Knorpelwucherung und die analogen
Vorgänge im Periost. Aber andererseits gesteht er wieder ganz offen
ein, dass es ihm nicht gelungen ist, den Grund herauszufinden,
w a r u m die neugebildeten Gewebstheile nicht die Anlage zur Verkalkung haben.

Hier müssen auch die Untersuchungen W e g n e r's[1]) über
den Einfluss des Phosphors auf die wachsenden Knochen erwähnt
werden, weil dieselben einen bedeutenden Einfluss auf die Auffassung
des rachitischen Processes in den letzten Decennien ausgeübt haben.
W e g n e r hat nämlich seine hochwichtige Entdeckung, dass kleine
Phosphordosen eine auffällige Verdichtung der neu apponirten
Knochentheile herbeiführen, auch für die Theorie der Rachitis zu
verwerthen gesucht. Dabei ging er aber von der vorgefassten Meinung aus, dass die Rachitis durch zwei Factoren bedingt sei, einmal durch eine ungenügende Quantität von anorganischen Salzen im
Blute — sei es, dass dieselben in ungenügender Menge aufgenommen oder excessiv ausgeschieden werden — und dann durch einen
constitutionellen, auf die osteogenen Gewebe einwirkenden Reiz; und
da er die von ihm entdeckte condensirende Wirkung des Phosphors auf einen formativen Reiz zurückführte, so glaubte er, die bei
der Rachitis bestehenden Verhältnisse in der Weise imitiren zu
können, dass er dem Thiere zugleich mit dem Phosphor auch eine
kalkarme Nahrung verabreichte. Dabei gelang es ihm in der That,
bei einigen Thieren einen Process hervorzurufen, der im Wesentlichen mit der Rachitis übereinstimmte. Wir sehen also hier
wieder, wie die an und für sich vortreffliche Idee, dass die Rachitis
durch einen Reiz auf die ossificirenden Gewebe hervorgerufen werde,
ganz überflüssiger Weise mit der hundertfach widerlegten Ansicht
von der Kalkarmuth der Ernährungssäfte zusammengeschweisst wurde;
denn gerade die Phosphorversuche haben uns ja gezeigt, dass der

durch den Phosphor ausgeübte krankhafte Reiz a l l e i n, ohne jede
Aenderung in der Ernährung, einen der Rachitis analogen Entzündungsprocess an den Appositionsstellen der wachsenden Knochen hervorrufen kann; und diese Verquickung der Reiztheorie mit der
Theorie des allgemeinen Kalkmangels hat auch die bedauerliche
Folge gehabt, dass W e g n e r seine Entdeckung nicht mit der nöthigen Energie für die Behandlung der Rachitis ausnützte, weil er
nämlich bezweifelte, dass der Phosphor mächtig genug sein werde,
eine stärkere Aufnahme der anorganischen Substanzen in das Blut
a n z u r e g e n o d e r d i e a l l z u r e i c h l i c h e Ausscheidung der-
s e l b e n zu verhindern. Und so ist es gekommen, dass diese überaus
merkwürdige Einwirkung des Phosphors auf die ossificirenden Gewebe so lange ohne therapeutische Verwerthung geblieben ist.

Nichtsdestoweniger hat die combinirte Theorie Wegner's Beifall
und Anhänger gefunden. So erklärte z. B. R e h n nach einer gründ-
lichen Analyse der verschiedenen Rachitistheorien, dass er sich
einstweilen der Wegner'schen Anschauung anschliessen müsse (l. c.
S. 105). Freilich verkündet derselbe Autor auf der nächsten Seite
auch eine eigene Rachitistheorie, welche dahin geht, dass die Rachitis „als das Resultat einer durch die Einwirkung eines wechselnden feuchtkalten Klimas auf Haut und Athmungsorgane erzeugten Blutalteration" aufzufassen sei. Leider bleibt auch bei dieser
Theorie, so lange es ihr Autor unterlässt, sie näher auszuführen.
nichts weniger als alles im Dunkeln, und namentlich gewinnen wir
aus derselben absolut keine Vorstellung darüber, wie diese räthselhafte Blutalteration die Kalkarmuth der rachitischen Knochen hervorbringen soll. Jedenfalls hat sich aber R e h n trotz seiner neuen
Auffassung der Rachitis nicht von dem hergebrachten Gedanken-
gange emancipiren können, denn bei der Besprechung der therapeutischen Massregeln erklärt er ausdrücklich, dass er für die Mehrzahl der Fälle die Annahme einer Verarmung des Blutes an Kalksalzen für zulässig halte, und empfiehlt auch in diesem Sinne sehr
warm die medicamentöse Verabreichung der Kalkpräparate bei der
Rachitis.

Diese Verwirrung und diese Widersprüche werden eben so lange
nicht aufhören, als man sich nicht entschliessen wird, die Bilanz
der anatomischen, klinischen und chemischen Thatsachen zu ziehen,
und den Gedanken an eine directe Abhängigkeit der Kalkarmuth

r rachitischen Knochen von einer fehlerhaften Kalkökonomie des allgemeinen Stoffwechsels definitiv über Bord zu werfen. Ein erspriessliches Weiterarbeiten auf dem Gebiete der Rachitis ist meiner Ansicht nach nur möglich, wenn man bei jeder theoretischen Erörterung und bei jeder praktischen Massnahme strenge im Auge behält:

dass die Kalkarmuth der rachitischen Knochen einzig und allein durch den localen entzündlichen Process hervorgerufen wird;

dass aber der locale Process in den Knochen seinerseits wieder in anomalen Vorgängen des gesammten Organismus wurzelt.

C. Ueberreuter'sche Buchdruckerei (M. Salzer) in Wien.

www.ingramcontent.com/pod-product-compliance
Lightning Source LLC
Chambersburg PA
CBHW021459210326
41599CB00012B/1056